HEIKO BELLMANN

WELCHES INSEKT IST DAS?

KOSMOS

Mehr entdecken, mehr verstehen

DAS
KOSMOS
VERSPRECHEN

Expertenwissen seit 1822

Welches Thema dich auch begeistert – auf unsere Expertise kannst du dich verlassen. Und das schon seit über 200 Jahren.

Unser Anspruch ist es, dich mit wertvollem Rat zu begleiten, dich zu inspirieren und deinen Horizont zu erweitern.

BEGEISTERUNG DURCH KOMPETENZ

Unsere Autorinnen und Autoren vereinen professionelles Know-how mit großer Leidenschaft für ihre Themen.

WISSEN, DAS DICH WEITERBRINGT

Leicht verständlich, lebensnah und informativ für dich auf den Punkt gebracht.

SACHVERSTAND, DEN MAN SEHEN KANN

Mit aussagestarken Fotos, Zeichnungen und Grafiken werden Inhalte besonders anschaulich aufbereitet.

QUALITÄT FÜR HEUTE UND MORGEN

Dafür sorgen langlebige Verarbeitung und ressourcenschonende Produktion.

Du hast noch Fragen oder Anregungen?
Dann schreibe uns: kosmos.de/servicecenter

Inhalt

Körperbau und Entwicklung 004

Insekten besitzen im Unterschied zu vielen anderen Tieren ein äußeres Skelett, das den ganzen Körper einschließlich der Beine, Fühler und sonstigen Anhänge bedeckt. Um trotzdem beweglich zu bleiben, ist diese chitinhaltige Außenhülle in zahlreiche Ringe unterteilt, die als Segmente bezeichnet werden. Der Körper ist außerdem in drei Abschnitte untergliedert, die sich jeweils aus mehreren, teilweise miteinander verschmolzenen Segmenten zusammensetzen, dem Kopf (Caput), dem Brustabschnitt (Thorax) und dem Hinterleib (Abdomen).

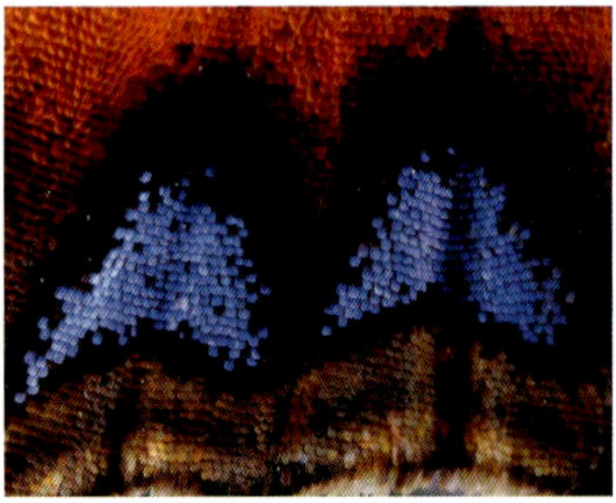

Bei den Schmetterlingen sind die Flügel mit einem bunten Schuppenkleid bedeckt, hier vom Kleinen Fuchs (*Aglais urticae*).

Der Kopf

Dieser vorderste Körperabschnitt trägt als Anhänge die Fühler (Antennen) und die Mundwerkzeuge. Erstere sind meist aus zahlreichen Ringen zusammengesetzt und in erster Linie Träger von Tast- und Geruchsorganen. Zur Steigerung des Geruchsvermögens ist ihre Oberfläche oft stark vergrößert, etwa durch kamm- oder blattartige Erweiterung bzw. starke Verlängerung der einzelnen Fühlerglieder. Die Mundwerkzeuge setzen sich aus der unpaaren Oberlippe (Labrum), paarigen Oberkiefern (Mandibeln) und Unterkiefern (Maxillen) sowie der aus zwei ursprünglich getrennten Anhängen zusammengewachsenen Unterlippe (Labium) zusammen. Diese insgesamt 6 Elemente der Mundwerkzeuge können in mannigfaltiger Weise, innerhalb der einzelnen Insektenordnungen aber jeweils in ähnlicher Form abgewandelt sein. Bei primitiveren Insekten finden wir in der Regel beißende Mundwerkzeuge zum Zerkleinern fester Nahrung, bei höher entwickelten besteht meist die Tendenz hin zu stechend saugenden oder leckend saugenden Mundteilen, die nur noch die Aufnahme flüssiger Nahrung wie Nektar, Blut oder Pflanzensäften gestatten. In vielen Fällen sind sie bei den erwachsenen Insekten aber auch ganz zurückgebildet, sodass diese keine Nahrung mehr aufnehmen können und während dieser letzten Lebensphase ganz auf die Reserven angewiesen sind, die sie sich bereits als Larven zugelegt haben. Weitere wichtige Organe am Insektenkopf sind die paarigen Augen, die meist als Facettenaugen aus zahlreichen (bis zu mehreren Tausend) Einzelaugen (Ommatidien) zusammengesetzt sind. Jedes dieser Einzelaugen liefert einen Bildpunkt, so dass das wahrgenommene Bild etwa einem grob gerasterten Zeitungsbild entsprechen dürfte. Außer diesen Facettenaugen befinden sich an der Stirn oft noch zwei oder drei Punktaugen (Ocellen). Sie dienen allerdings nicht der Bildwahrnehmung, sondern haben vor allem Aufgaben bei der Steuerung der Tagesrhythmik.

Der Brustabschnitt

Der Brustabschnitt ist aus drei miteinander verwachsenen Segmenten zusammengesetzt, die als Vorderbrust (Prothorax), Mittelbrust (Mesothorax) und Hinterbrust (Metathorax) bezeichnet werden. Die Rückenplatte der Vorderbrust ist bei vielen Insekten (z. B. Käfern und Wanzen) besonders vergrößert und wird dann als Halsschild (Pronotum) bezeichnet. Die Rückenplatte des Mesothorax ist oft als dreieckiges Schildchen (Scutellum) zwischen der Basis der Vorderflügel zu erkennen, insbesondere bei Käfern und Wanzen. Der Thorax ist Träger der wichtigsten Fortbewegungsorgane, nämlich der drei Beinpaare und der meist zwei Flügelpaare. Die Beine gliedern sich – vom Körper aus betrachtet – in die Abschnitte Hüfte (Coxa), Schenkelring (Trochanter), Schenkel (Femur), Schiene (Tibia) und Fuß (Tarsus), dieser wiederum in 1–5 Fußglieder, deren letztes meist mit zwei Krallen endet. Die beiden Flügelpaare werden meist indirekt durch Muskeln bewegt, die den Brustabschnitt abwechselnd von oben nach unten und dann wieder seitlich zusammenziehen. Nur bei den Libellen setzen die Flugmuskeln direkt an den Flügeln an, so dass diese akrobatischen Flugkünstler beide Flügelpaare auch unabhängig voneinander bewegen können. Bei den einzelnen Insektenordnungen haben die Flügel ganz unterschiedliche Entwicklungen erfahren, etwa durch Umwandlung eines Flügelpaares in feste Deckflügel bei den Käfern oder winzige Schwingkölbchen bei den Fliegen und Mücken.

Der Hinterleib

Der Hinterleib ist insbesondere Träger der Organe für die wichtigsten Lebensfunktionen, etwa des schlauchförmigen Herzens, das die Blutflüssigkeit im Körper nach vorn transportiert (der Rücklauf erfolgt dann frei durch den Körper nach hinten), des Darmtrakts und der Geschlechtsorgane. Ein wichtiges Organ ist natürlich auch das Tracheensystem, das mit feinen Schläuchen den ganzen Körper durchzieht und die durch die an den Körperseiten liegenden Atemöffnungen (Stigmen) aufgenommene Atemluft bis zu den einzelnen Körperabschnitten transportiert. Bei ausgewachsenen Insekten trägt

Unvollständige Verwandlung der grünen Stinkwanze

der Hinterleib keine Bewegungsorgane. Eine Ausnahme bilden aber die Springschwänze, die hier eine spezielle Sprunggabel besitzen, mit deren Hilfe sie weite Sprünge vollführen können. Als Anhänge können aber Greifzangen zur Verbindung bei der Paarung oder besondere Legebohrer zur Eiablage ausgebildet sein. Bei Larven findet man oft zusätzliche Beine am Hinterleib, bei wasserbewohnenden Larven auch äußere Tracheenkiemen zur Unterwasseratmung.

Entwicklung

Wegen der festen äußeren Körperhülle können Insekten nur in begrenztem Umfang wachsen, lediglich unmittelbar nach einer Häutung, bei noch weicher Außenhülle, kann sich die Körpergröße sprunghaft verändern. Daher ist die Entwicklung der Insekten immer mit Häutungen verbunden. Die aus dem Ei schlüpfenden Larven entwickeln sich dabei je nach Art über 2 bis mehr als 10 Häutungen zur endgültigen Körpergröße, die mit dem letzten Larvenstadium erreicht wird. Danach erfolgt bei den Insekten mit unvollständiger Verwandlung oder Metamorphose (den sogenannten hemimetabolen Insekten) die Häutung zum fertigen Insekt, der Imago (Mehrzahl Imagines). Die Insekten mit vollständiger Metamorphose (die holometabolen Insekten) dagegen durchlaufen davor noch das Ruhestadium der Puppe, in der die Umwandlung der Larvenorgane in die der Imago erfolgt. Die Larven der hemimetabolen Insekten ähneln bis auf die fehlenden Flügel oft bereits den Imagines, insbesondere wenn sie annähernd die gleiche Lebensweise führen wie ihre Eltern, wie etwa bei den Wanzen. Die Flügelanlagen werden erst bei den älteren Stadien von

Häutung zu Häutung vergrößert. Anders verhält es sich bei hemimetabolen Insekten mit unterschiedlicher Lebensweise von Larven und Imagines, etwa bei den Libellen und ihren wasserlebenden Larven. Hier zeigen beide kaum Ähnlichkeit miteinander. Auch bei den holometabolen Insekten unterscheiden sich die Larven stets deutlich von den Imagines. Eine Besonderheit findet sich schließlich noch bei den Eintagsfliegen, die als die primitivsten flugfähigen Insekten gelten. Sie entwickeln sich – als einzige Insekten – über ein zweites geflügeltes Stadium, die sogenannte Subimago, in die Imago. Dieses Vorstadium des ausgewachsenen Insekts ist bereits flugfähig, besitzt aber noch milchig getrübte Flügel, die sich erst bei der nachfolgenden letzten Häutung zu den glasartig, durchsichtigen fertigen Flügeln häuten.

Vollständige Verwandlung des Nierenfleck-Zipfelfalters

Merkmale der Insektenordnungen

Springschwänze (*Collembola*, S. 18)

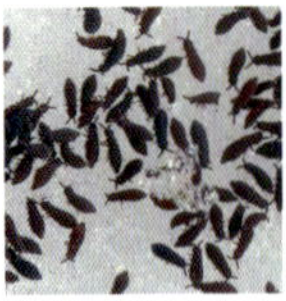

Die Springschwänze werden mit den 4 nachfolgenden Insektenordnungen als Urinsekten zusammengefasst. Diese urtümlichsten Insekten sind primär flügellos, können also nicht auf Vorfahren zurückgeführt werden, die Flügel besaßen. Die Springschwänze besitzen als markantestes Merkmal unter dem Hinterleib eine Sprunggabel, die in Ruhelage eingeklappt wird und mit der sie weite Sprünge ausführen können. Die Mundwerkzeuge sind wie bei den 2 folgenden Ordnungen in Ruhelage in der Kopfkapsel verborgen.

Felsenspringer (*Archaeognatha*, S. 19)

Bei den Vertretern dieser urtümlichen Insektenordnung sitzen die Mundwerkzeuge wie bei allen folgenden Insektengruppen außen an der Kopfkapsel, sind hier aber nur mit einer Gelenkkapsel eingelenkt, bei allen höheren Insekten dagegen mit zweien. Ihr schmaler Körper ist meist bunt beschuppt und trägt am Hinterende 3 in Ruhelage aneinandergelegte Schwanzfäden. Die Tiere können weite Sprünge ausführen und ernähren sich vor allem von Algen und Flechten.

Doppelschwänze (*Diplura*, S. 18)

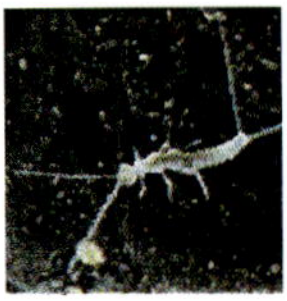

Die sehr zarten Tiere besitzen einen langgestreckten, weißlichen Körper und am Hinterende ein Paar fühlerartig gegliederte Schwanzfäden oder (bei der Unterordnung der Zangenschwänze) 2 ungegliederte Zangen. Sie ernähren sich vorwiegend pflanzlich, z. T. aber auch räuberisch von anderen kleinen Insekten.

Fischchen (*Zygentoma*, S. 19)

Die Fischchen ähneln den Felsenspringern, können aber nicht springen. Sie halten ihre Schwanzfäden in Ruhelage auseinandergespreizt. Der längliche Körper ist mit einem dichten, meist einfarbigen Schuppenkleid bedeckt. Die wenigen heimischen Arten leben überwiegend in Gebäuden oder in Ameisennestern und ernähren sich hier von Nahrungsmittelresten und Abfallstoffen.

Eintagsfliegen (*Ephemeroptera*, S. 20)

Diese und die beiden folgenden Ordnungen entwickeln sich stets über wasserlebende Larven. Die Eintagsfliegen haben im Unterschied zu allen übrigen Insekten zwei geflügelte Stadien. Außer dem letzten Stadium, der Imago, ist auch das vorletzte mit Flügeln ausgestattet. Es wird daher als Subimago bezeichnet. Die Larven besitzen 3 Schwanzfäden, ausnahmsweise auch nur 2, und tragen zur Atmung Tracheenkiemen an den Hinterleibsseiten. Auch die erwachsenen Tiere besitzen 3 oder seltener 2 Schwanzfäden.

Steinfliegen (*Plecoptera*, S. 22)

Die wasserlebenden Larven der Steinfliegen haben stets nur 2 Schwanzfäden. Sie atmen über schlauchförmige oder büschelige Tracheenkiemen am Brustabschnitt oder einfach über die Hautoberfläche, niemals über Tracheenkiemen an den Hinterleibsseiten. Die ausgewachsenen Tiere unterscheiden sich außer durch ihre Flügel (die auch verkürzt sein können) nur wenig von den Larven. Bei manchen Arten sind allerdings die Schwanzfäden bis auf winzige Reste zurückgebildet.

Libellen (*Odonata*, S. 24)

Bei den Libellen sind zwei Unterordnungen zu unterscheiden: Die Großlibellen haben sehr große, halbkugelige Augen, die in der Kopfmitte aneinanderstoßen oder höchstens durch ihren Durchmesser voneinander getrennt sind, und voneinander verschiedene Vorder- und Hinterflügel, die stets flach ausgebreitet werden, während die Kleinlibellen einen sehr breiten Kopf mit weit voneinander getrennten Augen und fast gleichartige Flügel besitzen, die in Ruhelage meist übereinandergelegt werden. Auch die Larven sind recht verschieden, die der Großlibellen ziemlich plump mit einer Pyramide aus 5 spitzen Dornen am Hinterende, die der Kleinlibellen sehr schlank mit 3 blattförmigen Anhängen.

Schaben (*Blattodea*, S. 38)

Die Schaben werden mit den 6 nachfolgenden Ordnungen als Geradflügler zusammengefasst. Allen gemeinsam sind beißende Mundwerkzeuge und Vorderflügel, die stärker versteift und meist auch schmäler sind als die Hinterflügel. Die Schaben werden oft mit Käfern verwechselt, besitzen aber im Unterschied zu diesen Vorderflügel mit noch deutlich erkennbarer Aderung und am Hinterende ein Paar kurzer, gegliederter Anhänge.

Ohrwürmer (*Dermaptera*, S. 39)

Die Vertreter dieser Ordnung sind vor allem durch ihre zangenförmigen, ungegliederten Hinterleibsanhänge gekennzeichnet (vergleiche aber die zu den Doppelschwänzen zählenden Zangenschwänze!). Sie besitzen sehr kurze, schuppenförmige Vorderflügel, unter denen die häutigen Hinterflügel, mehrfach längs und quer zusammengefaltet, verborgen werden.

Fangschrecken (*Mantodea*, S. 40)

Die Vertreter dieser vorwiegend in den Tropen heimischen Insektenordnung (in Mitteleuropa nur eine Art) sind durch die stark verlängerte Vorderbrust und ihre mit kräftigen Dornen bewehrten Fangbeine gekennzeichnet. Ähnliche Fangbeine können aber auch bei anderen Insektenordnungen vorkommen (siehe S. 91).

Termiten (*Isoptera*, S. 39)

Nur die Geschlechtstiere dieser Staaten bildenden Insekten besitzen kurzzeitig Flügel, alle übrigen Individuen bleiben zeitlebens im weichhäutigen, meist weißlichen Larvenstadium. Die vorwiegend tropisch verbreiteten Tiere werden gelegentlich nach Mitteleuropa eingeschleppt und können sich hier oft auch einige Jahre halten; im Mittelmeergebiet sind einige Arten eingebürgert.

Tarsenspinner (*Embioptera*, S. 41)

Die Tarsenspinner besitzen ein blasenförmig verdicktes erstes Fußglied an den Vorderbeinen, in dem sich Spinndrüsen befinden. Mit deren Sekret stellen die Tiere schlauchförmige Gespinste her, in denen sie sich meist aufhalten. Aus dieser artenarmen, vorwiegend in wärmeren Ländern heimischen Gruppe kommen wenige Arten im Mittelmeergebiet vor; in Mitteleuropa fehlen sie.

Gespenstschrecken (*Phasmatodea*, S. 41)

Auch aus dieser überwiegend tropisch verbreiteten Insektenordnung gibt es nur wenige Arten im Mittelmeergebiet. Sie besitzen einen stabförmig schmalen Körper mit langen dünnen Beinen, bewegen sich ziemlich langsam und sind im Gebüsch kaum zu erkennen. In ihrem tropischen Hauptverbreitungsgebiet gibt es auch Arten mit ausgesprochen blattähnlichen Erscheinungsformen.

Heuschrecken (*Orthoptera*, S. 42)

Die Heuschrecken sind die bei Weitem artenreichste Gruppe der Geradflügler. Sie besitzen einen meist seitlich etwas zusammengedrückten Körper und fast immer zu Sprungbeinen mit verdickten Schenkeln umgewandelte Hinterbeine. Am Hinterleibsende finden sich ungegliederte, oft deutlich gebogene Anhänge. Bei der Unterordnung der Langfühlerschrecken (Ensifera) sind die Fühler meist deutlich länger als der Körper, bei den Kurzfühlerschrecken (Caelifera) dagegen meist kürzer als dieser. Während Erstere meist Töne erzeugen, indem sie die beiden Vorderflügel gegeneinanderreiben, zirpen Letztere i. d. R. durch Reiben der Hinterschenkel über die Flügel.

Staubläuse (*Psocoptera*, S. 60)

Diese und die folgenden 5 Gruppen lassen sich als Läuse und Schnabelkerfe zusammenfassen. Die meisten Arten besitzen stechend saugende Mundwerkzeuge. Bei den Staubläusen finden wir zwar noch beißende Mundwerkzeuge, doch zeigen ihre teilweise zugespitzten Unterkiefer bereits erste Anklänge zu einer stechend saugenden Lebensweise. Die kleinen Tiere sind meist auffallend großköpfig und besitzen, sofern vorhanden, grobmaschig geaderte, in Ruhelage dachförmig getragene Flügel. Sie ernähren sich vorwiegend von Pilzfäden, Algen und Flechten.

Fransenflügler (*Thysanoptera*, S. 60)

Die Fransenflügler besitzen einen sehr schmalen Körper und schmale, am Rand mit langen Fransen besetzte Flügel. Statt der Fußkrallen sind an den Fußspitzen Blasen ausgebildet, daher ihr zweiter Name Blasenfüße. Mit ihrem Saugrüssel stechen sie meist Pflanzen an; es gibt aber auch räuberische Arten, die andere Insekten aussaugen.

Tierläuse (*Phthiraptera*, S. 61)

Bei dieser Insektenordnung sind zwei Unterordnungen zu unterscheiden. Die Haarlinge und Federlinge (Unterordnung Mallophaga) leben ausschließlich im Haar- bzw. Federkleid von Säugetieren und Vögeln und besitzen einen stark abgeflachten, ungeflügelten Körper sowie beißende, zum Teil aber deutlich zugespitzte Mundwerkzeuge. Die ebenfalls stark abgeflachten, flügellosen Läuse (Unterordnung Anoplura) haben dagegen stechend saugende Mundwerkzeuge und leben ausschließlich als Blutsauger an Säugetieren. Zum Festhalten an Haaren besitzen sie besondere Klammerfüße.

Wanzen (*Heteroptera*, S. 62)

Auch Wanzen werden oft mit Käfern verwechselt. Von diesen unterscheiden sie sich aber deutlich durch ihre stechend saugenden Mundwerkzeuge sowie den besonderen Bau ihrer Vorderflügel: Diese sind nur in der Basalhälfte stärker verhärtet, in der Spitzenhälfte dagegen häutig und durchscheinend wie die Hinterflügel. Sie werden mit den Zikaden und Pflanzenläusen als Schnabelkerfe zusammengefasst. Bei ihnen sind Ober- und Unterkiefer in Stechborsten umgewandelt, die in der Ruhelage von der röhrenförmigen Unterlippe umhüllt werden. Viele Arten sind Pflanzensauger, andere saugen Beutetiere aus, und nur ganz wenige sind Blutsauger.

Zikaden (*Cicadina*, S. 78)

Die Vorderflügel sind, anders als bei den Wanzen, nicht unterteilt; sie werden in Ruhelage schräg dachförmig gehalten. Ihr Saugrüssel entspringt hinten am Kopf (bei den Wanzen dagegen vorn). Alle Arten sind ausschließlich Pflanzensauger. Viele Arten können mit Trommelorganen im Hinterleib Töne erzeugen, die teilweise recht laut sind, bei den meisten Zikaden aber im für uns nicht hörbaren Ultraschallbereich liegen. Die Füße sind dreigliedrig.

Pflanzenläuse (*Sternorrhyncha*, S. 84)

Die stets ziemlich kleinen Pflanzenläuse haben wie die Zikaden einen hinten am Kopf ansetzenden Saugrüssel, im Unterschied zu diesen aber nur ein- bis zweigliedrige Füße. Man unterscheidet vier Unterordnungen: Die Blattläuse (Aphidina) als bekannteste Gruppe haben normal entwickelte Beine, während bei den zikadenähnlichen, sprungfähigen Blattflöhen

(Psyllina) die Hinterschenkel stark verdickt sind. Die Mottenschildläuse (Aleyrodina) besitzen nur schwach geaderte, mit weißem Wachspuder bestäubte Flügel, und bei den Schildläusen (Coccina) schließlich sind die ausgewachsenen Weibchen meist zu unbeweglichen Schilden umgewandelt, während die mobilen Männchen normal entwickelte Vorderflügel und zu keulenförmigen Stäbchen umgewandelte Hinterflügel (ähnlich den Schwingkölbchen der Zweiflügler) besitzen.

Schlammfliegen (*Megaloptera*, S. 88)

Die Schlammfliegen werden mit den beiden folgenden Ordnungen als Netzflügler im weiteren Sinne zusammengefasst. Sie gelten als primitivste Gruppe der Insekten mit vollständiger Verwandlung (Holometabola), zu denen auch alle im Folgenden erwähnten Ordnungen gehören. Alle bisher erwähnten Insektenordnungen besitzen dagegen eine unvollständige Verwandlung und werden als Hemimetabola zusammengefasst. Als gemeinsame Merkmale besitzen die Netzflügler i. w. S. dicht geaderte, in der Ruhelage meist dachförmig getragene Flügel und beißende Mundwerkzeuge. Die wenigen bei uns vorkommenden Arten der Schlammfliegen besitzen eine sehr dunkle Gesamtfärbung und wasserlebende Larven, die über zahlreiche, beinähnlich gegliederte Tracheenkiemen an den Hinterleibsseiten atmen.

Kamelhalsfliegen (*Raphidioptera*, S. 88)

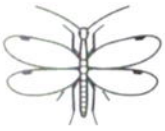

Die Kamelhalsfliegen sind durch ihre halsartig verlängerte und sehr beweglich mit dem übrigen Brustabschnitt verbundene Vorderbrust kaum mit anderen Insekten zu verwechseln. Sie machen zusammen mit ihren auffallend flachen Larven Jagd auf andere kleine Insekten und gelten daher als ausgesprochene Nützlinge.

Netzflügler i. e. S. (*Planipennia*, S. 89)

Diese Insektenordnung tritt uns in sehr unterschiedlichen Erscheinungsformen entgegen. Einige erinnern an Libellen, andere an Schmetterlinge oder sogar an Fangschrecken. Alle haben aber dicht netzförmig geaderte Flügel und mehr oder weniger lange Fühler. Viele Netzflügler besitzen zu-dem auffallend bunte, metallisch glänzende Augen.

Käfer (*Coleoptera*, S. 92)

Käfer sind vor allem durch ihre stark verhärteten, zu festen Flügeldecken umgewandelten Vorderflügel gut gekennzeichnet. Die meist deutlich größeren, häutigen Hinterflügel liegen in Ruhelage zusammengefaltet darunter verborgen. Allein die Hinterflügel dienen der fliegenden Fortbewegung; sie werden vor dem Start unter den meist leicht angehobenen Flügeldecken hervorgeschoben. Die Mundwerkzeuge sind bei allen etwa 6000 heimischen Arten beißend.

Fächerflügler (*Strepsiptera*, S. 144)

Die Arten dieser, durch ihre parasitische Lebensweise stark abgewandelten Insektenordnung sind, am nächsten mit den Käfern verwandt. Die Männchen besitzen zu keulenförmigen Gebilden umgewandelte Vorderflügel, die man sich von den Flügeldecken der Käfer abgeleitet vorstellen kann, und fächerförmig ausgebreitete Hinterflügel. Die Weibchen dagegen sind madenförmig, ohne jede Spur von Beinen oder Flügeln, und sitzen zeitlebens im Hinterleib ihres Wirtes, meist einer Wespe oder Biene. Nur der zu einer winzigen Schuppe reduzierte Vorderkörper ragt zwischen den Hinterleibsringen hervor.

Schnabelfliegen (*Mecoptera*, S. 144)

Die Schnabelfliegen sind durch ihren schnabelartig verlängerten Kopf, an dessen Spitze sich beißende Mundwerkzeuge befinden, gut gekennzeichnet. Sie besitzen 4 ziemlich gleichartige, reich geaderte, schmale Flügel, die aber auch stark zurückgebildet sein können. Die wenigen heimischen Arten ernähren sich teils von lebender Beute, teils von Tierleichen oder pflanzlicher Nahrung.

Zweiflügler (*Diptera*, S. 146)

Bei den Zweiflüglern sind nur die Vorderflügel normal entwickelt. Die Hinterflügel dagegen sind zu winzigen Schwingkölbchen umgewandelt. Die Mundwerkzeuge sind entweder als stechend saugender oder als leckend saugender Typ entwickelt, oft aber auch zurückgebildet, so dass die ausgewachsenen Tiere gar keine Nahrung aufnehmen können.
Die Unterordnung der Mücken (Nematocera) besitzt fadenförmige, aus vielen Gliedern zusammengesetzte Fühler und meist einen schmalen Körper, die der Fliegen (Brachycera) kurze, aus höchstens 5 Gliedern zusammengesetzte Fühler und meist einen eher untersetzten Körperbau. Mit über 7000 Arten sind die Zweiflügler die zweitgrößte heimische Insektenordnung.

Flöhe (*Siphonaptera*, S. 166)

Die Flöhe besitzen einen seitlich extrem abgeflachten Körper. Ihre Mundwerkzeuge sind im Zusammenhang mit der blutsaugenden Ernährungsweise in einen Stechrüssel umgewandelt. Ihre Hinterbeine sind zu kräftigen Sprungbeinen entwickelt.

Hautflügler (*Hymenoptera*, S. 166)

Die Hautflügler besitzen zwei ungleich große häutige Flügelpaare. Der kleinere Hinterflügel wird mit einer Häkchenreihe am umgebogenen Hinterrand des Vorderflügels verankert, sodass beide Flügel eine einheitliche Tragfläche bilden. Bei der Unterordnung der Pflanzenwespen (Symphyta) geht der Brustabschnitt ohne Einschnitt allmählich in den Hinterleib über. Bei den Schnürwespen (Unterordnung Apocrita) findet sich hinter dem 1. Hinterleibsring eine tiefe Einschnürung, die „Wespentaille", die für eine starke Beweglichkeit des Hinterleibs sorgt. Die Hautflügler sind mit etwa 11 000 heimischen Arten die bei weitem artenreichste heimische Insektenordnung.

Köcherfliegen (*Trichoptera*, S. 190)

Die mottenähnlichen Vertreter dieser Insektenordnung erinnern an Nachtfalter. Im Gegensatz zu diesen besitzen sie aber keine Schuppen, sondern Haare auf der Oberfläche ihrer dachförmigen Flügel. Ihre Mundwerkzeuge sind verkümmert. Die Larven fast aller Arten entwickeln sich in Gewässern.

Schmetterlinge (*Lepidoptera*, S. 192)

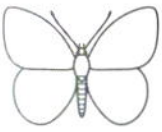

Die Schmetterlinge sind nahe mit den Köcherfliegen verwandt. Die bei diesen übliche Flügelbehaarung ist hier aber einem dichten Schuppenkleid gewichen. Von den Mundwerkzeugen sind nur noch die Unterkiefer erhalten, die sich jeweils als Halbrohre aneinander legen und einen langen, in Ruhelage spiralig aufgerollten Saugrüssel bilden. Die als Raupen bekannten Larven besitzen auch am Hinterleib stummelförmige Beine und ernähren sich meist pflanzlich.

DIE INSEKTENARTEN

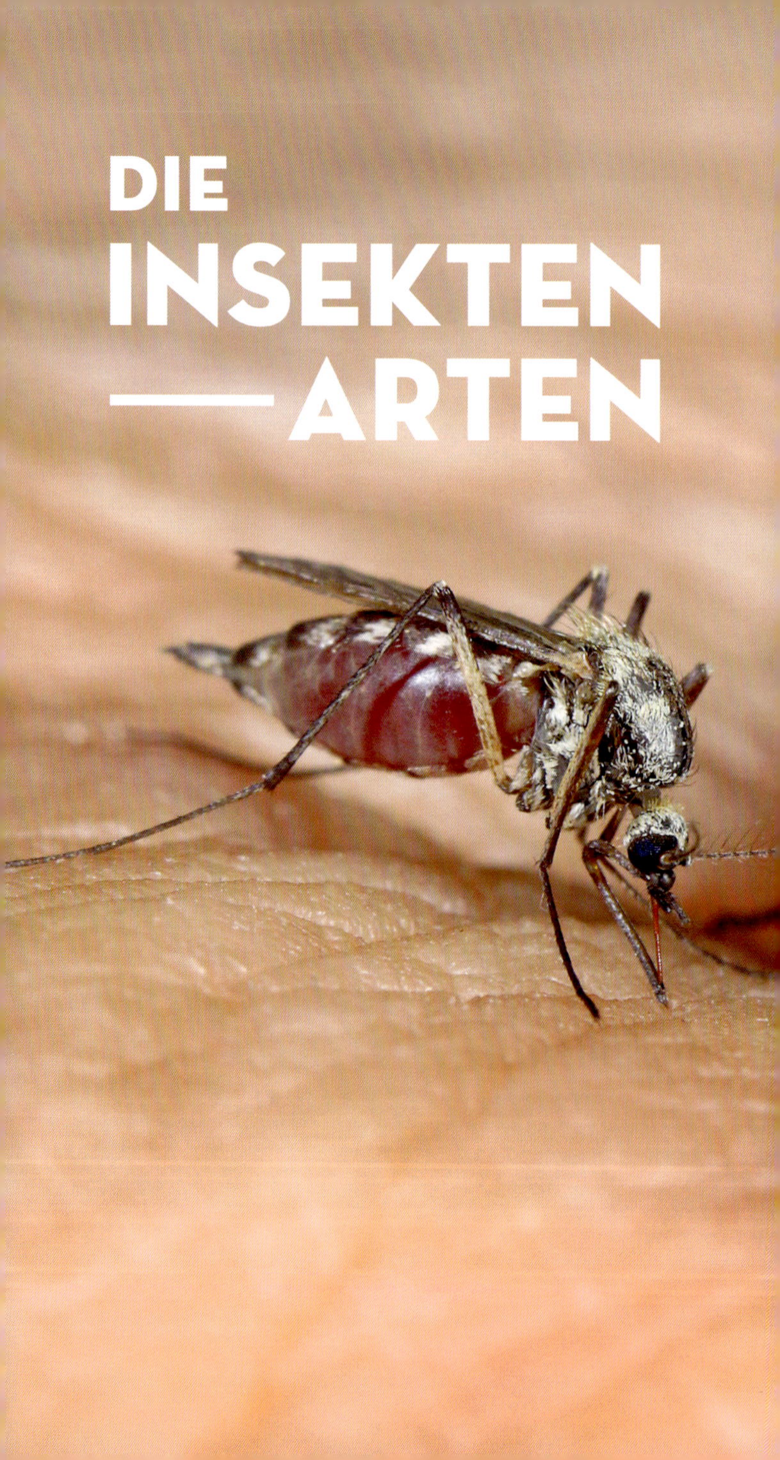

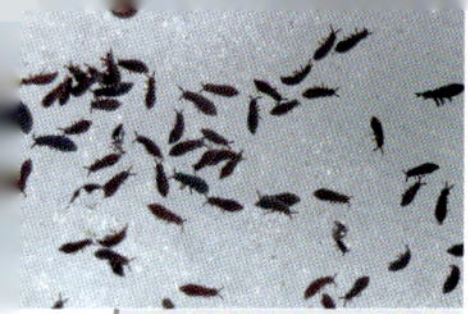

Schneespringschwanz

Ceratophysella sigillata (Springschwänze)

L 1–1,5 mm ganzjährig

***Vorkommen** Vor allem im Bergland und in den Alpen, mancherorts in bestimmten Jahren so massenhaft, dass der Schnee größere schwarze Flecken bekommt.*

- ***winzig klein und sehr dunkel gefärbt***
- ***können mit Sprunggabel weit springen***
- ***färben manchmal den Schnee schwarz***

Die Art ist nur nach mikroskopischen Merkmalen sicher von zahlreichen verwandten Arten zu unterscheiden. Die winzigen Tiere fallen vor allem zum Winterausgang auf Schneeresten auf, wo sie sich manchmal in dichten Scharen zusammenfinden. Sie ernähren sich vorzugsweise von Pollenkörnern und Pflanzenresten, die sich auf dem abtauenden Schnee angesammelt haben.

Schneespringschwänze besiedeln die Schneeoberfläche oft in dichten Scharen

Den gleich großen, etwas plumperen Schwarzen Wasserspringschwanz (*Podura aquatica*) findet man auf Pflanzenresten, die auf der Wasseroberfläche treiben.

Doppelschwanz

Campodea sp. (Doppelschwänze)

L 3–5 mm ganzjährig

***Vorkommen** Vor allem in Wäldern, hier am häufigsten unter tief in den Boden eingesenkten Steinen zu finden.*

- ***2 lange Schwanzfäden***
- ***sehr zart und zerbrechlich***
- ***feuchteliebender Bodenbewohner***

Mehrere nur nach mikroskopischen Merkmalen unterscheidbare Arten. Die Tiere ernähren sich vor allem von Pflanzenresten und Pilzfäden, verschmähen aber auch nicht andere kleine Insekten als Nahrung. Sie sind sehr empfindlich gegenüber Austrocknung und ziehen sich in Trockenzeiten tief in das Spaltensystem des Erdbodens zurück.

Catajapyx confusus gehört als ein Vertreter der ebenfalls schwer bestimmbaren Zangenschwänze auch zu den Doppelschwänzen. Er trägt an der Hinterleibsspitze Greifzangen und fängt damit kleine Beutetiere. Man findet ihn in Mitteleuropa nur an besonders warmen Orten.

Felsenspringer

Lepismachilis y-signata (Felsenspringer)
L 8–10 mm   ganzjährig

Die Tiere halten sich tagsüber meist in Felsritzen oder unter Steinen verborgen, sind aber gegen Abend auch frei auf der Felsoberfläche zu beobachten. Bei Gefahr können sie weite Sprünge ausführen, indem sie ihren Körper stark einkrümmen und sich dann blitzschnell mit dem Hinterleibsende abstoßen. Durch die markante Färbung der Augen ist diese Art relativ gut von ihren Verwandten zu unterscheiden.

großes Facettenauge mit dunkler Y-Zeichnung

Vorkommen *In felsigen Berggegenden, meist an offenen Stellen; in den Mittelgebirgen und Alpen gebietsweise ziemlich häufig.*

> ***im Bergland in Felsgebieten***
> ***kann weite Sprünge ausführen***
> ***dunkle Y-Zeichnung im Auge***

3 eng aneinanderliegende Schwanzfäden

Rücken mit trapezförmigen, hell umrandeten Flecken

Silberfischchen

Lepisma saccharina (Fischchen)
L 9–12 mm   ganzjährig

Dieses äußerst genügsame Urinsekt wird kaum schädlich, kann bei stärkerem Auftreten aber z. B. durch Benagen von Lebensmitteln oder Tapeten durchaus lästig werden. Es paart sich wie alle Urinsekten ohne direkten Körperkontakt durch vom Männchen abgesetzte Spermatröpfchen, die vom Weibchen aufgenommen werden.

winziges Facettenauge

Vorkommen *Fast nur in Gebäuden, hier besonders an warmen und feuchten Stellen (Badezimmer und Küchen), häufig.*

> ***3 Schwanzfäden***
> ***silbriges Schuppenkleid***
> ***besonders in Badezimmern***

silbriges Schuppenkleid am ganzen Körper

3 auseinanderspreizende Schwanzfäden

Das sehr wärmebedürftige, kontrastreich gescheckte Ofenfischchen (*Thermobia domestica*) lebt vor allem im Mittelmeergebiet und kommt in Mitteleuropa nur an ausgesprochen warmen Stellen (z. B. in Bäckereien) vor.

Große Eintagsfliege

Ephemera danica (Eintagsfliegen)
Spw 35–45 mm Mai–September

Vorkommen *An sauberen Fließgewässern, in Mitteleuropa fast überall ziemlich häufig.*

- ***alle Stadien mit 3 Schwanzfäden***
- ***Flügel dunkel gefleckt***
- ***Larve im Gewässerboden***

Larve von *Ephemera danica*

Die Larve lebt im Boden von Fließgewässern in einer selbst gegrabenen Erdröhre und ernährt sich wohl von Pflanzenresten. Sie häutet sich (wie alle Eintagsfliegenlarven) am Ende der Entwicklung in die bereits geflügelte Subimago (mit milchig getrübten Flügeln), die sich kurz darauf zur Imago (mit glasklaren Flügeln) häutet. Diese lebt nur wenige Tage, bei manchen anderen Arten sogar nur Stunden.

Gelbe Eintagsfliege

Potamanthus luteus (Eintagsfliegen)
Spw 25–30 mm Juni–August

Vorkommen *An größeren, noch einigermaßen sauberen Fließgewässern, ziemlich selten.*

- ***gelblich mit grünen Augen***
- ***Larve mit fein gefiederten Tracheenkiemen***
- ***an sauberen Flüssen***

Larve der Gelben Eintagsfliege

Die Larve hält sich meist auf größeren Steinen auf. Sie breitet ihre Kiemenfäden flach aus und vergrößert so die Kontaktfläche zum Untergrund. Sie ernährt sich vorzugsweise vom Algenbewuchs der Steinoberfläche. Die Art ist durch Gewässerverschmutzung stark zurückgegangen und daher gefährdet.

Porträt der Gelben Eintagsfliege

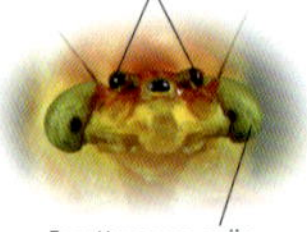

Eintagsfliege

Baetis rhodani (Eintagsfliegen)
Spw 10–20 mm März–November

Die winzigen Hinterflügel dieser Eintagsfliege sind nur etwa 1/7 so lang wie die Vorderflügel. Die Männchen fallen durch ihre merkwürdigen zweiteiligen „Turbanaugen" auf. Sie haben oben einen in gröbere Facetten aufgeteilten und damit lichtstärkeren Bereich, mit dem sie in der Dämmerung ihre Partnerin besser erkennen können. Die Larven halten sich meist in Wasserpflanzen auf, oft in großer Anzahl auf engem Raum.

Turbanaugen eines *Baetis*-Männchens

grob facettierter oberer Teil des Turbanauges

normaler unterer Teil des Facettenauges

***Vorkommen** An sauberen Fließgewässern überall eine der häufigsten Eintagsfliegen.*

> **Imago und Subimago mit nur 2 Schwanzfäden**
> **Männchen mit „Turbanaugen"**
> **Larven in Wasserpflanzenbüscheln**

Flügel getrübt

männliche Subimago im Spätwinter auf Schnee

Männchen

nur 2 Schwanzfäden

Larve von *Baetis rhodani*

Eintagsfliege

Ecdyonurus sp. (Eintagsfliegen)
Spw 25–35 mm Mai–September

Porträt des Männchens

Facettenauge mit gröberem oberen und feinerem unteren Teil, doch kein Turbanauge

Die Eintagsfliegen der Gattung Ecdyonurus sind vor allem durch die an starke Wasserbewegung angepasste Körperform ihrer Larven bemerkenswert. Diese besitzen durch ihre deutlich abgeflachte Körperform, die flachen Beinglieder und die seitlich abgespreizten Kiemenblättchen hervorragende Voraussetzungen für das Leben in turbulenten Bergbächen. Die zahlreichen, z. T. sehr farbvariablen Arten sind sehr schwer zu unterscheiden (im Bild eine stark gescheckte Farbvariante, die bei verschiedenen Arten vorkommt).

***Vorkommen** In stark strömenden, sauberen Bergbächen und Flüssen, je nach Art in unterschiedlichen Höhenbereichen.*

> **strömungsgünstige Körperform der Larve**
> **nur die Larve mit 3 Schwanzfäden**
> **nur an sauberen, stark strömenden Fließgewässern**

Männchen

nur 2 Schwanzfäden

Die ähnliche Larve der Eintagsfliege (*Epeorus sylvicola*) besitzt nur 2 Schwanzfäden und kommt oft in den gleichen Bächen vor.

Larve von *Ecdyonurus* sp.

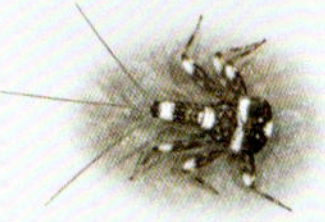

Steinfliege

Dinocras cephalotes (Steinfliegen)
L 13–29 mm Mai–August

Vorkommen *Vor allem im Bergland in sauberen, steinigen Fließgewässern; im Quellbereich ebenso wie in breiteren Bächen, fehlt aber in größeren Flüssen.*

> ***mit 2 Schwanzfäden***
> ***Männchen mit verkürzten Flügeln***
> ***an sauberen Bergbächen***

Die Weibchen sitzen meist träge in der Ufervegetation und fliegen wenig (die kurzflügeligen Männchen gar nicht). Die kräftige Larve hält sich meist im Flachwasserbereich unter Steinen auf und jagt hier nach anderen Wassertieren, die fast ihre eigene Größe besitzen können. Die Art ist nicht leicht (vor allem nach der Flügeladerung) von einigen nahen Verwandten zu unterscheiden.

Larve von *Dinocras cephalotes*

Beim Männchen der ähnlichen, mit 12–15 mm aber deutlich kleineren Steinfliege (*Diura bicaudata*) reichen die stark verkürzten Flügel nur knapp bis zur Hinterleibsmitte.

Steinfliege

Isoperla sp. (Steinfliegen)
L 7–15 mm Mai–Oktober

Vorkommen *Je nach Art an größeren oder kleineren, meist ziemlich sauberen Fließgewässern, vor allem im Bergland ziemlich häufig.*

> ***gelbliche Tönung der Flügel und des Körpers***
> ***sitzen träge am Ufer von Fließgewässern***
> ***vorwiegend im Bergland***

Mehrere sehr ähnliche Arten, die sich nur nach Geschlechtsmerkmalen sicher unterscheiden lassen. Die gut entwickelten, paarigen Schwanzfäden ragen seitlich unter den langen Flügeln hervor. Die wenig fluglustigen Tiere sitzen meist in Ufernähe auf Pflanzen und entfernen sich nur selten weiter von ihren Entwicklungsgewässern. Die Larven findet man meist unter Steinen im Bachbett, wo sie sich vorzugsweise von verschiedenen anderen wasserlebenden Insektenlaven ernähren.

Larve einer *Isoperla*-Art

Steinfliege

Nemoura cinerea (Steinfliegen)

L 6–9 mm Mai–September

Diese nur nach Geschlechtsmerkmalen sicher von einigen verwandten Arten zu unterscheidende Steinfliege ist anspruchsloser hinsichtlich der Wasserqualität als fast alle übrigen Steinfliegen und ist daher an vielen stärker verunreinigten Gewässern auch die einzige noch vorkommende Vertreterin dieser Insektenordnung. Ihre Larve hat schräg abstehende Flügelscheiden. Sie lebt am Gewässerboden oder zwischen Wasserpflanzen und ernährt sich vegetarisch.

***Vorkommen** Außer an Fließgewässern aller Art auch an Seen und Tümpeln, überall häufig.*

- ***Schwanzfäden reduziert***
- ***Vorderflügel mit x-förmiger Aderung***
- ***häufigste heimische Steinfliege***

Weibchen vor der Eiablage mit Eipaket

Larve einer *Nemoura*-Art

Steinfliege

Leuctra sp. (Steinfliegen)

L 5–14 mm Februar–Oktober

Die über 20 sehr schwer unterscheidbaren Arten dieser Gattung sind leicht an ihrem ausgesprochen schmalen Körperbau und den in Ruhelage zigarrenförmig eingerollten Flügeln zu erkennen. Die ebenfalls sehr schlanken Larven sind in den von ihnen besiedelten Gewässern, insbesondere in Bergbächen, oft in großer Zahl zu finden. Im Unterschied zu den Nemoura-Larven besitzen sie parallel angeordnete Flügelscheiden. Sie ernähren sich ebenfalls vegetarisch.

***Vorkommen** Vor allem an sauberen Bergbächen, einige Arten aber auch an Flüssen oder Seen, meist häufig.*

- ***Flügel zigarrenförmig zusammengerollt***
- ***Schwanzfäden stark verkürzt***
- ***an Bergbächen oft zahlreich***

Zahlreiche frisch geschlüpfte Steinfliegen der Gattung *Leuctra* am Gewässerufer

Leuctra sp. im Spätwinter auf Schnee

Larve einer *Leuctra*-Art

Gebänderte Prachtlibelle

Calopteryx splendens (Prachtlibellen)

Spw 60–70 mm Mai–September

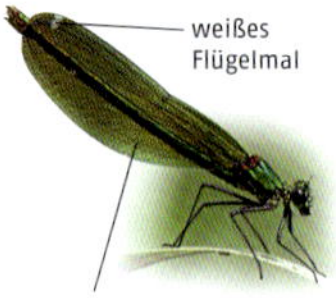

Vorkommen *Entwickelt sich nur in sauberen, aber eher langsam strömenden Fließgewässern, durch Gewässerverschmutzung gebietsweise selten geworden.*

- > ***Männchen mit dunkler Flügelbinde***
- > ***Flügel beim Weibchen grünlich getönt***
- > ***eher an größeren Fließgewässern***

Die Männchen besetzen Reviere entlang des Gewässerufers. Bei der Balz biegt das Männchen die weiß gefärbte Unterseite seiner Hinterleibsspitze nach oben und präsentiert diese dem Weibchen als Erkennungszeichen. Nach der Paarung setzt sich das Weibchen auf Wasserpflanzen und versenkt die Eier mit dem Legebohrer ins Pflanzengewebe. Dabei taucht es oft längere Zeit ins Wasser hinab. Das Männchen bewacht dabei fortwährend das Geschehen. Die auffallend langbeinigen, sehr schlanken Larven brauchen offenbar 2 Jahre zur Entwicklung.

Larve der Gebänderten Prachtlibelle

Blauflügel-Prachtlibelle

Calopteryx virgo (Prachtlibellen)

Spw 60–70 mm Mai–September

Vorkommen *Vorwiegend an schmalen und schneller fließenden, oft etwas schattigen Bächen, gebietsweise schon recht selten geworden.*

- > ***Flügel beim Männchen ganz dunkel***
- > ***Weibchen mit bräunlich getönten Flügeln***
- > ***vorwiegend an halbschattigen Bachufern***

Zwar bevorzugt die Blauflügel-Prachtlibelle eher kleinere und schneller fließende Bäche als die Schwesterart, kommt aber doch oft gemeinsam mit dieser vor. Wie die Gebänderte Prachtlibelle streift sie zu Beginn ihrer Flugzeit oft weit umher und kann auch in größerer Entfernung von ihrem Entwicklungsgewässer beobachtet werden. Das Balzverhalten läuft in ähnlicher Weise ab; das Männchen präsentiert dabei aber auf der Unterseite seines Hinterleibs eine leuchtend karminrote Fläche als Artkennzeichen.

Larve der Blauflügel-Prachtlibelle

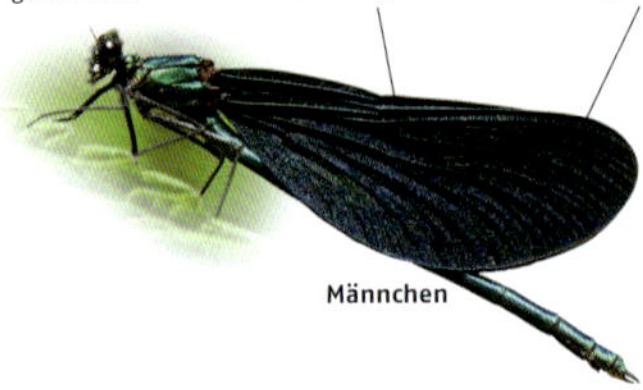

Die als Männchen ähnliche Rote Prachtlibelle (*Calopteryx haemorrhoidalis*) kommt nur in Südeuropa vor. Beim Männchen sind die Flügel bis auf ihren durchsichtigen Basalteil dunkelbraun getönt und der Körper rotmetallisch-kupferfarben.

Gemeine Binsenjungfer

Lestes sponsa (Teichjungfern)
Spw 40–50 mm   Juni–Oktober

Porträt des Männchens

Die Tiere spreizen im Sitzen wie alle Lestes-Arten ihre Flügel schräg auseinander. Bei der Paarung ergreift das Männchen zunächst ein Weibchen und füllt dann Sperma in sein Begattungsorgan (vorn am Hinterleib). Dann biegt das Weibchen seinen Hinterleib nach unten und bildet das „Paarungsrad", das für alle Libellen typisch ist. Die Eiablage erfolgt paarweise meist in Binsenstängel. Dabei taucht das Paar oft gemeinsam ins Wasser hinab.

Vorkommen *Vorwiegend an kleineren stehenden Gewässern, oft in Mooren. Fast überall ziemlich häufig.*

> ***Männchen blau bereift***
> ***Flügelmal dunkel***
> ***Eiablage in Binsenstängel***

Männchen

Paarungsrad

Larve der Gemeinen Teichjungfer

25

Weidenjungfer

Chalcolestes viridis (Teichjungfern)
Spw 50–55 mm   Juli–Oktober

Eiablage von 5 Paaren in Weidenzweig

Die besonders im September zu beobachtende Eiablage erfolgt paarweise in Zweige von Sträuchern und Bäumen am Gewässerufer, vor allem in Weidenzweige. Das Weibchen schiebt dabei die Eier mit seinem kräftigen Legebohrer unter die Rinde, wo sie überwintern. Im folgenden Frühjahr schiebt sich die wurmförmige Vorlarve durch das bei der Eiablage entstandene Loch hervor und lässt sich hinab ins Wasser fallen. Hier häutet sie sich wenig später zum ersten vollständig ausgebildeten Larvenstadium.

Vorkommen *An Teichen und Tümpeln, fast überall ziemlich häufig.*

> ***beide Geschlechter grünmetallisch bis kupfern***
> ***Flügelmal hell gefärbt***
> ***Eiablage in Zweige***

Männchen
(Weibchen gleich gefärbt)

Porträt mit den für alle Kleinlibellen typischen, weit voneinander getrennten Facettenaugen

Larve der Weidenjungfer

Gemeine Winterlibelle

Sympecma fusca (Teichjungfern)

Spw 45–50 mm Juli–Mai

Vorkommen *Vorwiegend an kleineren stehenden Gewässern, oft auch weitab von ihren Entwicklungsorten; in den meisten Gegenden nicht selten, aber leicht zu übersehen.*
Bild oben: Weibchen

> ***dunkle Zeichnungen mit Kupferglanz***
> ***überwintert als fertige Libelle***
> ***Eiablage erst nach dem Winter***

Larve der Gemeinen Winterlibelle

Diese sehr unscheinbare, in beiden Geschlechtern gleich gefärbte Libelle überwintert ausgewachsen. Sie sitzt dabei in Bodennähe frei an Pflanzen und kann zeitweise völlig unter dem Schnee verschwinden. Die Eiablage erfolgt bereits zeitig im Frühjahr (ab April). Die Tiere setzen sich dazu meist paarweise hintereinander auf schwimmende, abgestorbene Pflanzenteile, in die das Weibchen mit dem Legebohrer seine Eier versenkt. Die ziemlich blass gefärbten Larven entwickeln sich innerhalb von 2–3 Monaten zur fertigen Libelle.

Porträt

Männchen im Winter auf verschneitem Halm

Blaue Federlibelle

Platycnemis pennipes (Federlibellen)

Spw 40–50 mm Mai–September

Vorkommen *Im Auebereich größerer Flüsse an stehenden und langsam fließenden Gewässern ziemlich häufig.*
Bild oben: Weibchen

> ***Männchen blau, Weibchen hellbraun oder grünlich***
> ***Beinschienen verbreitert***
> ***Eiablage mit aufgerichtetem Männchen***

Larve der Gemeinen Federlibelle

Die Art fällt besonders durch die bei beiden Geschlechtern deutlich verbreiterten, am Rand lang bestachelten und unterseits weißen Schienen der Mittel- und Hinterbeine auf. Die Männchen lassen diese bei der Flugbalz vor dem Weibchen nach unten baumeln und machen mit diesem Signal auf sich aufmerksam. Zur Eiablage setzt sich das Weibchen mit angekoppeltem, senkrecht aufgerichtetem Partner auf im Wasser flutende Pflanzen. Manchmal versammeln sich zahlreiche Tiere dicht nebeneinander.
Die Larve ist durch die in einen langen Zipfel ausgezogenen Kiemenblättchen unverwechselbar.

2 Paare bei der Eiablage

Frühe Adonislibelle

Pyrrhosoma nymphula (Schlanklibellen)
Spw 40–50 mm April–August

Diese auffallende und sehr markante Kleinlibelle gehört zu den frühesten Libellenarten im Jahreszyklus. Sie kann höchstens mit der Späten Adonislibelle verwechselt werden. Die Eiablage erfolgt paarweise auf unterschiedliche Art, teils mit sitzendem Männchen wie bei den Teichjungfern, teils mit aufrecht stehendem wie bei den Federlibellen. Die Larve ist plumper gebaut als die anderer Kleinlibellen. Ihre Kiemenblättchen sind am Ende zugespitzt, laufen aber nicht in einen schmalen Zipfel aus.

Vorkommen *An pflanzenreichen stehenden und langsam fließenden Gewässern, in den meisten Gebieten nicht selten. Bild oben: Beim Weibchen ist der Hinterleib stärker schwarz gezeichnet.*

> ***beide Geschlechter rot***
> ***Beine schwarz***
> ***eine der ersten Frühlingslibellen***

Männchen

Beine schwarz

Hinterleib überwiegend rot, nur hinten schwarz

Die Späte Adonislibelle (*Ceriagrion tenellum*) hat hell gefärbte Beine und als Männchen einen ganz roten Hinterleib. Sie ist in Südeuropa häufig, in Mitteleuropa dagegen selten.

Larve der Frühen Adonislibelle

Große Pechlibelle

Ischnura elegans (Schlanklibellen)
Spw 35–45 mm April–August

Die Weibchen der Großen Pechlibelle legen ihre Eier stets ohne begleitendes Männchen in schwimmende Pflanzenteile ab. Sie bevorzugen hierfür die späten Nachmittagsstunden und unübersichtliche Gewässerbereiche, um möglichst wenig von paarungswilligen Männchen bei ihrer Tätigkeit gestört zu werden. Die Larve ist schwer von anderen Schlanklibellenlarven zu unterscheiden, besitzt aber jeweils einen dunklen Ring vor den Kniegelenken.

Vorkommen *An stehenden Gewässern aller Art, überall häufig und in den meisten Gebieten sogar die häufigste Libellenart. Bild oben: Paarungsrad der Großen Pechlibelle*

> ***Männchen blau, Weibchen sehr variabel gefärbt***
> ***blaues „Rücklicht" am Hinterleib***
> ***Weibchen legt Eier allein ab***

Männchen

Flügelmal nach innen schwarz, nach außen weiß

nur 8. Hinterleibssegment oben blau

Beim Männchen der seltenen Kleinen Pechlibelle (*Ischnura pumilio*) sind das hintere Drittel des achten und das neunte Hinterleibssegment oben blau gefärbt.

Larve der Großen Pechlibelle

Hufeisen-Azurjungfer

Coenagrion puella (Schlanklibellen)

Spw 40–50 mm Mai–September

Vorkommen *An meist kleineren stehenden Gewässern, eine der häufigsten heimischen Kleinlibellen.*
Bild oben: Weibchen

- ***Männchen blau, Weibchen grünlich***
- ***Männchen mit „Hufeisen"***
- ***Eiablage mit aufgerichtetem Männchen***

Larve der Hufeisen-Azurjungfer

Diese weitverbreitete Art zeigt das gleiche Eiablageverhalten wie die Gemeine Federlibelle. Auch hier steht das Männchen senkrecht über seiner Partnerin, während diese ihre Eier mit dem Legebohrer in schwimmende Pflanzenteile versenkt. Auch hier kommt es an günstigen Eiablagestellen oft zur Ansammlung zahlreicher Paare auf engem Raum. Auch ihre nur schwach gezeichnete Larve ist schwer von anderen Schlankjungfer-Larven zu unterscheiden. Sie trägt aber auf dem Hinterkopf zahlreiche, erst bei Lupenvergrößerung erkennbare dunkle Punkte.

Das Männchen der deutlich selteneren Fledermaus-Azurjungfer (*Coenagrion pulchellum*) hat einen extrem schmalen (nur 0,5 mm breiten), oberseits überwiegend schwarz gefärbten Hinterleib.

Gemeine Becherjungfer

Enallagma cyathigerum (Schlankjungfern)

Spw 40–45 mm Mai–September

Vorkommen *Vorwiegend an größeren stehenden Gewässern, ziemlich häufig.*
Bild oben: Paar vor der Eiablage mit blauem Weibchen

- ***Männchen blau, Weibchen oft bräunlich***
- ***Männchen mit „Trinkbecher"-Zeichnung***
- ***mehr an größeren Gewässern***

Larve der Becher-Azurjungfer

Die Männchen dieser häufigen Kleinlibelle setzen sich gern in Ufernähe und oft zu mehreren übereinander an Halme, die aus einer offenen Wasserfläche senkrecht emporragen. Da alle Tiere dabei ihren Körper fast rechtwinklig von der vertikalen Sitzwarte abspreizen, entsteht ein sehr charakteristisches Bild, an dem die Art oft schon aus größerer Entfernung erkannt werden kann. Die Eiablage erfolgt ähnlich wie bei der Frühen Adonislibelle paarweise in unterschiedlichen Sitzpositionen. Manchmal taucht das Weibchen auch ab, doch dann fliegt das Männchen davon. Die blass gefärbte Larve besitzt auffallend breite Kiemenblättchen.

Großes Granatauge

Erythromma najas (Schlanklibellen)
Spw 40–50 mm   Mai–August

Die Männchen des Großen Granatauges setzen sich mit Vorliebe auf die großen Schwimmblätter von Gelben Teichrosen, meist in größerer Entfernung vom Gewässerufer. Auch zur Eiablage wählt das Paar bevorzugt die Blattunterseiten oder Blütenstängel dieser Pflanze aus. Oft taucht es dabei, ähnlich wie die Paare der Gemeinen Teichjungfer, gemeinsam ganz unter. Die kontrastreich gezeichnete Larve wird mit über 20 mm (ohne Kiemenblättchen) größer als alle übrigen Schlanklibellenlarven.

Vorkommen *Fast nur an Gewässern mit Teichrosen, gebietsweise nicht selten.*

- ***Männchen hellblau und braun mit roten Augen***
- ***Weibchen mit unterbrochenem Schulterstreifen***
- ***an Gewässern mit Teichrosen***

Auge rot gefärbt

letzte Hinterleibsringe hellblau

Männchen

heller Schulterstreifen unterbrochen

Hinterleib oben ganz schwarz

Weibchen

Larve des Großen Granatauges

Kiemenblättchen bunt gescheckt und stumpf abgerundet

Zwerglibelle

Nehalennia speciosa (Schlanklibellen)
Spw ca. 25 mm   Mai–August

Diese kleinste europäische Libelle hält sich meist im dichten Gewirr von Grashalmen auf, fliegt nur wenig und ist daher angesichts ihrer geringen Körpergröße und ihres seltenen Vorkommens extrem schwer zu entdecken. Dabei kann sie in geeigneten Gebieten durchaus häufig vorkommen. Die Larve erreicht weniger als 13 mm Körperlänge und besitzt abgerundete Kiemenblättchen mit einer feinen, aufgesetzten Spitze.

Vorkommen *Vorwiegend in Moorgebieten mit kleineren Moorschlenken und lockerer Vegetation aus Wollgräsern, Seggen und Fieberklee, etwa im Alpenvorland und in Niedersachsen, insgesamt aber selten und hochgradig gefährdet.*

- ***kleinste europäische Libelle***
- ***Männchen blau mit grünmetallischem Rücken***
- ***in intakten Moorgebieten***

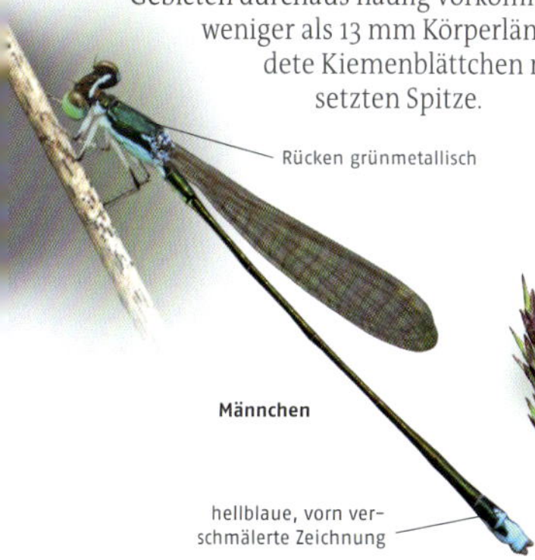

Rücken grünmetallisch

Männchen

hellblaue, vorn verschmälerte Zeichnung

Paarungsrad

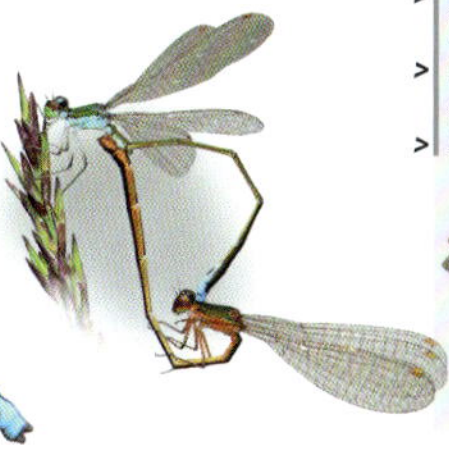

Larve der Zwerglibelle

Blaugrüne Mosaikjungfer

Aeshna cyanea (Edellibellen)

Spw 90–100 mm   Juni–November

Porträt des Männchens

***Vorkommen** Vorwiegend an kleineren stehenden Gewässern, regelmäßig auch an Gartenteichen, auf der Jagd auch weiter von Gewässern entfernt; überall häufig.*

- ***Hinterleib des Männchens blau und grün gezeichnet***
- ***erscheint manchmal etwas zudringlich***
- ***häufig an Gartenteichen***

Die Männchen suchen am Gewässerufer ausgiebig nach Eier legenden Weibchen, um sich mit ihnen zu paaren. Dabei zeigen sie auch Menschen gegenüber wenig Scheu und werden daher oft für gefährlich gehalten (Namen wie „Teufelsnadeln" und „Augenstecher" bringen die unberechtigte Furcht vor ihnen zum Ausdruck). Die zigarrenförmige Larve hat schräg nach vorn gerichtete Augen und eine schmale Fangmaske zum Ergreifen ihrer Beute.

Larve der Blaugrünen Mosaikjungfer

Weibchen

Männchen

Braune Mosaikjungfer

Aeshna grandis (Edellibellen)

Spw 90–100 mm   Juni–Oktober

***Vorkommen** Vor allem an größeren Weihern und Teichen, ziemlich häufig, doch meist nur wenige Individuen an einem Gewässer.*

- ***Körper und Flügel bräunlich***
- ***Männchen gelb und blau gezeichnet***
- ***Weibchen nur gelb gezeichnet***

Die Weibchen dieser kaum verwechselbaren Großlibelle fliegen sehr ausdauernd über der offenen Wasserfläche meist dicht vor dem Ufer hin und her und suchen hier nach Eier legenden Weibchen. Diese setzen sich zur Eiablage auf im Wasser schwimmende Pflanzenteile, gern auch auf morsche Holzstücke, um darin ihre Eier zu versenken. Die Larve ähnelt der der Blaugrünen Mosaikjungfer, hat aber eine deutlich breitere Fangmaske und meist eine viel kontrastreichere Zeichnung.

Weibchen bei der Eiablage

Männchen

Die ebenfalls braune, in Mitteleuropa seltene Keilflecklibelle (*Aeshna isoceles*) ist eine typische Tieflandart. Sie kommt vor allem an schilfreichen Altwassern, daneben auch an langsam fließenden Bächen und Gräben vor.

Larve der Braunen Mosaikjungfer

Große Königslibelle

Anax imperator (Edellibellen)
Spw 90–105 mm Juni–August

Die Männchen der Großen Königslibelle sind sehr ausdauernde Flieger, die lange Zeit über ihrem Gewässer hin und her patrouillieren, ohne sich abzusetzen. Immer wieder liefern sie sich Luftkämpfe mit anderen, fast immer unterlegenen Arten, um sie aus ihrem Revier zu vertreiben. Gelegentlich kann man sie auch beim Überwältigen und Verzehren schwächerer Gegner beobachten. Die sehr kräftige Larve unterscheidet sich von *Aeshna*-Larven durch ihre mehr nach den Seiten gerichteten Augen.

Die fast gleich große Kleine Königslibelle (*Anax parthenope*) trägt vorn auf dem Hinterleib einen hellblauen Fleck und ist ansonsten mehr braungrau bis bräunlich violett gefärbt.

Vorkommen *Besonders an pflanzenreichen Teichen und Tümpeln, ziemlich häufig.*

> ***größte und kräftigste heimische Libelle***
> ***beide Geschlechter mit grüner Brust und blauem Hinterleib***
> ***fliegt sehr ausdauernd***

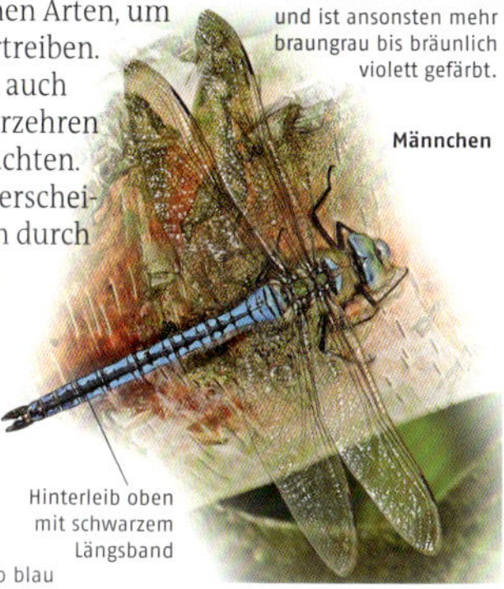

Männchen

Hinterleib oben mit schwarzem Längsband

Weibchen bei Eiablage

Brustseite grün

Hinterleib blau

Larve der Großen Königslibelle

Früher Schilfjäger
Kleine Mosaikjungfer

Brachytron pratense (Edellibellen)
Spw 70–80 mm Mai–Juli

Die kleinste heimische Edellibelle ähnelt in ihren Ansprüchen sehr der Keilflecklibelle und kommt daher auch oft mit ihr zusammen vor. Sie unterscheidet sich von allem übrigen Arten ihrer Familie durch ihre deutliche Behaarung, insbesondere im Brustbereich. Das Männchen fliegt im Allgemeinen nicht so ausdauernd wie andere Edellibellen und setzt sich gern längere Zeit ab. Die Larve besitzt sehr kleine, knopfförmige Augen und einen unterseits abgeflachten, fast ausgehöhlten Körper, mit dem sie sich eng an Pflanzenstängel oder schwimmende Holzstückchen anschmiegen kann.

Vorkommen *Vor allem an schilfreichen Ufern stehender Gewässer in den Flussauen, besonders im Tiefland, nicht häufig.*
Bild oben: Weibchen

> ***kleinste Edellibelle***
> ***Körper deutlich behaart***
> ***an schilfreichen Auegewässern***

Männchen

Hinterleibsanhänge ziemlich lang

Hinterleib blau gefleckt

Paarungsrad

Larve der Kleinen Mosaikjungfer

Zweigestreifte Quelljungfer

Cordulegaster boltonii (Quelljungfern)
Spw 85–95 mm   Juni–August

Vorkommen *Nur an schmalen Fließgewässern, oft an winzigen Rinnsalen; ziemlich selten.*

> ***Hinterleibsringe mit 2 gelben Streifen***
> ***Augen leuchtend grün***
> ***oft an winzigen Rinnsalen***

Die Männchen fliegen an ihren Entwicklungsgewässern eifrig auf und ab, setzen sich aber auch immer wieder. Die Weibchen besitzen einen schwertförmigen, die Hinterleibsspitze deutlich überragenden Legebohrer, mit dem sie im Rüttelflug und gerade nach unten gestrecktem Hinterleib die Eier in den Gewässerboden regelrecht hineinstoßen. Die zigarrenförmige Larve besitzt einen würfelförmigen Kopf und sehr kleine, knopfförmige Augen. Sie benötigt zur Entwicklung mehrere Jahre.

Larve der Zweigestreiften Quelljungfer

Augen grün, berühren sich nur in einem Punkt

Hinterleibsringe jeweils mit 2 gelben Binden

Männchen

mittlere Hinterleibsringe mit nur einer gelben Binde

Die Gestreifte Quelljungfer (*Cordulegaster bidentata*) trägt an den mittleren Hinterleibsringen nur eine gelbe Binde und fliegt vorzugsweise an sehr schmalen Bächen, insbesondere an solchen mit Kalktuffbildungen.

Gemeine Keiljungfer

Gomphus vulgatissimus (Flussjungfern)
Spw 60–70 mm   Mai–Juli

Vorkommen *An sauberen, meist schmalen Fließgewässern, im Bergland auch an kiesigen Seen; früher stellenweise häufig, heute aber fast überall selten geworden.*

> ***Hinterleib beim Männchen keilförmig***
> ***Beine ganz schwarz***
> ***an sauberen Bächen***

Diese als Männchen grünlich gelb, als Weibchen gelb gefärbte Libelle besitzt wie alle Flussjungfer und anders als die übrigen Großlibellen deutlich voneinander getrennte Augen. Der Abstand ist aber etwas kleiner als der Augendurchmesser. Die Larve ist ziemlich breit gebaut, gleichzeitig aber stark abgeflacht. Ihre Fühler sind kurz und auffallend kolbenförmig. Sie lebt tagsüber meist eingegraben im sandigen Gewässergrund, kommt aber nachts zum Beutefang aus ihrem Versteck hervor.

Larve der Gemeinen Keiljungfer

Augen getrennt

Beine ganz schwarz

Weibchen

Männchen

Kleine Zangenlibelle

Onychogomphus forcipatus (Flussjungfern)

Spw 55–70 mm   Juni–August

Die Männchen dieser Art sind durch ihre sehr großen, gebogenen Hinterleibszangen gut gekennzeichnet. Die helle Zeichnung ist bei der mitteleuropäischen Rasse (Unterart forcipatus) grünlich gelb, bei der des Mittelmeergebiets (Unterart unguiculatus) dagegen reingelb. Die plumpe Larve ist nicht so abgeflacht wie die der Gemeinen Keiljungfer; außerdem sind ihre Flügelscheiden schräg zur Seite gerichtet.

Vorkommen *An sauberen, steinigen Bächen und sandigen Seen, gern auch an Seeausflüssen; in Mitteleuropa ziemlich selten, im Mittelmeergebiet stellenweise häufig.*
Bild oben: Weibchen der Unterart unguiculatus

- > ***Männchen mit großen Hinterleibszangen***
- > ***Beine gelb gezeichnet***
- > ***an sauberen Bächen und Seen***

Porträt mit den deutlich getrennten Facettenaugen

Männchen der Unterart *forcipatus*

Larve der Kleinen Zangenlibelle

Falkenlibelle

Cordulia aenea (Falkenlibellen)

Spw 60–70 mm   Mai–August

Die Männchen patrouillieren sehr ausdauernd am Gewässerufer und suchen dabei ständig nach Weibchen. Diese halten sich zur Eiablage meist an versteckten Stellen im Schilfgürtel auf. Sie werfen dabei die Eier im Schwirrflug mit wippenden Bewegungen des Hinterleibs ins Wasser. Die Larve hat auffallend lange, fast spinnenartige Beine und einen etwas abgeflachten, breiten Hinterleib. Am Rücken ihrer Hinterleibssegmente trägt sie nicht sehr auffällige Rückendorne.

Vorkommen *Vorzugsweise an kleineren Seen und Weihern, öfter auch an nicht so intensiv bewirtschafteten Fischteichen; ziemlich häufig.*

- > ***Körper grünlich kupferfarben***
- > ***Augen leuchtend grün***
- > ***setzt sich nur selten***

Männchen

Die Gefleckte Smaragdlibelle (*Somatochlora flavomaculata*) trägt an den Seiten ihres Hinterleibs dreieckige gelbe Flecke, die beim Männchen (Bild) ziemlich klein, beim Weibchen aber recht groß sind. Sie fliegt vor allem auf Sumpfwiesen am Rand von Moorgebieten.

Larve der Gemeinen Smaragdlibelle

Vierfleck

Libellula quadrimaculata (Segellibellen)
Spw 65–80 mm Mai–August

***Vorkommen** An stehenden Gewässern fast überall häufig, eine der häufigsten Libellen Europas.*
Bild oben: frisch geschlüpftes Männchen

- **beide Geschlechter braun gefärbt**
- **Flügel mit insgesamt 8 schwarzen Flecken**
- **Paarung im Flug**

Larve des Vierflecks

Die Paarung wird ausschließlich im Flug vollzogen und dauert nur wenige Sekunden. Danach trennt sich das Paar, und das Weibchen wirft fliegend mit wippenden Bewegungen des Hinterleibs die Eier ins Gewässer ab. Dabei kreist das Männchen meist neben seiner Partnerin. Die Art bildet in manchen Jahren größere Wanderschwärme. Die Larve besitzt als auffällige Zeichnung eine dunkle bandförmige Gesichtsmaske zwischen den Augen.

altes **Männchen** gegen Ende der Flugzeit

Männchen

Plattbauch

Libellula depressa (Segellibellen)
Spw 65–75 mm Mai–August

***Vorkommen** Besonders in Kiesgruben und anderen Abbaugebieten, regelmäßig auch an frisch angelegten Gartenteichen und selbst an winzigen Wegpfützen ziemlich häufig.*
Bild oben: Weibchen

- **Hinterleib breit und flach**
- **Männchen hellblau bereift**
- **gern an kleinen Pfützen**

Larve des Plattbauchs

Die Männchen besetzen Sitzwarten am Gewässerufer (z. B. auf trockenen Zweigen), zu denen sie immer wieder zurückkehren. Im Paarungs- und Eiablageverhalten gleicht diese Art – als einzige weitere Libelle in Europa – dem Vierfleck. Die Larve gräbt sich in Ufernähe am Gewässergrund ein und ist meist über und über mit Schlamm bedeckt, so dass sie vielfach kaum noch als Libellenlarve zu erkennen ist. Im Bodengrund eingegraben übersteht sie sogar ein längeres Austrocknen ihres oft winzig kleinen Entwicklungsgewässers.

Männchen auf Sitzwarte

Weibchen

Großer Blaupfeil

Orthetrum cancellatum (Segellibellen)
Spw 70–80 mm Juni–September

Weibchen

schwarze Längsbinde an Hinterleibsseite

Die Männchen setzen sich vorzugsweise am Gewässerufer auf dem sandigen oder kiesigen Boden ab. Dabei ziehen sie gern ihre beiden Vorderbeine eng an den Brustabschnitt, sodass sie nur auf 4 Beinen sitzen. Sie besitzen die gleiche blaue Bereifung auf dem Hinterleib wie die des Plattbauchs. Bei älteren Männchen ist diese aber oft abgeschabt, da das Weibchen beim Paarungsrad mit den Fußkrallen daran kratzt. Die Larve ähnelt der Plattbauch-Larve, hat aber auf dem Hinterleib 2 dunkle, dreieckige Fleckenreihen.

Vorkommen *Vorwiegend an Teichen und kleineren Seen mit sandigen oder kiesigen Ufern, nicht selten.*

- **ähnlich dem Plattbauch, aber schmäler**
- **Flügel ungefleckt**
- **besonders an Kiesufern**

Das Männchen des Südlichen Blaupfeils (*Orthetrum brunneum*) ist am ganzen Körper blau bereift. Die mediterrane Art kommt in Mitteleuropa vor allem in Kiesgruben vor.

Männchen

blaue Bereifung

keine schwarzen Basalflecke an den Flügeln

Larve des Großen Blaupfeils

Feuerlibelle

Crocothemis erythraea (Segellibellen)
Spw 60–65 mm Mai–Oktober

Diese typische Wanderlibelle fliegt in warmen Jahren zahlreich von Südeuropa nach Mitteleuropa ein, um sich dort fortzupflanzen. In den letzten Jahren gelingt es den nachfolgenden Generationen zunehmend, als Larve auch bei uns den Winter zu überleben, sodass diese Art mittlerweile auch in Mitteleuropa heimisch geworden ist. Während die Libelle selbst in der Körperform eher den Blaupfeil-Arten entspricht, ähnelt die Larve stärker einer Heidelibellenlarve. Wie bei dieser ist der Kopf hinter den Augen stark verschmälert. Ihr fehlen aber die für die meisten *Sympetrum*-Larven typischen Rückendorne auf den Hinterleibssegmenten.

Vorkommen *An stehenden und langsam fließenden Gewässern, vor allem in wärmebegünstigten Gebieten.*

- **Körperform wie beim Blaupfeil**
- **Männchen leuchtend rot**
- **typische Wanderlibelle**

Hinterleib abgeflacht und rot gefärbt

gelber Basalfleck am Hinterflügel

Männchen

Weibchen

gelbbraun gefärbt

Kopf hinter dem Auge verschmälert

Larve der Feuerlibelle

Kleine Moosjungfer

Leucorrhinia dubia (Segellibellen)
Spw 50–60 mm Mai–August

Porträt des Männchens mit leuchtend weißer Stirn

Vorkommen *An Moorgewässern ziemlich häufig, in anderen Gebieten selten.*

- ***Stirn weiß gefärbt***
- ***schwarz mit roten oder gelben Zeichnungen***
- ***typische Moorlibelle***

Die Kleine Moosjungfer ist eine typische Moorlibelle und gehört z. B. in den Moorgebieten Norddeutschlands und des Alpenvorlands vor allem im Frühjahr und Frühsommer zu den dominanten Libellenarten. Die Paarung erfolgt in Gewässernähe. Nach der Trennung vom Männchen fliegt das Weibchen anschließend zum Wasser zurück und wirft die Eier mit wippenden Bewegungen des Hinterleibs ab. Die Larven schlüpfen noch im gleichen Sommer und benötigen für ihre Entwicklung 2 Jahre. Als besonderes Merkmal besitzt sie auf der Unterseite des Hinterleibs 3 dunkle Längsbinden.

Larve der Kleinen Moosjungfer

Gemeine Heidelibelle

Sympetrum vulgatum (Segellibellen)
Spw 50–60 mm Juli–November

Vorkommen *An stehenden Gewässern fast überall häufig.*
Bild oben: Weibchen

- ***Männchen mit rotem Hinterleib***
- ***Beine gelb gestreift***
- ***Eiablage im „Tandem"***

Die Gemeine Heidelibelle legt wie alle Arten ihrer Gattung die Eier paarweise im Flug ab. Beide Partner fliegen hierzu als „Tandem" aneinandergekoppelt in Ufernähe auf und ab, während das Weibchen unter wippenden Bewegungen seines Hinterleibs die Eier ins flache Wasser oder auf den trockenen Boden abwirft. Hier überwintern sie, und im folgenden Frühjahr, wenn der Wasserspiegel nach der Schneeschmelze wieder angestiegen ist, schlüpfen die Larven. Sie entwickeln sich in etwa 3 Monaten zur fertigen Libelle.

Bei der ebenfalls häufigen Blutroten Heidelibelle (*Sympetrum sanguineum*) sind die Beine ganz schwarz gefärbt. Das Männchen besitzt einen intensiv rot gefärbten Hinterleib und eine leuchtend rote Stirn.

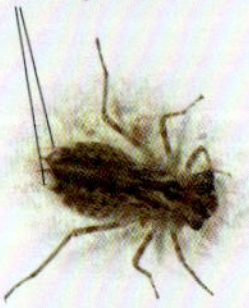

Larve der Gemeinen Heidelibelle

Gebänderte Heidelibelle

Sympetrum pedemontanum (Segellibellen)
Spw 45–55 mm Juli–Oktober

Diese schöne Art tauchte in den letzten Jahren an verschiedenen Orten in Norddeutschland auf, an denen sie früher nicht heimisch war, verschwand dann aber nach wenigen Jahren wieder völlig aus vielen der neu besiedelten Gebiete. Bei der scheinbar so auffälligen Flügelzeichnung handelt es sich offenbar um einen speziellen Tarnmechanismus: Die dunkel gebänderten Flügelflächen erzeugen in der Bewegung ein sehr verwirrendes Flimmern, durch das man die fliegende Libelle leicht aus den Augen verliert.

Weibchen

Männchen

Vorkommen *Vorwiegend in Sand- und Kiesgruben, doch auch an Gräben und über moorigen Wiesen, in den meisten Gegenden selten.*

- > ***durch die Flügelbinden unverwechselbar***
- > ***im Flug mit Flügelflimmern***
- > ***besonders in Sand- und Kiesgruben***

Schwarze Heidelibelle

Sympetrum danae (Segellibellen)
Spw 45–55 mm Juli–Oktober

Das Männchen der Schwarzen Heidelibelle ist an seiner sehr dunklen Gesamtfärbung leicht zu erkennen. Unausgefärbte Männchen haben wie die Weibchen eine eher gelbbraune Grundfärbung, aber wie diese eine schwarze Unterseite des Hinterleibs und breite schwarze Binden an den Seiten des Brustabschnitts (auf dem Paarungsbild gut zu erkennen). Die auffallend zierliche Larve besitzt nur kurze Seitendorne an den letzten Hinterleibsringen.

Vorkommen *vorwiegend an kleineren pflanzenreichen Stillgewässern, besonders in Moorgebieten; in den meisten Gegenden häufig.*
Bild oben: Paarungsrad

- > ***Männchen mit schwarzem Hinterleib***
- > ***Beine ganz schwarz***
- > ***besonders in Mooren***

Männchen

Weibchen

Larve der Schwarzen Heidelibelle

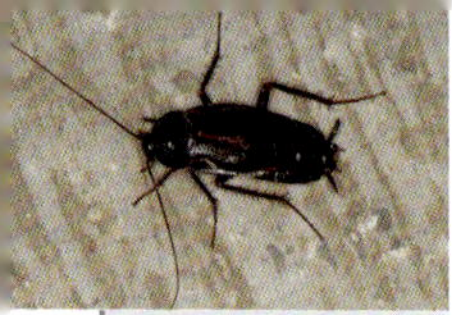

Küchenschabe

Blatta orientalis (Schaben)

L 19–25 mm ganzjährig

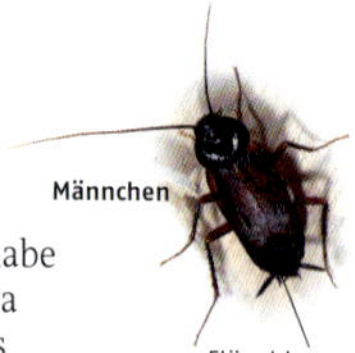

Vorkommen *Bei uns nur in Gebäuden, vor allem in Altbauten, Bäckereien und Gastronomiebetrieben. Früher häufig, durch Bekämpfung selten geworden. Bild oben: Männchen mit schwarzen Flügeln*

- > ***Grundfärbung schwarz***
- > ***Flügel verkürzt***
- > ***lichtscheu und sehr flink***

Die vorwiegend nachtaktive Küchenschabe hält sich tagsüber meist verborgen, etwa hinter Möbeln oder in Mauerfugen. Das ausgesprochen flinke Tier ernährt sich von Abfällen und kann bei stärkerer Vermehrung außerordentlich lästig werden. Gelegentlich kann die Art auch Krankheiten übertragen. Die Eier werden zu etwa 15 in einer 7–10 mm großen Eikapsel vom Weibchen zunächst am Hinterleibsende getragen, nach einigen Tagen aber abgelegt. Die Larven schlüpfen nach 7–8 Wochen und sind nach 6–8 Monaten ausgewachsen.

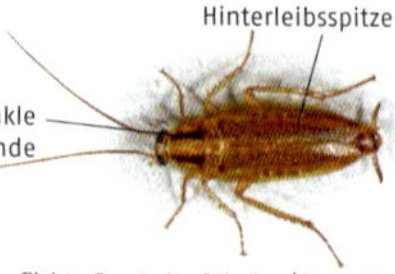

Die hellbraun gefärbte Deutsche Schabe (*Blattella germanica*) hat längere Flügel und zwei dunkle Längsbinden auf dem Halsschild. Sie tritt ebenfalls in Häusern als lästiger Schädling auf.

Gemeine Waldschabe

Ectobius sylvestris (Schaben)

L 7–11 mm Mai–September

Vorkommen *Vor allem an Waldrändern, bei uns fast überall häufig; nicht in Gebäuden.*

- > ***Halsschild schwarz mit hellem Rand***
- > ***Männchen kann fliegen***
- > ***nur im Freiland***

Die flinken Tiere halten sich vorzugsweise auf niedrigen Sträuchern auf und sind auch tagsüber aktiv. Während die Weibchen deutlich verkürzte Flügel besitzen (sie reichen etwas über die Hinterleibsmitte hinaus), sind die Männchen voll geflügelt und flugfähig. Diese nur im Freiland lebende Schabenart ist ein harmloser Pflanzenfresser und tritt nicht als Schädling in Erscheinung.

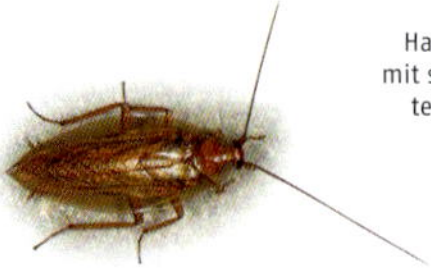

Die sich neuerdings in Süddeutschland ausbreitende Bernstein-Waldschabe (*Ectobius vittiventris*) ist gelbbraun gefärbt und tritt vorwiegend in Gebäuden auf, richtet dort aber keine nennenswerten Schäden an.

Gemeiner Ohrwurm

Forficula auricularia (Ohrwürmer)

L 10–16 mm ganzjährig

Die Art ernährt sich sowohl von zarten Pflanzenteilen als auch von kleineren Insekten, etwa Blattläusen. Sie gilt daher auch als Schädlingsvertilger. Die Eier werden in einer Erdhöhle abgelegt und vom Weibchen betreut, indem dies z. B. Schimmel entfernt. Die Larven verlassen die Bruthöhle zur Nahrungsaufnahme, kehren aber noch lange dorthin zurück. Das Weibchen dient nach seinem Tod den Jungen als zusätzliche Nahrung.

Vorkommen *In Wäldern und offenem Gelände, regelmäßig auch in Gärten, überall häufig.*

- ***Männchen mit stark gebogenen Zangen***
- ***Zangen beim Weibchen fast gerade***
- ***Weibchen behütet das Eigelege***

Weibchen

Zangen fast gerade

Beim etwas kleineren Gebüsch-Ohrwurm (*Apterygida albipennis*) sind die Hinterflügel ganz unter den Deckflügeln verborgen.

Männchen

Hinterflügel ragen als Zipfel unter Deckflügeln hervor

Zangen stark gebogen und innen gezähnt

Erdholztermite

Reticulitermes lucifugus (Termiten)

L 2–9 mm ganzjährig

Die Nester werden ober- oder unterirdisch angelegt. Die Tiere ernähren sich von Totholz, das sie dank begeißelter Einzeller in ihrem Darm verdauen können. Die Arbeiter und die großköpfigen Soldaten sind Larven, die nie das Erwachsenenstadium erreichen. Andere Larven entwickeln sich im Frühjahr zu geflügelten Geschlechtstieren, die das Nest zum Hochzeitsflug verlassen. Danach werfen sie die Flügel ab und gründen als König und Königin einen neuen Termitenstaat.

Vorkommen *Unter Steinen und in Totholz im Mittelmeergebiet weit verbreitet, vor allem in Waldgebieten, ursprünglich aus Amerika eingeschleppt.*

- ***Arbeiter weiß und sehr klein***
- ***Soldaten mit großen gelben Köpfen***
- ***Geschlechtstiere dunkel gefärbt, mit langen schmalen Flügeln***

geflügeltes Geschlechtstier vor dem Hochzeitsflug

Arbeiter

großköpfiger Soldat

Gottesanbeterin

Mantis religiosa (Fangschrecken)

45–75 mm   August–November

Vorkommen *An sehr warmen, trockenen und voll besonnten Örtlichkeiten, im Mittelmeergebiet häufig, nördlich der Alpen nur in besonderen Wärmegebieten, z. B. am Oberrhein.*

> ***grün, braun oder gelb***
> ***bedornte Fangbeine***
> ***nur an sehr warmen Stellen***

Lauert mit erhobenen Fangbeinen meist gut getarnt dicht über dem Boden auf Beute (z. B. Fliegen und Heuschrecken), die blitzschnell ergriffen und zwischen Schenkel und Schiene eingeklemmt wird. Nimmt bei Störung gelegentlich eine imposante Drohhaltung ein, bei der die Fangbeine und Flügel abgespreizt werden. Eiablage an Zweigen oder Steinen in einem bräunlichen Kokon aus schaumigem, später erhärtendem Sekret.

die seltene gelbe Farbform in Drohhaltung

grüne Farbform

braune Farbform beim Verzehren eines Grashüpfers

Eikokon der Gottesanbeterin

Graue Fangschrecke

Ameles decolor (Fangschrecken)

L 20–27 mm   August–Oktober

Vorkommen *Fast im gesamten Mittelmeerraum häufig an trockenen, grasigen Stellen; fehlt in Mitteleuropa.*

> ***Weibchen nur mit Flügelstummeln***
> ***Männchen sehr schlank und langflügelig***
> ***sehr gut in der Vegetation getarnt***

Diese kleine, grau oder gelbbraun gefärbte Fangschrecke ist in der sommerdürren mediterranen Vegetation sehr schwer zu entdecken, zumindest solange sie sich nicht bewegt. Das kurzflügelige Weibchen ist leicht mit der Larve einer Gottesanbeterin zu verwechseln, das sehr schlanke Männchen mit seinen den Hinterleib überragenden Flügeln aber gut als ausgewachsenes Tier zu erkennen. Es ist, anders als das Weibchen, ausgesprochen flugtüchtig.

Bei der ähnlichen *Ameles spallanzania* ist der Hinterleib des Weibchens in der hinteren Hälfte steil nach oben gebogen. Diese Art kann auch grün oder gemischt grün und braun gefärbt sein.

Weibchen

Tarsenspinner

Embia tyrrhenica (Tarsenspinner)

L 8–14 mm ganzjährig

Im blasenförmig vergrößerten 1. Fußglied der Vorderbeine liegen Spinndrüsen, mit denen zarte weiße Gespinstschläuche gewoben werden. Diese etwa 5 mm weiten, verzweigten Schläuche kleiden unterirdische Wohnröhren aus und setzen sich oberirdisch unter Steinen fort. Bei nicht zu trockenem Wetter kann man darin auch die Bewohner antreffen, die sich aber bei Störungen meist schnell in unterirdische Bereiche zurückziehen. Sie ernähren sich vorwiegend von Falllaub. Mehrere schwer unterscheidbare Arten, die Männchen einiger Arten geflügelt.

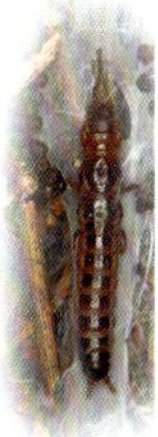

Tarsenspinner in Gespinstschlauch

Vorkommen *Im Mittelmeergebiet ziemlich häufig, besonders an sonnigen, trockenen Orten; nicht in Mitteleuropa.*

> ***sehr schmal mit blasig verdickten Voderfüßen***
> ***leben in Gespinstschläuchen***
> ***laufen nur selten frei umher***

verzweigte Gespinstschläuche unter einem Stein

Europäische Stabschrecke

Bacillus rossius (Gespenstschrecken)

L 50–100 mm Mai–Oktober

Diese im Gebüsch fast unsichtbare, grün oder gelbbraun bis grau gefärbte Gespenstschrecke wird dank ihrer hervorragenden Tarnung in der Regel nur gefunden, wenn sie sich auf einem unpassenden Untergrund aufhält oder sich gerade bewegt. Da sie sich aber mit leicht schaukelndem Körper fortzubewegen pflegt, wird sie auch dann meist mit einem im Wind schaukelnden Zweig verwechselt. Außer dieser gibt es noch einige weitere, sehr ähnliche Arten im Mittelmeergebiet, die sich u. a. an der Zahl der Fühlerglieder von dieser unterscheiden.

Vorderende einer Stabschrecke

Vorkommen *In mit Gebüsch bestandenem Gelände im gesamten Mittelmeergebiet verbreitet und meist ziemlich häufig.*

> ***schmal stabförmiger Körper***
> ***20–25 Fühlerglieder***
> ***im Gebüsch fast unsichtbar***

Gemeine Eichenschrecke

Meconema thalassinum (Laubheuschrecken)
L 12–15 mm   Juli–November

***Vorkommen** Vorwiegend an Eichen, doch auch an anderen Laubhölzern, regelmäßig auch in Gärten, überall recht häufig.*
Bild oben: Männchen

- **sehr zart und hellgrün**
- **Weibchen mit langem Legebohrer**
- **Gesang durch „Trommelschläge"**

Die rein nachtaktive Art sitzt tagsüber meist an der Unterseite von Eichenblättern. Sie ernährt sich ausschließlich von anderen weichhäutigen Insekten, etwa Raupen und Blattläusen. Das Männchen trommelt in der Dunkelheit mit einem Hinterbein auf ein Blatt und erzeugt dadurch ein leises Schnurren, durch das paarungswillige Weibchen herbeigelockt werden. Diese legen nach der Paarung (z. T. in bereits recht kalten Novembernächten) ihre Eier mit dem säbelförmigen Legebohrer in die rissige Rinde von Eichenstämmen.

Weibchen

Die im Mittelmeergebiet heimische Südliche Eichenschrecke (*Meconema meridionale*) besitzt nur etwa 1 mm lange Flügelstummel und kann leicht für eine Larve gehalten werden. Sie hat sich in den letzten Jahren in Mitteleuropa stark ausgebreitet.

Punktierte Zartschrecke

Leptophyes punctatissima (Laubheuschrecken)
L 10–17 mm   Juli–Oktober

***Vorkommen** Vor allem an sonnigen Waldrändern und in Gebüschen, regelmäßig auch in Gärten und Parkanlagen, breitet sich in letzter Zeit deutlich aus.*

- **sehr zierlich mit Stummelflügeln**
- **Weibchen mit sichelförmigem Legebohrer**
- **vorwiegend in Parks und Gärten**

Diese wie eine Heuschreckenlarve wirkende, kleine und sehr zierliche Art ist ein typischer Kulturfolger, der sich fast ausschließlich von zarten Pflanzenteilen ernährt. Das Männchen erzeugt mit seinen kurzen Flügelstummeln kaum hörbare kurze Laute (die vor allem im Ultraschallbereich liegen). Das dadurch herbeigelockte Weibchen besteigt den Rücken des Männchen und lässt sich von diesem eine gallertige Spermatophore unter die Hinterleibsspitze heften. Später legt es seine Eier in Rindenritzen.

Porträt des Männchens

Weibchen

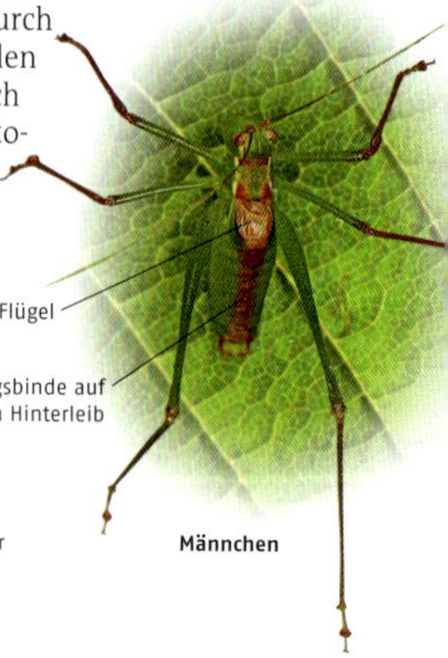

Männchen

Gemeine Sichelschrecke

Phaneroptera falcata (Laubheuschrecken)

L 12–18 mm August–Oktober

Die auffallend schlanke, lang geflügelte Art ernährt sich offenbar rein vegetarisch. Bei Sonnenschein ist sie recht lebhaft und fliegt aufgescheucht über weite Strecken. Das Weibchen besitzt einen sehr kurzen und flachen, rechtwinklig gebogenen Legebohrer. Zur Eiablage beißt es zunächst ein Loch in den Rand eines Blattes, krümmt seinen Hinterleib ganz nach vorn, schiebt dann den Legebohrer zwischen seinen beiden Oberkiefern hindurch und legt ein Ei ins Blattgewebe. Durch seine extrem flache Form findet es hier ausreichend Platz.

Vorkommen *Vor allem an sonnigen Waldrändern und auf verbuschten Trockenrasen, besonders in Wärmegebieten, breitet sich aber neuerdings zunehmend auch in kältere Regionen aus. Bild oben: Männchen*

> ***lang geflügelte, sehr zarte Heuschrecke***
> ***Hinterflügel überragen die Vorderflügel***
> ***an trockenen, warmen Stellen***

Larve der Gemeinen Sichelschrecke

Laubholz-Säbelschrecke

Barbitistes serricauda (Laubheuschrecken)

L 15–20 mm Juli–September

Die kurzflügelige Heuschrecke ist bei meist grüner Grundfärbung als Männchen kontrastreich rotbraun und gelblich gezeichnet. Auffallendstes Kennzeichen aber sind die s-förmig geschwungenen, rotbraunen Hinterleibszangen. Das ziemlich einheitlich grüne, dunkel punktierte Weibchen besitzt einen zunächst geraden, gegen das Ende aber aufwärts gebogenen, vor der Spitze oben und unten gezähnten Legebohrer.

Das sehr ähnliche Männchen der Nadelholz-Säbelschrecke (*Barbitistes constrictus*) ist meist viel dunkler gefärbt, mit zwei hellen, durchgehenden Längsstreifen. Die Art bevorzugt Nadelwaldgebiete und lebt vor allem im östlichen Mitteleuropa.

Vorkommen *an sonnigen Waldrändern im Gebüsch, vor allem im Bergland, im Allgemeinen nicht selten.*

> ***Männchen mit s-förmigen Hinterleibszangen***
> ***Weibchen mit säbelförmiger, gezähnter Legeröhre***
> ***Flügel etwa so lang wie Halsschild***

Larve der Laubholz-Säbelschrecke

Grünes Heupferd

Tettigonia viridissima (Laubheuschrecken)
L 28–42 mm Juli–Oktober

Vorkommen *Im Kulturland ebenso wie auf Trockenrasen oder an Waldrändern, bei uns überall häufig, meidet aber ausgesprochene Feuchtgebiete.*
Bild oben: Weibchen der seltenen gelben Farbvariante

- ***Flügel sehr lang***
- ***laut schwirrender Gesang***
- ***vorwiegend an trockenen Stellen***

Larve des Grünen Heupferds

Diese große Heuschrecke ernährt sich vor allem von anderen Insekten, weniger von pflanzlicher Nahrung. Sie ist recht flugtüchtig und sowohl tag- als auch nachtaktiv. Der schwirrende, etwas zerhackt klingende Gesang wird vom Männchen von den Mittagsstunden bis tief in die Nacht vorgetragen. Bei der Eiablage versenkt das Weibchen die Eier mit dem fast körperlangen Legebohrer ins Erdreich. Dort brauchen die Eier mindestens 1 1/2, manchmal sogar mehr als 5 Jahre, bis die Larven schlüpfen.

Männchen

Beim Zwitscher-Heupferd (*Tettigonia cantans*) überragt die Flügelspitze den Hinterleib nur wenig, und die Legeröhre des Weibchens ragt weit über die Flügelspitze hinaus. Die Art lebt mehr auf feuchten Wiesen und im Gebirge.

Warzenbeißer

Decticus verrucivorus (Laubheuschrecken)
L 24–44 mm Juni–Oktober

Vorkommen *Auf trockenen und dürren, nur niedrig bewachsenen Flächen, besonders im Bergland, doch z. B. auch in Heidegebieten, vielerorts selten geworden.*
Bild oben: Männchen

- ***plumpe Gestalt***
- ***Flügel meist dunkel gefleckt***
- ***hält sich am Boden auf***

Larve des Warzenbeißers

Der recht plump wirkende Warzenbeißer hält sich vorzugsweise am Boden oder in der niedrigen Vegetation auf. Die Färbung ist außerordentlich variabel und kann zwischen leuchtend hellgrün, gelbbraun bis fast schwarz variieren. Die dunkle Flügelfleckung kann gelegentlich ganz fehlen. Sehr charakteristisch ist der aus immer schneller gereihten, klickenden Einzeltönen zusammengesetzte Gesang.

Porträt des Warzenbeißers

Weibchen

Gewöhnliche Strauchschrecke

Pholidoptera griseoaptera (Laubheuschrecken)

L 13–18 mm   Juli–Oktober

Die Art hält sich meistens im Gebüsch auf. Der Gesang des Männchens besteht aus kurzen und scharfen Einzeltönen. Diese sind recht laut, obwohl sie, wie bei fast allen Langfühlerschrecken üblich, mit den bei dieser Art ja recht kurzen Flügeln erzeugt werden. Als Schall verstärkende Struktur tritt hier aber das am hinteren Ende zum Schalltrichter erweiterte Halsschild hinzu.

***Vorkommen** An Waldrändern und Gebüschen, in Mitteleuropa überall häufig.*

- > ***Färbung braun***
- > ***Flügel stummelförmig***
- > ***schrille, kurze Töne als Gesang***

Roesels Beißschrecke

Metrioptera roeselii (Laubheuschrecken)

L 14–18 mm   Juli–Oktober

Die Flügel dieser anspruchslosen Heuschreckenart reichen normalerweise etwa bis zur Hinterleibsmitte. Gelegentlich, vor allem bei lokaler starker Vermehrung, treten aber auch flugfähige Exemplare mit voll entwickelten Flügeln auf. In Laborversuchen an anderen kurzflügeligen Heuschreckenarten konnte gezeigt werden, dass die Entstehung solcher Formen durch den zunehmenden Stress der Einzeltiere bei eng gedrängter Haltung stark gefördert wird.

***Vorkommen** In offenem Gelände aller Art, eine der häufigsten heimischen Heuschreckenarten.*
Bild oben: Weibchen

- > ***Färbung grün oder braun***
- > ***Halsschildseiten mit gelber Randbinde***
- > ***weicher Schwirrton als Gesang***

Steppen-Sattelschrecke

Ephippiger ephippiger (Laubheuschrecken)
L 22–30 mm August–Oktober

Vorkommen *In Mitteleuropa sehr selten und nur an den wärmsten Stellen (z. B. im Elsass und im Moseltal), im südöstlichen Europa häufiger.*

> ***Halsschild zum Schalltrichter erweitert***
> ***Flügel teilweise unter dem Halsschild verborgen***
> ***nur in sehr warmen Gebieten***

Die sehr variabel (hellgrün, olivgrün, gelblich oder blaugrün) gefärbte Art hat einen schwarzen Hinterkopf, der aber meist unter dem Halsschild verborgen ist. Sie kann mit ihren winzigen Flügeln ziemlich schrille und laute Töne erzeugen, da das in der hinteren Hälfte trichterförmig erweiterte Halsschild wie ein Schalltrichter wirkt. Der Gesang setzt sich aus kurzen Doppeltönen zusammen, die sich mit „tsi-schipp" umschreiben lassen und auch vom Weibchen vorgetragen werden. Die Nahrung setzt sich aus pflanzlicher und tierischer Kost zusammen.

Bei der in Südosteuropa gebietsweise häufigen Balkan-Sattelschrecke (*Ephippiger discoidalis*) sind die Flügel schwarz mit weißem Fleck und der Hinterkopf rot. Daneben gibt es in Südeuropa und in der Schweiz weitere Arten, die sehr der Steppen-Sattelschrecke ähneln.

Sägeschrecke

Saga pedo (Laubheuschrecken)
L 53–75 mm August–Oktober

Vorkommen *Im Mittelmeergebiet weit verbreitet, in Mitteleuropa sehr selten und nur in ausgesprochen warmen Gebieten (z. B. Burgenland und Schweizer Rhonetal); fehlt in Deutschland.*

> ***größte mitteleuropäische Heuschrecke***
> ***Flügel fehlen völlig***
> ***praktisch nur Weibchen***

Diese imposante Heuschrecke ist die größte Heuschreckenart Mitteleuropas. Sie tritt praktisch ausschließlich als Weibchen auf (bisher wurde erst ein einziges Männchen gefunden). Sie lauert meist unbeweglich mit ausgebreiteten Beinen im Gras oder auf höheren Pflanzen und greift blitzschnell vorbeikommende Beutetiere (vorzugsweise Heuschrecken) mit ihren stark bedornten Vorder- und Mittelbeinen. Man findet sie eher bei kühlerer Witterung; bei sehr heißem Wetter ist sie offenbar nachtaktiv. In Südeuropa mehrere nahe verwandte Arten.

Larve der Sägeschrecke

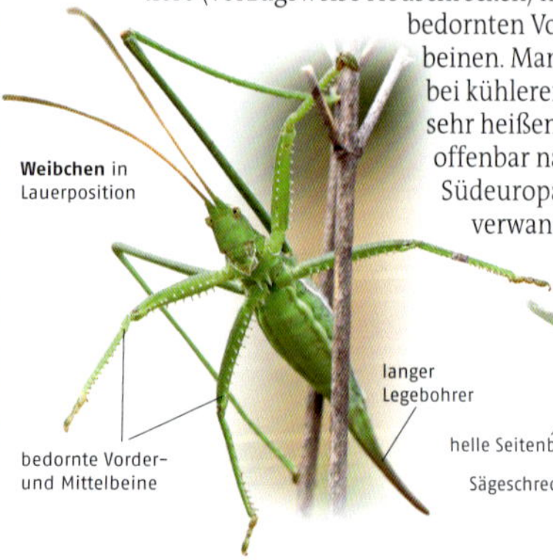

Sägeschrecke verzehrt Warzenbeißer

Große Schiefkopfschrecke

Ruspolia nitidula (Laubheuschrecken)
L 20–29 mm August–Oktober

Die große Schiefkopfschrecke ist meist hellgrün, seltener bräunlich oder rötlich gefärbt. Die Kopfvorderseite bildet mit der Oberseite einen Winkel von etwa 45°, sodass die Stirn einem spitzen Kegel entspricht. Der Gesang ist ein sehr hohes, lautes Schwirren, in das in regelmäßigen Abständen ganz spitze, „quietschende" Tonstöße eingegliedert sind, die nahe an der Grenze zum Ultraschall liegen.

Vorkommen *Auf Feuchtwiesen, in Südeuropa auch in Trockengebieten; in Mitteleuropa sehr selten und nur an wärmebegünstigten Orten (z. B. am Bodensee), im Mittelmeergebiet häufig.*

- ***Kopf kegelförmig zugespitzt***
- ***Legebohrer des Weibchens reicht bis zur Flügelspitze***
- ***auf Feuchtwiesen, im Süden auch an trockenen Stellen***

Bei der deutlich kleineren Langflügeligen Schwertschrecke (*Conocephalus fuscus*, L 12–17 mm) bildet die Stirn einen Winkel von etwa 60°, und der Legebohrer des Weibchens ragt über die Flügelspitze hinaus. Die Art ist auf Feuchtwiesen in Mitteleuropa nicht selten.

Höhlenschrecke

Troglophilus sp. (Höhlenschrecken)
15–25 mm ganzjährig

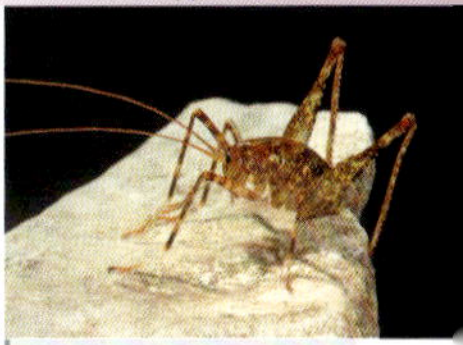

Für ein Leben in der Dunkelheit sind die Höhlenschrecken der Gattung Troglophilus mit besonders langen Fühlern und lang behaarten, fadenförmigen oberen Hinterleibsanhängen (Cerci) ausgerüstet. Flügel und Hörorgane fehlen völlig. Bei der Paarung wird dem Weibchen wie bei allen Langfühlerschrecken vom Männchen eine gallertige Spermatophore mit den darin enthaltenen Spermien an die Geschlechtsöffnung geheftet. Die einzelnen Arten sind schwer zu unterscheiden.

Vorkommen *In Höhlen und Stollen in Südosteuropa, einige Arten auch im südlichen Mitteleuropa sowie eine Art (T. neglectus) auch in Deutschland; außerdem in Wäldern unter Falllaub oder in Steinschutthalden. Bild oben: Männchen*

- ***Fühler ausgesprochen lang***
- ***Färbung bräunlich mit feiner, dunkler Marmorierung***
- ***in Höhlen und an anderen dunklen Orten***

Die mit den Höhlenschrecken eng verwandte Gewächshausschrecke (*Tachycines asynamora*) lebt bei uns nur in Gewächshäusern. Sie ist am Körper und an den Beinen dunkel quer gebändert.

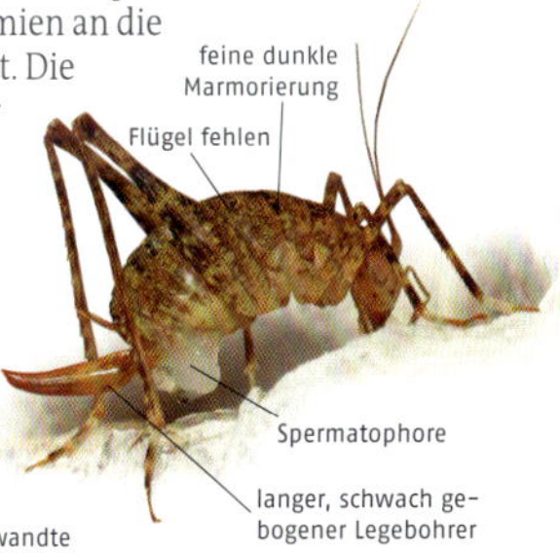

Weibchen kurz nach der Paarung

Feldgrille

Gryllus campestris (Grillen)
L 20–26 mm Mai–August

Paar vor der Röhrenmündung

***Vorkommen** In offenem, kurzgrasigem Gelände, besonders im Bergland; im südlichen Mitteleuropa viel häufiger als im Norden.*

> ***schwarz mit gelb gezeichneten Flügeln***
> ***Erdröhre als Unterschlupf***
> ***wohlklingender Gesang***

Diese vorwiegend tagaktive Grillenart verbirgt sich bei Gefahr in einer fingerdicken, selbst gegrabenen Erdröhre. Sobald die Luft rein ist, erscheint das Männchen wieder vor dem Röhreneingang und trägt dort sehr ausdauernd seinen wohlklingenden und ziemlich lauten, aus kurzen Schwirrversen zusammengesetzten Gesang vor. Hierdurch werden Weibchen angelockt, aber auch andere Männchen, die dann erbittert bekämpft und vertrieben werden.

Larve der Feldgrille

in der Röhrenmündung zirpendes **Männchen**

Heimchen

Acheta domesticus (Grillen)
L 16–20 mm ganzjährig

***Vorkommen** Bei uns fast nur in Gebäuden an warmen Stellen, vor allem in Altbauten und Gastronomiebetrieben. Bild oben: Männchen*

> ***braun gefärbt***
> ***nur in Gebäuden***
> ***singt nachts***

Das Heimchen besitzt lange Hinterflügel, die an der Spitze zusammengerollt sind und den Hinterleib ebenso wie die viel kürzeren Vorderflügel deutlich überragen. Beim Weibchen ragt der spießförmige Legebohrer noch etwas darüber hinaus. Die vorwiegend nachtaktive Art erweist sich allen Bekämpfungsmaßnahmen zum Trotz auch heute noch vielerorts als Vorratsschädling in Gebäuden, besonders in Gastronomiebetrieben und Bäckereien. Das Männchen erzeugt einen wohlklingen Gesang, der an den der Feldheuschrecke erinnert, aber unregelmäßiger vorgetragen wird.

Larve des Heimchens

Weibchen

Weinhähnchen

Oecanthus pellucens (Grillen)

L 9–15 mm August–Oktober

Diese ausgesprochen zierliche Grillenart erzeugt vor allem bei Dunkelheit einen sehr lauten, ausgesprochen wohlklingenden Gesang, den man diesem sehr zerbrechlich wirkenden Tier niemals zutrauen würde. Er lässt sich etwa mit „zrrüü“ umschreiben, ist ungefähr 50 m weit hörbar und gehört im Mittelmeergebiet zur klassischen Geräuschkulisse warmer Spätsommernächte. Bei der Paarung präsentiert das Männchen dem Weibchen eine Duftdrüse auf der Oberseite seines Hinterleibs. Die Eier werden oberirdisch in Pflanzenstängel abgelegt.

Vorkommen *An warmen Orten im Gebüsch und auf höheren Pflanzen; in Deutschland nur in Weinbaugebieten (Name!), im Mittelmeergebiet häufig.*

> ***sehr zart und hell gelbbraun gefärbt***
> ***erzeugt nachts lauten und wohlklingenden Gesang***
> ***nur in Wärmegebieten***

Männchen

Maulwurfsgrille

Gryllotalpa gryllotalpa (Maulwurfsgrillen)

L 35–50 mm ganzjährig

Ansicht von vorn

Die Maulwurfsgrille kann wohl mit keiner anderen heimischen Heuschreckenart verwechselt werden. Mit 3 Jahren erreicht sie von allen die längste Lebensdauer. Sie gräbt sich etwa fingerdicke Erdröhren, z. T. unmittelbar unter der Bodenoberfläche, sodass diese sich tunnelartig emporwölbt. Die Nahrung besteht aus Insektenlarven und Pflanzenwurzeln. In Gärten kann sie Schäden anrichten. Der Gesang ist ein lang anhaltendes Surren, vor allem abends im Mai/Juni. Im Frühjahr bewacht das Weibchen sein Eigelege in einer größeren Erdhöhle.

Vorkommen *Auf feuchten, sandigen bis lehmigen oder torfigen Böden, gern an Gewässerufern und in Gärten. Gebietsweise sehr häufig, doch vielerorts selten geworden. Bild oben: Weibchen bewacht Eigelege*

> ***Vorderbeine Grabschaufeln***
> ***lebt in Erdröhre***
> ***Gesang schnurrend***

Grabbein der Maulwurfsgrille

Ägyptische Wanderheuschrecke

Anacridium aegypticum (Knarrschrecken)

L 30–70 mm   September–Mai

Vorkommen *Im Mittelmeergebiet vor allem im Frühjahr recht häufig; in Mitteleuropa fehlend, aber gelegentlich mit Südfrüchten oder Gemüse eingeschleppt.*

> ***größte europäische Knarrschrecke***
> ***Augen dunkel gestreift***
> ***fliegt über weite Strecken***

Diese auffallend große Heuschrecke ist sehr scheu und ausgesprochen flugtüchtig. Aufgescheucht kann sie im Flug weite Strecken zurücklegen und wird dann nicht selten mit einem Vogel verwechselt. Sie besitzt wie alle Knarrschrecken einen kleinen, warzenartigen Zapfen zwischen den Hüftgliedern der Vorderbeine. Die Färbung der ausgewachsenen Tiere schwankt zwischen Graubraun und Rotbraun; die Augen sind hellbraun mit dunklen vertikalen Streifen. Im deutlichen Gegensatz dazu sind die Larven hellgrün gefärbt.

Larve der Ägyptischen Knarrschrecke

Porträt der Ägyptischen Knarrschrecke

Italienische Schönschrecke

Calliptamus italicus (Schönschrecken)

L 15–34 mm   Juli–Oktober

Vorkommen *Im Mittelmeergebiet sehr häufig, in Mitteleuropa nur an ausgesprochen warmen, vegetationsarmen Stellen, z. B. am Oberrhein, doch auch in der Umgebung von Berlin.*
Bild oben: Weibchen im Flug

> ***braun mit rosa Hinterflügeln***
> ***nur in warmen Trockengebieten***
> ***zirpt mit den Kiefern***

Die Männchen zirpen sehr eifrig, sobald sie auf Artgenossen treffen. Für die nur etwa 50 cm weit hörbaren Töne werden aber weder Beine noch Flügel, sondern wie bei allen Knarrschrecken die Kiefer benutzt. Man könnte diesen Gesang gewissermaßen mit einem „Zähneknirschen“ vergleichen. Die Tonerzeugung wird von heftig zuckenden Bewegungen der Fühler, Taster und Hinterbeine begleitet. Auf der Flucht benutzen beiden Geschlechter ihre Flügel, so dass die rosa Färbung ihrer Hinterflügel erkennbar wird.

Porträt der Italienischen Schönschrecke

Männchen

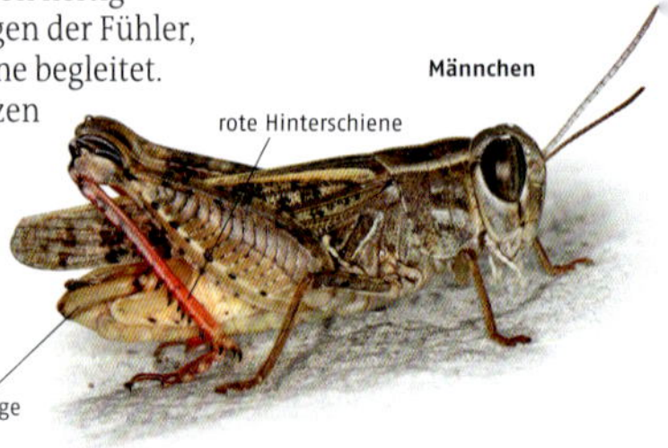

Alpine Gebirgsschrecke

Miramella alpina (Knarrschrecken)

L 16–31 mm   Juli–September

Diese lebhaft grün, gelegentlich auch fast schwarz gefärbte kurzflügelige Knarrschrecke kommt oft scharenweise in niedrigen bis mittleren Höhenlagen der Gebirge vor. Die Tiere sitzen gern z. B. auf Pestwurzblättern, die ihnen auch als Nahrung dienen. Die Flügellänge kann stark variieren und ist in der Regel bei Tieren aus den höchsten Lagen am kürzesten, bei denen aus niederen Lagen am längsten (bis mehr als halbe Hinterleibslänge). Bei den Larven ist gut das ovale Hörorgan an der Seite des Hinterleibs zu erkennen.

Vorkommen *In den Alpen, im Alpenvorland und im Schwarzwald bis in Höhen von fast 3000 m; vorwiegend an feuchten, mit zunehmender Höhe aber auch an trockenen Stellen.*
Bild oben: Weibchen

- ***lebhaft grün mit schwarzer Zeichnung***
- ***Flügel meist stark verkürzt***
- ***im Gebirge, meist an feuchten Stellen***

Männchen

Porträt des Männchens

Larve der Alpinen Gebirgsschrecke

Gewöhnliche Gebirgsschrecke

Podisma pedestris (Knarrschrecken)

L 17–30 mm   Juni–Oktober

Weibchen

Die Gewöhnliche Gebirgsschrecke lebt im Gegensatz zur Alpinen Gebirgsschrecke an eher trockenen Stellen, kann aber in den höheren Lagen der Alpen auch zusammen mit ihr vorkommen. Beide Geschlechter können mit den Kiefern leise, knisternde Töne hervorbringen, z. B. wenn man sie in die Hand nimmt. Die Werbung um das Weibchen erfolgt durch Schaukelbewegungen des Körpers und langsames Anschleichen.

Vorkommen *Auf trockenen, mit Heidekraut bewachsenen Waldlichtungen, auf dürren Bergwiesen und auf Alpenmatten bis in etwa 2600 m Höhe; sehr selten in einigen Mittelgebirgen (z. B. Schwäbische Alb), häufiger in den Alpen (besonders Zentralalpen).*

- ***Grundfärbung bräunlich***
- ***Männchen sehr bunt gezeichnet***
- ***im Gebirge, mehr an trockenen Stellen***

Bei der unterschiedlich (gelblich, graugrün oder rötlich) gefärbten Nordischen Gebirgsschrecke (*Melanoplus frigidus*) sind die Körperseiten kontrastreich schwarz und weißlich gescheckt. Sie kommt in den Alpen vorwiegend in Höhen zwischen 2000 und 2700 m vor.

Männchen

Säbeldornschrecke

Tetrix subulata (Dornschrecken)
L 7–12 mm ganzjährig

Vorkommen *In feuchtem Gelände, vor allem an Gewässerufern; überall ziemlich häufig.*
Bild oben: die seltenere kurzdornige Form

> ***Halsschild mit langem Dorn***
> ***in Feuchtgebieten***
> ***keine Tonerzeugung***

Die Dornschrecken sind ziemlich kleine Heuschrecken, bei denen das Halsschild nach hinten in einen bis zur Hinterleibsspitze oder darüber hinausreichenden Dorn verlängert ist. Bei der Säbeldornschrecke überragt er den Hinterleib meist deutlich. Daneben kommt aber auch eine kurzdornige Form vor, bei der der Dorn nur etwa Hinterleibslänge erreicht. Die Art ernährt sich offenbar vorwiegend von Moosen und Flechten. Die Balz erfolgt geräuschlos durch „pantomimische" Körperbewegungen.

Die Gemeine Dornschrecke (*Tetrix undulata*) besitzt einen oben deutlich gebogenen Halsschilddorn, der etwa bis zu den Knien der Hinterbeine reicht.

Gesägte Steinschrecke

Prionotropis hystrix (Steinschrecken)
L 30–54 mm Juni–August

Vorkommen *in sehr dürren, steinigen Gebieten an der östlichen Adriaküste (hier stellenweise häufig) und in den französischen Meeralpen; in Mitteleuropa fehlend.*
Bild oben: gut getarntes Weibchen

> ***große, plumpe Kurzfühlerschrecke***
> ***Halsschildkiel mit 2 Einschnitten***
> ***orange oder gelber Hinterkopf***

Larve der Gesägten Steinschrecke

Diese große, plumpe Kurzfühlerschrecke trägt einen hohen, scharfen Mittelkiel auf dem Halsschild, der von zwei schrägen Einschnitten unterbrochen wird. Die Färbung schwankt zwischen braun, grau und ockergelb; der Hinterkopf ist orange oder gelb gefärbt. Da die Art sich meist nur träge bewegt, wird sie dank ihrer Tarnfärbung im steinigen Gelände leicht übersehen. Über die Lebensweise ist bisher wenig bekannt. Bei einer verwandten Art wurde festgestellt, dass hier nur unbegattete Weibchen Töne erzeugen, indem sie ihre Flügel in rotierende Bewegungen versetzen.

Männchen

Paarung

Europäische Wanderheuschrecke

Locusta migratoria (Ödlandschrecken)

L 32–54 mm   Juni–April

Diese große Kurzfühlerschrecke tritt in zwei Formen auf, die je nach Entwicklungsbedingungen auseinander hervorgehen und deshalb als Phasen bezeichnet werden. Die Tiere der sesshaften Phase sind meist grün, seltener braun gefärbt und haben rote Hinterschienen. Außerdem besitzen sie einen hohen Halsschildkiel mit einer Querfurche. Die sich nach starker Vermehrung unter den damit verbundenen Stressbedingungen bildende Wanderphase ist gelbbraun mit blassgelblichen Hinterschienen und niedrigem Halsschildkiel. Aus ihr entstehen die gefürchteten Heuschreckenschwärme. Sie treten aber in Europa offenbar nicht mehr auf.

__Vorkommen__ Am häufigsten in sandigen Feuchtgebieten, doch auch auf trockenem Ödland und Kulturflächen; im Mittelmeerraum ziemlich häufig, in Mitteleuropa ausgestorben.
Bild oben: Weibchen der Wanderphase

> **große, meist grün gefärbte Kurzfühlerschrecke**
> **Hinterschienen der normalen Form rot**
> **bildete früher auch in Europa Wanderschwärme**

Weibchen der sesshaften Phase

braunes **Männchen** der sesshaften Phase

Gewöhnliche Nasenschrecke

Acrida ungarica (Nasenschrecken)

L 30–60 mm   Juli–Oktober

Die Gewöhnliche Nasenschrecke ist durch ihren fast stabförmig verlängerten Körper und den skurril geformten Kopf ausgezeichnet. Dieser ist nasenartig schräg nach vorn und oben verlängert und trägt kurz vor seinem Ende die Augen. Die Mundöffnung mit den Mundwerkzeugen liegt dafür ganz an seinem unteren Ende, fast zwischen den Hüften der Vorderbeine. Die grün oder hellbraun gefärbte Art ist ausgesprochen scheu und flugtüchtig. Die Männchen sind manchmal nur halb so groß wie die eindrucksvollen Weibchen.

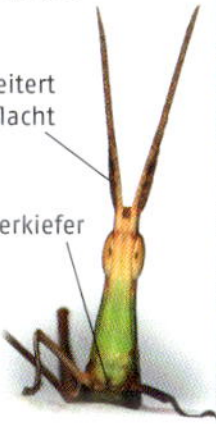

Porträt

__Vorkommen__ vor allem auf trockenem, schwach bewachsenem Ödland, seltener auch auf Feuchtwiesen; im Mittelmeergebiet überall häufig, in Mitteleuropa nur im östlichsten Österreich.

> **Kopf nasenartig verlängert**
> **Körper schmal und lang gestreckt**
> **sehr scheu und flugtüchtig**

Männchen

Weibchen

Rotflügelige Schnarrschrecke

Psophus stridulus (Ödlandschrecken)

L 23–40 mm Juli–Oktober

Vorkommen *Auf sehr dürrem, steinigem Gelände, besonders im Bergland; ziemlich selten und aus vielen Gebieten in Mitteleuropa schon ganz verschwunden.*
Bild oben: Männchen

> ***Männchen sehr dunkel gefärbt***
> ***Hinterflügel grellrot***
> ***fliegt mit lautem Schnarrton***

Beide Geschlechter sind durch Tarnfärbung (beim Männchen fast schwarz, beim Weibchen braun oder grau) auf dem Erdboden schwer zu entdecken. Während das Weibchen wegen der leicht verkürzten Flügel nicht fliegen kann, ist das Männchen ausgesprochen flugtüchtig. Wenn es aufgescheucht wird, entfaltet es seine leuchtend blutroten Hinterflügel und lässt dabei ein laut klapperndes Flugschnarren ertönen, sodass man regelrecht erschrickt. Dieser Effekt dient offenbar dem Zweck, sich vor dem eine Zeit lang verdutzten Verfolger einen ausreichenden Vorsprung zu verschaffen.

Blauflügelige Ödlandschrecke

Oedipoda caerulescens (Ödlandschrecken)

L 15–28 mm Juli–Oktober

Vorkommen *In sehr spärlich bewachsenem, trockenem und warmem Gelände. In den meisten Gegenden selten, nur in Wärmegebieten häufiger.*
Bild oben: Männchen

> ***ausgesprochene Tarnfärbung***
> ***hellblaue Hinterflügel***
> ***nur auf sehr dürrem Boden***

Auch diese Kurzfühlerschrecke ist in ihrer Färbung, die von Hellweißgrau über Gelb- und Rotbraun bis fast Schwarz variieren kann, oft hervorragend an den Untergrund angepasst. In Untersuchungen konnte gezeigt werden, dass die Larven sich farblich von Häutung zu Häutung immer stärker an ihre Umgebung anpassen können. So erklärt es sich, dass z. B. in weißen Kalkfelsgebieten überwiegend weißgraue Tiere auftreten, auf alten Brandflächen dagegen fast schwarze. Beide Geschlechter können gut fliegen und präsentieren dabei ihre hellblauen, dunkel gebänderten Hinterflügel.

Sumpfschrecke

Stethophyma grossum (Ödlandschrecken)
L 12–39 mm Juli–Oktober

Vorkommen *Auf sehr feuchten Wiesen und in Mooren, durch Entwässerung überall stark zurückgegangen. Bild oben: Weibchen*

- ***hellgelber Streifen am Flügelrand***
- ***Hinterschenkel unten rot***
- ***knipsende Laute mit den Hinterschienen***

Diese in der Grundfärbung gelbgrüne oder olivgrüne Heuschrecke kann, vor allem als Weibchen, sehr bunt (z. B. rot) gezeichnet sein. Die Männchen erzeugen kurze, knipsende Töne, indem sie die Hinterbeine nach hinten schleudern und dabei mit den bedornten Schienenspitzen über die Flügel kratzen. Diese als „Schienenschleuderzick" bezeichneten Laute werden in unregelmäßiger Folge als normaler Gesang, bei Störungen auch von beiden Geschlechtern als Abwehrlaut vorgetragen.

Porträt eines stark rot gezeichneten **Weibchens**

Männchen

Larve der Sumpfschrecke

Große Höckerschrecke

Arcyptera fusca (Grashüpfer)
L 23–40 mm Juli–September

Vorkommen *In Deutschland nur noch in einem Truppenübungsplatz auf der Schwäbischen Alb; in den Alpen außerhalb Deutschlands auf Bergwiesen z. T. noch recht häufig.*

- ***sehr bunt rot, schwarz und gelb gezeichnet***
- ***Hinterflügel schwarzbraun***
- ***Männchen fliegen mit weichem Schnarrton***

Diese wohl schönste mitteleuropäische Heuschrecke beeindruckt durch ihre ungewöhnlich bunte Färbung. Die Grundfarbe ist Gelblich bis Olivgrün mit hellgelber und schwarzer Zeichnung. Die leuchtend roten Schienen haben an der Basis, die Hinterschenkel an der Spitze einen schwarzen und einen gelben Ring. Die Vorderflügel sind gelb gestreift und im Spitzenteil schwarzbraun wie die Hinterflügel. Beim Weibchen sind sie verkürzt. Die flugtüchtigen Männchen erzeugen im Flug einen weichen Schnarrton, nach der Landung oft zusätzlich ein kräftig knarrendes Geräusch, indem sie die Hinterbeine über die Flügel reiben.

Männchen

Weibchen

Kleine Goldschrecke

Euthystira brachyptera (Grashüpfer)

L 13–26 mm   Juni–September

Vorkommen *In feuchtem und trockenem, grasigem Gelände; im südlichen Mitteleuropa häufig, nach Norden seltener.*
Bild oben: Weibchen

> ***leuchtend goldgrün***
> ***Weibchen mit rosa, seltener mit grünen Flügelstummeln***
> ***Eiablage in zusammengefaltetes Blatt***

Dieser leuchtend goldgrün gefärbte Grashüpfer besitzt als Weibchen rosa oder seltener hellgrün gefärbte, winzige Flügelstummel, als Männchen stark verkürzte Flügel, die etwa bis zur Hinterleibsmitte reichen. Das Männchen erzeugt einen sehr leisen Gesang, der sich aus kurzen Schwirrversen zusammensetzt. Zur Eiablage faltet das Weibchen mit den Hinterbeinen ein Blatt zusammen und legt die Eier in den Knick. Dabei werden sie in eine rasch erhärtende, schaumige Flüssigkeit gebettet. Die später braunen Eikokons enthalten jeweils 5–6 Eier.

Weibchen bei der Eiablage

Männchen

Eikokon

Rote Keulenschrecke

Gomphocerippus rufus (Grashüpfer)

L 14–24 mm   Juli–November

Vorkommen *Vorwiegend im Gebüsch an sonnigen Waldrändern, auch auf Trockenrasen; im Süden häufig, nach Norden seltener.*

> ***Fühlerkeule lanzettförmig und weißspitzig***
> ***vorwiegend im Gebüsch***
> ***Gesang aus lauten Schwirrversen***

Beide Geschlechter zeichnen sich durch lanzettförmige, gerade vorgestreckte Fühlerkeulen aus. Diese tragen eine weiße Spitze und sind davor schwarz gefärbt. Der Gesang besteht aus ziemlich lauten, etwas kratzenden Schwirrversen. Bei der Balz vor dem Weibchen wird vom Männchen ein besonderer Werbegesang vorgetragen, der von ausdrucksvollen Fühler- und Tasterbewegungen begleitet wird. Das Weibchen legt sein Eipaket im Erdboden ab. Es verschließt das bei der Eiablage entstandene Loch durch kratzende und stampfende Bewegungen mit den Hinterbeinen.

Männchen

Larve der Roten Keulenschrecke

sehr dunkel gefärbtes **Weibchen**

Gefleckte Keulenschrecke

Myrmeleotettix maculatus (Grashüpfer)
L 11–17 mm Juni–Oktober

Das Männchen der Gefleckten Keulenschrecke besitzt kolbenförmig verdickte, am Ende abgerundete Fühlerkeulen, die deutlich nach außen gebogen und nur ganz am Ende weiß gefärbt sind. Beim Weibchen dagegen ist eine Verdickung der Fühlerspitze kaum zu erkennen. Die Art ist außerordentlich variabel in der Färbung, besonders das Weibchen. Neben heller oder dunkler braunen Tieren treten regelmäßig am gleichen Fundort auch grüne, braune, rote und manchmal sogar violette Exemplare auf. Der ziemlich leise Gesang ist recht markant. Er setzt sich aus kurzen, regelmäßig aneinandergereihten Schwirrlauten zusammen, denen am Schluss noch einige dieser Laute in größerem Abstand folgen.

Vorkommen *An sehr trockenen, vegetationsarmen, meist sandigen Stellen, auch in abgetorften ehemaligen Moorgebieten. In Norddeutschland fast überall häufig, im Süden deutlich seltener.*
Bild oben: rötliches Weibchen

> ***Männchen mit nach außen gebogenen Fühlerkeulen***
> ***Fühlerspitzen beim Weibchen kaum erweitert***
> ***vor allem auf trockenen Sandböden***

grünes **Weibchen**

Larve

Heidegrashüpfer

Stenobothrus lineatus (Grashüpfer)
L 15–26 mm Juli–Oktober

blauviolett gefärbtes **Männchen**

Wie bei allen *Stenobothrus*-Arten ist der Vorderrand des Vorderflügels kurz nach seinem Ansatz nicht nach vorn erweitert (Unterschied zu den ähnlichen *Chorthippus*-Arten). Anders als bei den ebenfalls ähnlichen *Omocestus*-Arten ist das Medialfeld der Vorderflügel (eine Fläche zwischen zwei Längsadern in der Fügelmitte) deutlich verbreitert und von regelmäßigen, parallelen Queradern durchzogen. Die Grundfärbung ist meist Grün, kann aber auch Braun oder sogar Weinrot bis Violett sein. Die Hinterleibsspitze des Männchens ist meist rot. Das Weibchen trägt einen weißen Streifen am Flügelrand. Der Gesang ist ein regelmäßig auf und abschwellender Schwirrton.

Vorkommen *Auf trockenem, kurzgrasigem Gelände, in den meisten Gegenden nicht selten.*
Bild oben: Weibchen

> ***Färbung sehr variabel, meist grün***
> ***Weibchen mit weiß gestreiften Flügeln***
> ***auf- und abschwellende Schwirrverse***

Bunter Grashüpfer

Omocestus viridulus (Grashüpfer)

L 13–24 mm Juni–Oktober

Vorkommen *Vor allem auf trockenen bis mäßig feuchten Bergwiesen, doch auch im Flachland. In Norddeutschland und im Bergland ziemlich häufig, sonst seltener. Bild oben: Weibchen*

> ***Rücken grün, sonst variabel gefärbt***
> ***Flügel ohne helle Längsstreifen***
> ***Gesang wie ein schnell tickender Wecker***

Weibchen

Wie bei den Stenobothrus-Arten ist auch bei der Gattung Omocestus der Vorflügelrand an seiner Basis nicht erweitert. Im Gegensatz zu jener Gattung ist hier aber das Medialfeld der Vorderflügel ebenso schmal wie die benachbarten Zwischenräume der Längsadern. Die Färbung variiert sehr stark, besonders beim Weibchen. Die Grundfärbung kann zwischen Grün, unterschiedlichen Brauntönen und fast Schwarz schwanken. Dabei bleibt der Rücken aber fast immer grün. Der Gesang besteht aus einem zu Beginn anschwellenden Schwirren, das von einem tickenden Geräusch überlagert wird und etwa 10–20 s andauert. Er erinnert sehr an einen schnell tickenden Wecker.

Männchen

Buntbäuchiger Grashüpfer

Omocestus rufipes (Grashüpfer)

L 12–21 mm Juni–November

Vorkommen *Auf offenen, steinigen oder sandigen Flächen, besonders im Bergland, vereinzelt auch im norddeutschen Flachland, nicht häufig. Bild oben: Weibchen*

> ***Grundfärbung fast Schwarz***
> ***sehr bunt gefärbter Bauch***
> ***Männchen mit leuchtend roter Hinterleibsspitze***

Beide Geschlechter haben meist eine fast schwarze Grundfärbung. Während der Rücken beim Weibchen in der Regel grün gefärbt ist, ist er beim Männchen hellbraun; hinzu kommt bei Letzterem eine leuchtend rote Hinterleibsspitze. Das auffallendste Merkmal findet sich aber bei beiden auf der Bauchseite: Diese ist vorn hellgrünlich, wird dann gelb und ist schließlich zur Hinterleibsspitze hin leuchtend rot gefärbt, fast wie bei einem Regenbogen. Als Kontrast kommen noch die schwarzen, an der Spitze weißen Taster hinzu. Der Gesang ist dem des Bunten Grashüpfers recht ähnlich, dauert aber nur etwa 5 s.

Bauchsicht des Männchens

Männchen

Nachtigall-Grashüpfer

Chorthippus biguttulus (Grashüpfer)

L 13–22 mm   Juli–November

Die Bestimmung ist wie bei vielen Grashüpfern etwas schwierig. Wie bei fast allen Chorthippus-Arten und im Unterschied zu den Arten der Gattungen Stenobothrus und Omocestus ist der Vorderrand des Vorderflügels kurz hinter seiner Basis nach vorn erweitert, besitzt hier also eine kleine „Beule". Die Halsschild-Seitenkiele (helle Streifen oben auf dem Halsschild) sind winklig geknickt. Die vordere Flügelrandader geht mit einem leichten Knick in die verschmälerte Flügelspitze über. Der Gesang des Männchens ist ein ziemlich lauter, kurzer Schmettervers, der zur typischen Geräuschkulisse einer sommerlichen Trockenwiese gehört.

***Vorkommen** Auf wenig bewachsenen, trockenen Flächen fast überall häufig, eine der häufigsten heimischen Heuschreckenarten.*
Bild oben: Weibchen

> ***braun mit hellem Flügelfleck***
> ***überall an sonnigen, trockenen Stellen***
> ***markanter Schmettervers***

Der sehr ähnliche, ebenfalls häufige Braune Grashüpfer (*Chorthippus brunneus*) hat etwas schmälere Vorderflügel, bei denen die Vorderrandader ganz allmählich, also ohne Knick, in die nur etwas schmälere Flügelspitze übergeht.

Männchen

Gemeiner Grashüpfer

Chorthippus parallelus (Grashüpfer)

L 13–23 mm   Juni–November

Der Gemeine Grashüpfer gehört zu den etwas leichter bestimmbaren Chorthippus-Arten. Die sehr variabel (grün, braun, gelblich oder rötlich) gefärbten, oft auch mischfarbigen Tiere haben Halsschild-Seitenkiele, die im vorderen Teil parallel oder leicht zusammen laufen, hinten aber ohne scharfen Knick auseinanderweichen. Die verkürzten Flügel enden beim Männchen meist kurz vor der Hinterleibsspitze und reichen beim Weibchen etwa bis zur Hinterleibsmitte. Der Gesang besteht aus kurzen Versen mit schnell gereihten, kratzenden Tönen.

***Vorkommen** Auf feuchten und trockenen Wiesen überall sehr häufig und wohl die häufigste aller heimischen Heuschreckenarten.*
Bild oben: Männchen

> ***Flügel beim Männchen enden meist kurz vor Hinterleibsspitze***
> ***Flügel beim Weibchen bis zur Hinterleibsmitte***
> ***häufigste heimische Heuschrecke***

Weibchen

graubraunes Weibchen mit Milbenlarven

Rindenlaus

Valenzuela flavidus (Staubläuse)
L 2,7–3 mm Mai–Oktober

***Vorkommen** An Waldrändern, in Parks und Gärten allgemein verbreitet und in den meisten Gebieten ziemlich häufig. Bild oben: Weibchen überzieht Eigelege mit Spinnfäden.*

> ***gelblich mit dachförmigen Flügeln***
> ***an Laubbäumen***
> ***harmloser Pilz- und Algenfresser***

Diese auffallend gelblich gefärbte Rindenlaus lebt vorwiegend auf Laubbäumen, insbesondere auf Eichen, und ernährt sich vermutlich vorzugsweise von Pilzen und Algen. Die Adern der dachförmig getragenen Flügel sind teilweise dunkel gefärbt. Die Art ist nur im weiblichen Geschlecht bekannt, vermehrt sich also ausschließlich durch Jungfernzeugung. Das Weibchen bedeckt sein an der Blattunterseite angebrachtes Eigelege mit einem Geflecht aus Spinnfäden, die an den Mundwerkzeugen abgeschieden werden. Im Lauf eines Jahres werden mehrere Generationen ausgebildet.

Die Rindenlaus *Graphopsocus cruciatus* besitzt eine dunkle Flügelzeichnung, die vor der Flügelspitze eine bogenförmige Figur bildet.

Fransenflügler, „Palmen-Thrips"

Parthenothrips dracaenae (Fransenflügler)
L 1–1,3 mm ganzjährig

***Vorkommen** In Wohnungen und Gewächshäusern an verschiedenen Pflanzenarten; zahlreiche andere Arten auch im Freiland, darunter auch räuberische Formen, die sich z. T. sogar von anderen Fransenflüglern ernähren.*

> ***Flügel schmal mit Haarfransen***
> ***Füße mit Haftblasen***
> ***an Zier- und Nutzpflanzen***

Fransenflügler-Larve

Dieser Fransenflügler besitzt wie alle geflügelten Vertreter dieser Insektenordnung (es gibt auch flügellose Arten) auffallend schmale, am Rand mit langen Fransen besetzte Flügel, die bei dieser Art mit einer dunklen Querbinde gezeichnet sind. Ihre Fußglieder tragen am Ende statt Krallen eine Haftblase (daher werden die Tiere auch Blasenfüße genannt). *P. dracenae* saugt mit seinem Rüssel an verschiedenen Kultur- und Zimmerpflanzen und kann dadurch beträchtliche Schäden anrichten.

Taubenfederling

Columbicula columbae (Tierläuse)
L 2 mm ganzjährig

Dieser auffallend schmal gebaute Federling kommt nur im Federkleid von Haustauben vor. Die Fühler befinden sich etwa in der Mitte des schmalen Kopfes und sind schräg nach hinten gerichtet. Er ernährt sich vom Horn der Taubenfedern und kann bei starkem Befall deutliche Schäden am Federkleid anrichten. Die Tiere sind sehr streng an ihren Wirt gebunden und können ohne ihn nur wenige Tage überleben.

***Vorkommen** Mit ihrem Wirt im Siedlungsbereich, vor allem auch in größeren Städten, fast überall häufig.*

> ***sehr schmaler Körper***
> ***nur im Federkleid von Tauben***
> ***lebt vom Horn der Federn***

Der oft zusammen mit dieser Art an den gleichen Tauben auftretende Federling *Campanulotes bidentatus compar* ist durch seine viel breitere Körperform leicht zu erkennen.

Kopflaus

Pediculus humanus capitis (Tierläuse)
L 2,5–3 mm ganzjährig

Die ganz auf die Kopfhaare des Menschen spezialisierte Kopflaus besitzt einen stark abgeflachten, im Umriss birnenförmigen Körper und typische Klammerbeine, mit denen sie sich gut an den Haaren festhalten kann. Sie ernährt sich ausschließlich von Menschenblut und kann nur wenige Tage hungern. Die Eier, die sogenannten „Nissen“, werden an Haaren festgekittet. Die Larven schlüpfen nach 6 Tagen und sind eine gute Woche später bereits ausgewachsen.

Die Kopflaus kann nur kurze Zeit ohne ihren Wirt überleben.

***Vorkommen** Nur in den Kopfhaaren des Menschen; früher überall häufig, in den vergangenen Jahrzehnten deutlich zurückgegangen, doch auch gegenwärtig (vor allem an Kindergartenkindern) immer wieder zu finden.*

> ***flügellos mit birnenförmigem Umriss***
> ***Beine mit Klammerfüßen***
> ***nur im menschlichen Kopfhaar***

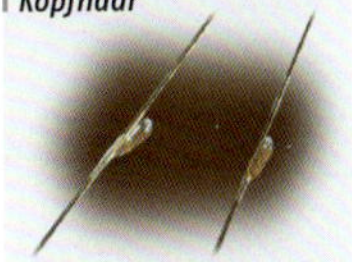

Nissen an menschlichem Kopfhaar

Wasserskorpion

Nepa cinerea (Skorpionswanzen)
L 17–22 mm ganzjährig

Vorkommen *In stehenden und langsam fließenden Gewässern fast überall häufig, besonders in flachen Tümpeln.*

- > ***Vorderbeine zu Fangbeinen umgewandelt***
- > ***Hinterende mit Atemröhre***
- > ***meist im Flachwasser***

Diese unverwechselbare, ziemlich träge Wasserwanze sitzt meist ruhig am Gewässergrund oder zwischen Wasserpflanzen und streckt dabei sein Atemrohr zum Wasserspiegel empor, kann sich aber auch mit rudernden Beinbewegungen schwimmend fortbewegen. Wie die meisten Wasserwanzen ernährt sich die Art räuberisch und erbeutet z. B. Insektenlarven mit ihren Fangbeinen und saugt sie aus. Die Eier werden unter Wasser in Pflanzengewebe versenkt, sodass nur noch die meist 7 länglichen Atemfortsätze daraus hervorragen. Der Wasserskorpion kann durchaus auch fliegen, tut dies aber ausgesprochen selten und nur bei sehr warmer Witterung.

Wasserskorpion saugt Libellenlarve aus

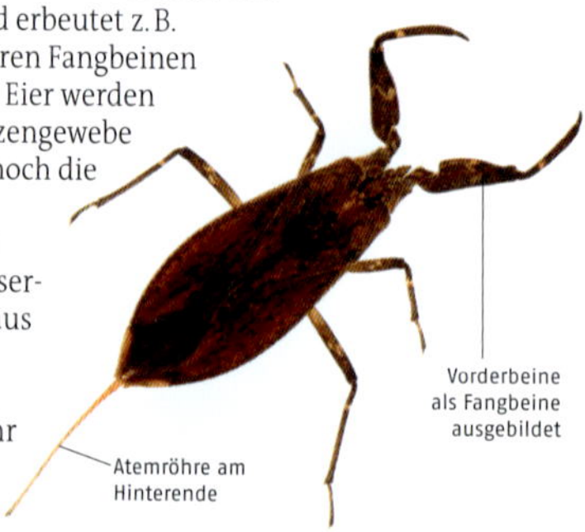

Stabwanze

Ranatra linearis (Skorpionswanzen)
L 30–40 mm August–Juni

Vorkommen *In pflanzenreichen, stehenden Gewässern (besonders in Teichen und größeren Tümpeln); meist nicht selten, aber relativ schwer zu finden.*

- > ***größte mitteleuropäische Wanze***
- > ***sehr schmaler Körper***
- > ***lange Atemröhre***

Eier mit Atemfortsätzen in Teichrosenblatt

Diese größte heimische Wanzenart stellt sich meist tot, wenn sie einmal ins Fangnetz geraten ist, und ist dann sehr schwer als lebendes Insekt zu erkennen. Sie lauert ansonsten meist ruhig zwischen Wasserpflanzen und streckt dabei ihre Atemröhre zum Wasserspiegel empor. Sobald aber andere Wasserinsekten, Kaulquappen oder kleine Fische vorbeikommen, schnappt sie mit ihren dünnen Fangbeinen blitzschnell zu. Relativ häufig benutzt sie ihre Flügel, um so ein neues Gewässer zu erreichen. Die Eier tragen zwei lange Atemfortsätze und werden so in Schwimmblätter abgelegt, dass die Eier selbst untergetaucht sind, die Atemfortsätze aber in die Luft ragen.

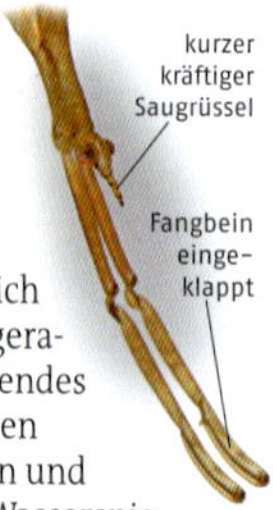

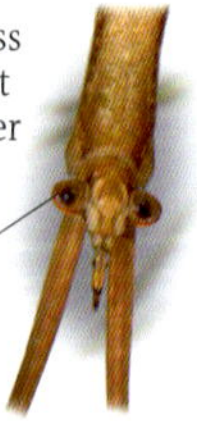

Porträt der Stabwanze

Schwimmwanze

Ilyocoris cimicoides (Schwimmwanzen)
L 12–15 mm   ganzjährig

Die breit und flach gebaute Schwimmwanze wird oft mit einem Käfer verwechselt. Im Gegensatz zu einem Käfer besitzt sie aber einen Saugrüssel, mit dem sie andere Wassertiere aussaugen, aber auch ausgesprochen unangenehm zustechen kann. Ihre drei Beinpaare sind deutlich verschieden: Das vordere ist ein klappmesserartiges Fangbein, das hintere ein mit langen Schwimmborsten besetztes Schwimmbein; das mittlere Paar schließlich ist ein normales Laufbein.

Vorkommen *In stehenden, pflanzenreichen Gewässern überall häufig, eine der häufigsten heimischen Wasserwanzen.*

- > ***käferähnlich mit breitem, flachem Körper***
- > ***vorn Fangbeine, hinten Schwimmbeine***
- > ***kann sehr unangenehm stechen***

Die ebenfalls breit und flach gebaute Grundwanze (*Aphelocheirus aestivalis*) besitzt stark verkürzte, schuppenförmige Flügel und lebt am Grund sauberer Fließgewässer.

Gemeiner Rückenschwimmer

Notonecta glauca (Rückenschwimmer)
L 15–16 mm   Juli–Mai

Der Rückenschwimmer schwimmt stets mit dem Rücken nach unten, da zwei mit Luft gefüllte, von Haarsäumen begrenzte Rinnen an der Unterseite seines Hinterleibs der Bauchseite einen starken Auftrieb verleihen und so dafür sorgen, dass sich diese Seite nach oben dreht. Er stützt sich gern mit seinen Beinen gegen den Wasserspiegel ab. In dieser Lauerstellung kann er Bewegungen an der Wasseroberfläche wahrnehmen und gezielt z. B. ins Wasser gefallene, hilflos strampelnde Tiere anschwimmen und überwältigen. Da er mit seinem Saugrüssel schmerzhaft zustechen kann, wird er oft auch als „Wasserbiene“ bezeichnet.

Vorkommen *In stehenden Gewässern aller Art überall sehr häufig.*

- > ***schwimmt mit Bauch oben***
- > ***lange Schwimmbeine***
- > ***Stich sehr schmerzhaft***

Der Gestreifte Rückenschwimmer (*Notonecta obliqua*) besitzt schwarze Vorderflügel mit zwei gelben Streifen und kommt vor allem in Moorgewässern vor.

Larve des Rückenschwimmers

Ruderwanze

Corixa punctata (Ruderwanzen)
L 13–16 mm Juli–Mai

Vorkommen *In stehenden, pflanzenreichen Gewässern fast überall ziemlich häufig.*

> ***oberseits mit dunklen Wellenlinien***
> ***kräftige Ruderbeine***
> ***kann laut zirpen***

Corixa punctata ist die größte heimische Vertreterin der ansonsten schwer bestimmbaren heimischen Ruderwanzen (in Mitteleuropa über 30 Arten). Die Tiere speichern ihren Luftvorrat vor allem unter den Flügeln und schwimmen daher auch in „normaler Position", also mit dem Rücken nach oben. Die Männchen können zirpen, indem sie mit den an der Innenseite bedornten Vorderbeinen über eine Kante an der Seite des Kopfes streichen. Die dabei erzeugten Töne sind z. B. bei Tieren im Aquarium gut zu hören. Die Nahrung besteht bei den meisten Ruderwanzen sowohl aus kleinen Tieren als auch aus Algen.

Gemeiner Wasserläufer

Gerris lacustris (Wasserläufer)
L 8–10 mm ganzjährig

Vorkommen *An stehenden und langsam fließenden, meist kleineren Gewässern überall sehr häufig, wohl die häufigste heimische Wasserläufer-Art.*

> ***schmaler Körper***
> ***Mittel- und Hinterbeine kreuzförmig ausgebreitet***
> ***läuft behände übers Wasser***

Die Art ist oft schwarenweise auf der Oberfläche stehender oder langsam fließender Gewässer zu beobachten. Die langen Mittel- und Hinterbeine sind dabei in Form eines schräg gestellten Kreuzes flach ausgebreitet; die an der Unterseite behaarten und Wasser abstoßend eingefetteten Fußglieder dellen dabei den Wasserspiegel deutlich ein, ohne aber einzusinken. Mit dem deutlich kürzeren, angewinkelten Vorderbeinpaar werden Beutetiere ergriffen, die z. B. ins Wasser gefallen sind und durch ihr Strampeln Wellenbewegungen erzeugen. Neben Tieren mit mehr oder weniger stark zurückgebildeten Flügeln kommen auch solche mit vollständig entwickelten Flügeln vor.

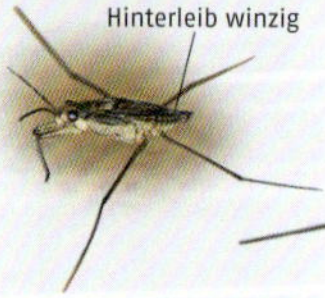

Larve eines Wasserläufers

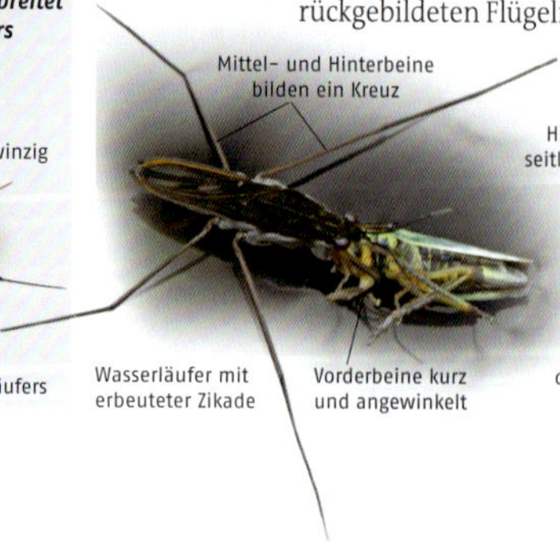

Wasserläufer mit erbeuteter Zikade

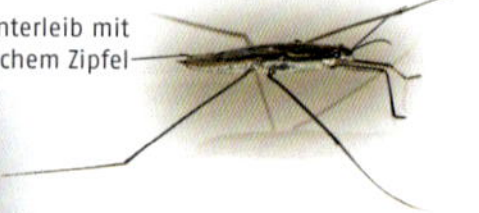

Der mit 13–16 mm deutlich größere Wasserläufer *Aquarius paludum* trägt jederseits hinten am Hinterleib einen deutlichen Zipfel. Er lebt auf größeren, wenig bewachsenen Wasserflächen

Teichläufer

Hydrometra stagnorum (Teichläufer)
L 9–12 mm ganzjährig

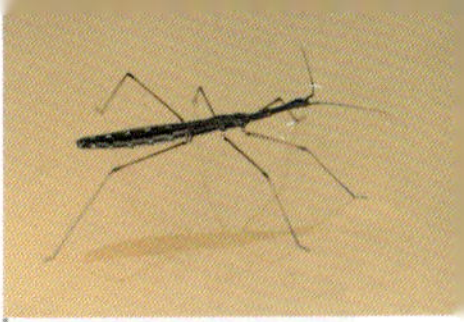

Diese ausgesprochen zerbrechlich wirkende Wanze ist fast immer ungeflügelt und besitzt einen stabförmig schmalen Körper mit stark verlängertem Kopf und ausgesprochen dünne Beine. Sie hält sich meist am Ufer unter Steinen oder Pflanzenpolstern verborgen. Zur Nahrungssuche läuft sie mit etwas wacklig wirkenden Bewegungen auf die Wasserfläche hinaus und ergreift ins Wasser gefallene Insekten, auch bereits verendete, die sie vermutlich durch den Geruch wahrnimmt.

***Vorkommen** Am Ufer stehender und langsam fließender Gewässer ziemlich häufig, aber nicht leicht zu finden.*

- > ***Körper stabförmig***
- > ***Beine fast haardünn***
- > ***meist am Gewässerufer***

Bachläufer

Velia caprai (Bachläufer)
L 6–9 mm ganzjährig

Der Bachläufer ist deutlich untersetzter als der Wasserläufer. Seine Mittel- und Hinterbeine sind viel kürzer als bei diesem und werden auch nicht flach ausgestreckt, sondern immer deutlich angewinkelt auf den Wasserspiegel gesetzt. Er ruht längere Zeit am Ufer und läuft meist erst zu Beutefang auf die offene Wasserfläche hinaus. Als Nahrung dienen ins Wasser gefallene Insekten, die zum Aussaugen ans Ufer gebracht werden. Die fast immer ungeflügelte Art ist auch bei ungünstiger Witterung, mitunter sogar auch im Winter aktiv.

Bachläufer putzt seinen Saugrüssel

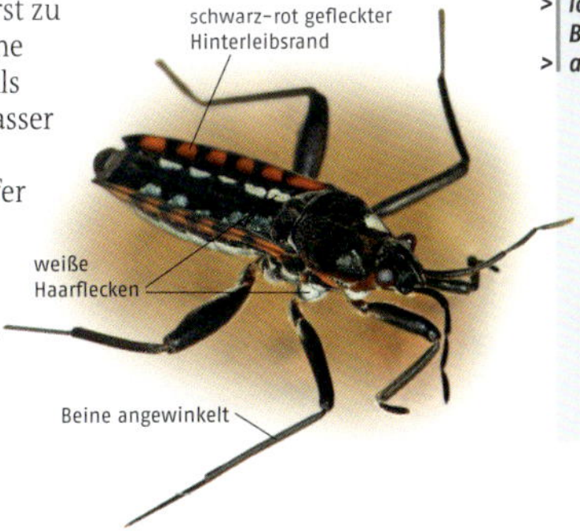

***Vorkommen** Am Ufer und auf der Wasserfläche meist kleinerer Fließgewässer, in den meisten Gegenden nicht selten.*

- > ***untersetzter als der Wasserläufer***
- > ***läuft mit angewinkelten Beinen***
- > ***an Fließgewässern***

Bettwanze

Cimex lectularius (Plattwanzen)
L 5–6 mm ganzjährig

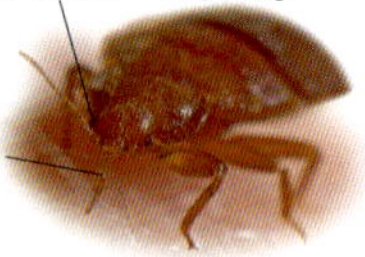

Bettwanze beim Blutsaugen

Vorkommen *In Gebäuden; früher weit verbreitet und häufig, in der letzten Zeit ziemlich selten geworden.*

- > ***auffallend breit und flach***
- > ***Flügel stummelförmig***
- > ***saugt Blut an Menschen und Haustieren***

Die auffallend breit und flach gebaute Bettwanze besitzt stark verkürzte, stummelförmige Flügel und verbirgt sich tagsüber meist unter Tapeten oder in anderen Spalträumen (daher auch der Name „Tapetenflunder“). Nachts wird sie durch die vom Menschen abgegebene Wärmestrahlung angelockt. Sie saugt aber auch z. B. bei Haustieren und Fledermäusen Blut. Der zunächst schmerzlose Stich kann später stark anschwellen und lange Zeit jucken. Die Art kann etwa ein halbes Jahr hungern; ihr Körper erscheint dann fast papierdünn.

Die mit 3,5 mm etwas kleinere Schwalbenwanze (*Cimex hirudinis*) ist deutlich behaart und lebt als Parasit in Vogelnestern, vor allem von Schwalben.

Blumenwanze

Anthocoris nemorum (Blumenwanzen)
L 3,5–4,5 mm ganzjährig

Vorkommen *Vor allem an Wald- und Wegrändern, regelmäßig auch in Gärten, bei uns eine der häufigsten Wanzenarten.*

- > ***Körper schwärzlich***
- > ***Flügel hellbraun mit dunklen Flecken***
- > ***ernährt sich vorwiegend räuberisch***

Die kleine Wanze lebt auf verschiedenen Pflanzen, zeigt aber eine gewisse Vorliebe für Brennnesselbestände. Sie ernährt sich mit Vorliebe von kleineren weichhäutigen Insekten, wie etwa Blattläusen, saugt daneben aber auch an Pflanzen. Gelegentlich sticht sie auch Menschen, was aber offensichtlich eine Ausnahme darstellt und eher als Suche nach Feuchtigkeit, nicht dagegen als Blutsaugen zu deuten ist. Die Art bildet jährlich meist zwei Generationen und überwintert ausgewachsen.

Blumenwanze beim Aussaugen einer Blattlaus

Prachtwanze

Miris striatus (Weichwanzen)

L 9–12 mm   Mai–August

Diese schöne Weichwanzenart ist recht variabel gefärbt. Die in der Grundfarbe schwarzen Flügel sind aber immer hellgelblich gestreift und tragen vor der dünnhäutigen Membran ein rot oder orange gefärbtes Dreieck. Der Körper kann wie die Beine und Fühler bei schwarzer Grundfärbung mehr oder weniger ausgedehnt rot gezeichnet sein. Die Art ernährt sich vorwiegend von Insektenlarven, Blattläusen und anderen weichhäutigen Insekten, saugt daneben aber auch an Pflanzen. Ausgewachsene Tiere findet man vorwiegend im Frühsommer; die Überwinterung erfolgt im Eistadium.

***Vorkommen** Vorwiegend an offenen, warmen Standorten, z. B. an sonnigen Waldrändern und auf gebüschreichen Trockenrasen, weit verbreitet, aber nicht häufig.*

- > ***Grundfärbung schwarz***
- > ***gelbe Streifenzeichnung***
- > ***ernährt sich meist räuberisch***

Bei der ebenfalls recht bunten Weichwanze *Calocoris roseomaculatus* ist die Grundfärbung olivgrünlich, und die Flügel sind mit rosafarbenen Streifen gezeichnet.

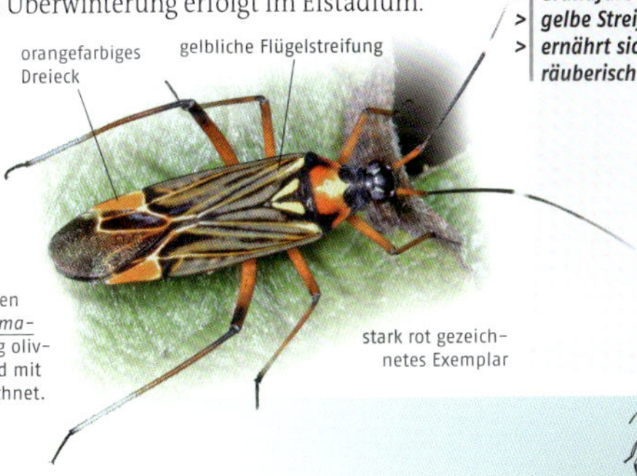

Rote Weichwanze

Deraeocoris ruber (Weichwanzen)

L 6,5–7,5 mm   Juli–September

Auch diese Weichwanze ist ziemlich variabel gefärbt. Neben überwiegend hellrot gefärbten Exemplaren findet man auch fast ganz schwarze. Wie bei allen Weichwanzen fehlen die Punktaugen oben auf der Stirn; man bezeichnet diese Familie daher auch als „Blindwanzen" (obwohl die eigentlichen Sehorgane ja normal entwickelt sind). Die Art ernährt sich offenbar ausschließlich von anderen Insekten, insbesondere von Blattläusen. Sie ist im Hoch- und Spätsommer ausgewachsen und überwintert als Ei.

***Vorkommen** Vorwiegend an sonnigen Wald- und Wegrändern, daneben aber auch an schattigeren Orten, in den meisten Gegenden nicht selten.*

- > ***roter Fleck kurz vor Flügelspitze***
- > ***Fühlerendglieder hell und schmal***
- > ***frisst vor allem Blattläuse***

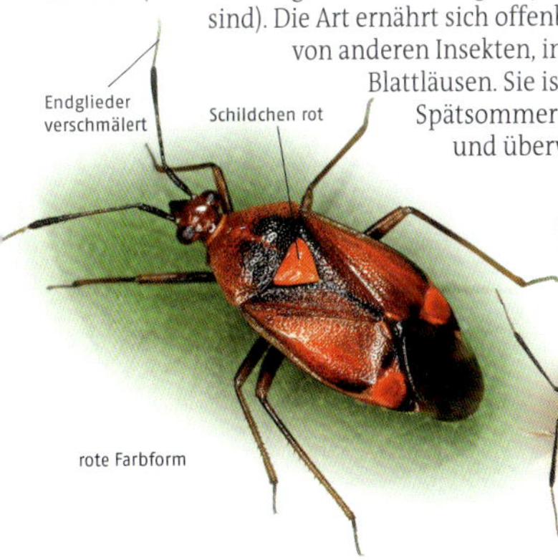

rote Farbform

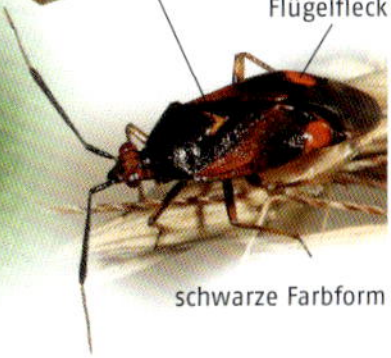

schwarze Farbform

Staubwanze

Reduvius personatus (Raubwanzen)
L 15–18 mm Mai–August

Vorkommen *Meist in älteren Gebäuden, auch inmitten von Großstädten, im Allgemeinen nicht selten.*

> ***schwarz mit flachem Körper***
> ***frisst andere Insekten***
> ***meist in Häusern***

Diese düster gefärbte Raubwanze fliegt oft erleuchtete Fenster an und dringt dadurch auch in Wohnungen ein. Sie ernährt sich von anderen Insekten und erweist sich dadurch als durchaus nützlich. Sie kann aber, wenn sie ergriffen wird, mit dem kräftigen Saugrüssel recht schmerzhaft stechen. Die Larve besitzt am ganzen Körper klebrige Haare, an denen Staubpartikel haften bleiben. Hierdurch erscheint sie wie ein „wandelnder Schmutzhaufen".

Larve beim Aussaugen einer Fliege

Larve mit Staubteilen getarnt

Rote Mordwanze

Rhynocoris iracundus (Raubwanzen)
L 14–17 mm Mai–Juli

Vorkommen *An warmen, sonnigen Stellen, z. B. auf Trockenrasen. Vor allem in Wärmegebieten, nicht häufig.*

> ***rot und schwarz gescheckt***
> ***an sonnigen Stellen auf Blüten***
> ***erbeutet Insekten***

Die Rote Mordwanze lauert meist auf blühenden Pflanzen auf ihre Beute, die sie mit ihrem kräftigen Rüssel ansticht und aussaugt. Zu ihrem Beutespektrum gehören regelmäßig auch so wehrhafte Tiere wie Honigbienen. Bei Bedrohung reibt sie mit ihrer Rüsselspitze über eine quer geriefte Furche unter dem Kopf und erzeugt dadurch ein zirpendes Geräusch, das sozusagen als letzte Warnung vor ihrem sehr schmerzhaften Stich zu verstehen ist.

Rote Mordwanze, eine Honigbiene aussaugend

Eigelege der Roten Mordwanze

Fangwanze

Phymata crassipes (Raubwanzen)
L 8–9 mm Mai–Juni

Diese interessante und unverwechselbare Raubwanze lauert meist auf blühenden Pflanzen auf ihre Beute, besonders gern auf Margeriten. Sie ergreift blitzschnell mit ihren Fangbeinen Blüten besuchende Insekten, um sie dann mit ihrem kräftigen Saugrüssel auszusaugen. Sie kann dabei durchaus Tiere überwältigen, die deutlich größer sind als sie selbst, wie etwa Schmetterlinge von Bläulingsgröße.

Fangwanze mit erwartungsvoll geöffneten Fangbeinen

Vorkommen *An warmen, sonnigen Stellen, etwa an Waldrändern, auf Trockenrasen und auf blütenreichen Trockenwiesen; gebietsweise ziemlich häufig, besonders im südlichen Mitteleuropa.*

> ***Vorderbeine als Fangbeine entwickelt***
> ***Hinterleib mit dreieckig erweiterten Rändern***
> ***lauert meist auf Blüten***

Fangwanze mit erbeuteter Fliege

Ameisensichelwanze

Himacerus mirmicoides (Sichelwanzen)
L 7–9 mm Juli–Mai

Die Art ist durch eine sehr bemerkenswerte Larve ausgezeichnet: Diese besitzt nämlich hinter den Flügelanlagen auf dem vorderen Teil des Hinterleibs jederseits eine weiße Zeichnung, die auf geradezu verblüffende Weise die schmale Taille einer Ameise vortäuscht. Aus Versuchen weiß man, dass z. B. Meisen, die schon unangenehme Erfahrungen mit dem Geschmack von Ameisen gemacht haben, diese als Nahrung ablehnen. Der ausgewachsenen, fast immer kurzflügeligen Wanze fehlt dagegen dieses Zeichnungsmuster. Die Art ernährt sich räuberisch von anderen Insekten.

Vorkommen *An sonnigen und trockenen Orten (z. B. auf Trockenrasen) ebenso wie an schattigeren, feuchten Orten, wie etwa in lichten Wäldern; ziemlich häufig, nur im Norden seltener.*

> ***Saugrüssel dünn und gebogen***
> ***Larve mit scheinbarer „Ameisentaille“***
> ***ernährt sich räuberisch***

Larve der Ameisensichelwanze

Zimtwanze

Corizus hyoscyami (Glasflügelwanzen)
L 8–10 mm   August bis Juli

Vorkommen *Besonders an trockenen und warmen Standorten wie etwa Wegrändern und Trockenwiesen, daneben aber auch an feuchteren, halbschattigen Stellen, in den meisten Gebieten nicht selten.*

- ***schwarzer Halsring***
- ***Flügel voll entwickelt***
- ***gern auf Habichtskräutern***

Diese Wanze erinnert auf den ersten Blick stark an die nicht näher mit ihr verwandte Feuerwanze, ist aber durch ihr andersartiges Zeichnungsmuster und die stets voll entwickelten Flügel leicht von ihr zu unterscheiden. Die Art ernährt sich von Pflanzensäften und ist besonders auf verschiedenen Korbblütlern anzutreffen, oft z. B. auf den Samenständen von Habichtskräutern. Die Larven scheinen sich dagegen mehr an drüsig behaarte Schmetterlingsblütler zu halten. Die Überwinterung erfolgt ausgewachsen unter trockenen Pflanzenresten.

Feuerwanze

Pyrrhocoris apterus (Feuerwanzen)
L 10–12 mm   August–Mai

Vorkommen *Besonders im Siedlungsbereich an alten Linden und Robinien, auch an Malvengewächsen; überall ziemlich häufig, stellenweise massenhaft.*

- ***Flügel verkürzt, rot mit schwarzen Flecken***
- ***Schildchen ganz schwarz***
- ***meist an Linden oder Robinien***

Die harmlose Art findet sich oft massenhaft unter Linden und Robinien, von deren Samen sie sich vorzugsweise ernährt. Gelegentlich werden aber auch tote Insekten als Nahrung genutzt, und sogar Kannibalismus kommt vor. Bisweilen treten neben den normalen kurzflügeligen Tieren auch solche mit voll entwickelten Flügeln auf. Die Tiere überwintern ausgewachsen und sonnen sich gern an warmen Frühlings- und Herbsttagen in dichten Klumpen am Stammfuß ihrer bevorzugten Wirtsbäume.

Ansammlung von Larven und Imagines an Lindenstamm

Larve der Feuerwanze

Ritterwanze

Lygaeus equestris (Bodenwanzen)
L 10–12 mm August–Juni

Die Ritterwanze saugt bevorzugt an der giftigen Schwalbenwurz und wird dadurch selbst für die meisten Tiere ungenießbar. Dies bringt ihre auffällige Färbung, die als Warnfärbung zu verstehen ist, auch zum Ausdruck. Die jungen Larven sind anscheinend ganz auf diese Pflanze angewiesen, während die älteren Stadien und die Erwachsenen auch an verschiedenen anderen Pflanzen saugen können. Die Tiere überwintern oft in dichten Scharen am Boden oder unter Baumrinde und sind dann im zeitigen Frühjahr nicht selten eng gedrängt beim Sonnenbad zu beobachten.

Vorkommen *Vorwiegend an sonnigen Waldrändern und auf Trockenrasen, im südlichen Mitteleuropa häufig, im Norden seltener.*
Bild oben: Ritterwanzen in dichter Gruppe beim Sonnenbad

> ***Flügel voll ausgebildet***
> ***weißer Punkt in der Flügelmembran***
> ***saugt meist an Schwalbenwurz***

weißer Punkt auf Flügelmembran

schwarzes Kreuz in der Körpermitte

Die deutlich seltenere, nahe verwandte Bodenwanze *Spilostethus saxatilis* hat zwei schwarze Längsstreifen auf dem Halsschild und keinen weißen Fleck auf dem Flügel. Sie lebt an vielen verschiedenen Pflanzenarten, unter anderem auch an der Schwalbenwurz.

Larve der Ritterwanze

Schwalbenwurz-Wanze

Tropidothorax leucopterus (Bodenwanze)
L 9–11 mm Juli bis Juni

Diese farbenprächtige Bodenwanze erinnert an die Ritterwanze, besitzt aber eine deutlich andere Flügelzeichnung: Auf dem Halsschild trägt sie zwei nach hinten stark verbreiterte, annähernd dreieckige Längsbinden, und am Innenwinkel der Flügelmembran findet sich ein kleiner weißer Fleck. Die Larven entwickeln sich bei uns ausschließlich an der Schwalbenwurz und bilden dort oft große Ansammlungen; die Erwachsenen sind vor allem nach der Überwinterung auch an verschiedenen anderen Pflanzen zu finden.

dichte Schar erwachsener Tiere auf Schwalbenwurzblatt

schwarzes Dreieck auf Halsschild

weißer Fleck am Innenwinkel der Membran

Vorkommen *Auf Trockenrasen und an sonnigen Waldrändern. Im Mittelmeergebiet ziemlich häufig, nördlich der Alpen aber nur an klimatisch besonders begünstigten Stellen.*

> ***weißer Fleck am Innenwinkel der Flügelmembran***
> ***zwei schwarze Dreiecke auf dem Halsschild***
> ***Entwicklung nur an Schwalbenwurz***

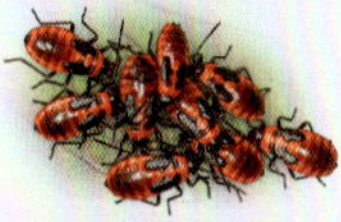

Ansammlung von Larven auf der Futterpflanze

Platanen-Netzwanze

Corythucha ciliata (Netzwanzen)
L 3–4 mm ganzjährig

Vorkommen *Im Mittelmeergebiet weit verbreitet und fast überall häufig, inzwischen auch vom Oberrhein her nach Süddeutschland vorgedrungen und sich von dort aus ständig weiter ausbreitend.*

- > ***weiß mit filigranem Netzmuster***
- > ***dunkler Flügelfleck***
- > ***nur an Platanen***

Larven und Imagines auf Platanenblatt

Das wunderschöne Netzmuster dieser kleinen, stark abgeflachten Wanzenart ist erst bei stärkerer Lupenvergrößerung erkennbar. Sie saugt ausschließlich an Blättern von Platanen, die in dichten Scharen von ihr besiedelt sein können. Die Art stammt wie die Platane aus Nordamerika und wurde mit ihrer von dort eingeführten Wirtspflanze nach Europa verschleppt. Sie überwintert ausgewachsen, oft dicht gedrängt, unter den Rindenschuppen ihrer Wirtsbäume.

Überwinterungsgesellschaft unter Platanenrinde

Die ebenfalls aus Nordamerika stammende und bei uns eingeschleppte Rhododendron-Netzwanze (*Stephanitis rhododendri*) hat eine nach vorn verschmälerte Körperform und lebt nur auf Rhododendron-Arten.

Kiefern-Rindenwanze

Aradus cinnamomeus (Rindenwanzen)
L 3–5 mm ganzjährig

Vorkommen *An verschiedenen Kiefern-Arten, seltener auch an anderen Nadelhölzern, fast überall verbreitet, aber im Norden Mitteleuropas häufiger als im Süden.*

- > ***stark abgeflacht***
- > ***Männchen mit schmalen, Weibchen meist mit kurzen Flügeln***
- > ***saugt Saft an Kiefern***

Männchen

Während die Männchen dieser auffallend flachen Wanze stets lang, aber sehr schmal geflügelt sind, haben die Weibchen meist stark verkürzte Flügel. Beide Geschlechter sind daher in der Regel flugunfähig. Man findet sie vor allem unter den noch lebenden Rindenschuppen jüngerer Kiefern, wo die Tiere mit ihrem extrem langen Saugrüssel den Saftstrom ihrer Wirtspflanzen anzapfen. Bei massivem Auftreten können dadurch Zweige, manchmal sogar die ganzen Bäume absterben. Die Entwicklung ist zweijährig, sodass z.B. im Winter außer Ausgewachsenen auch immer halbwüchsige Larven anzutreffen sind.

Die Rindenwanze *Aradus depressus* ist hell und dunkel gescheckt, vor allem ist die Vorderecke des Halsschilds hell gefärbt. Sie ist stets voll geflügelt und lebt an von Pilzen geschädigten Laubbäumen.

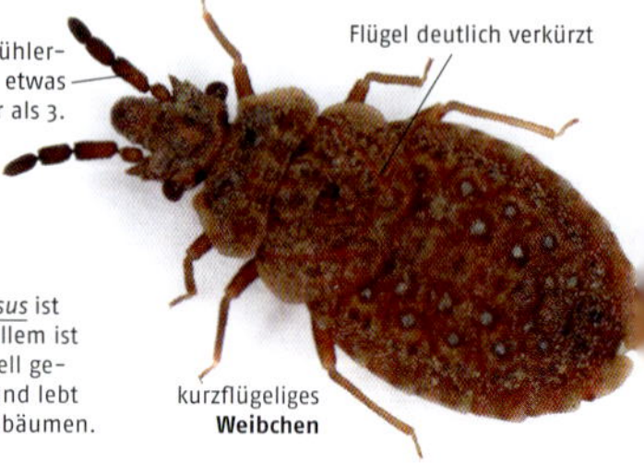

kurzflügeliges **Weibchen**

Lederwanze

Coreus marginatus (Randwanzen)
11–16 mm ganzjährig

Der ganze Körper dieser Wanze erscheint in der Färbung und Oberflächenbeschaffenheit ausgesprochen lederartig. Die Seitenränder des Hinterleibs sind wie bei vielen Wanzen auffallend verbreitert und abgeflacht; sie ragen seitlich bogenförmig über den Flügelrand hinaus und werden als Connexivum bezeichnet (daher der Familienname Randwanzen). Die vegetarisch lebende Art saugt vorzugsweise an verschiedenen Ampferarten, daneben aber u. a. auch an Knöterich und Königskerzen. Sie überwintert ausgewachsen.

Die Randwanze *Enoplops scapha* trägt auf der Außenseite des Fühlerhöckers einen kleinen Dorn und auf dem letzten sichtbaren Hinterleibsring einen deutlich sichtbaren hellen Fleck. Sie entwickelt sich ausschließlich an Raublattgewächsen.

***Vorkommen** Vor allem an Wald- und Wegrändern sowie auf Wiesen überall häufig, eine der häufigsten heimischen Wanzenarten.*

- **lederartig braun**
- **Seitenränder des Hinterleibs erweitert**
- **vorzugsweise an Ampferarten**

Larven der Lederwanze

Dornen-Randwanze

Phyllomorpha laciniata (Randwanzen)
L 9–11 mm August–Mai

Diese unverwechselbare, am ganzen Körper stark bedornte Randwanze lebt auf und unter den Polstern der Silber-Mauermiere (*Paronychia argentea*), einem im ganzen Mittelmeergebiet verbreiteten Nelkengewächs, von dem sie sich offenbar ernährt. Außerdem sind am Halsschild und an den Seiten des Hinterleibs flache, nach oben gebogene Seitenlappen entwickelt, die ebenfalls dicht mit zahlreichen Dornen besetzt sind. Die Weibchen haben die Angewohnheit, ihre Eier auf dem Rücken von Artgenossen beiderlei Geschlechts abzulegen, wo sie offenbar durch die dichte Bedornung einen besonderen Schutz genießen.

Dornen-Randwanze mit am Rücken festgeklebten Eiern

***Vorkommen** im westlichen Mittelmeergebiet an trockenen, sandigen Stellen mit ihrer Wirtspflanze, gebietsweise ziemlich häufig, aber schwer zu entdecken; nicht in Mitteleuropa.*

- **Halsschild und Hinterleib mit flachen Seitenlappen**
- **ganzer Körper dicht bedornt**
- **an der Silber-Mauermiere**

Fleckige Brutwanze

Elasmucha grisea (Stachelwanzen)
L 6–9 mm ganzjährig

***Vorkommen** Vor allem an mit Birken bestandenen Wald- und Wegrändern, in Mitteleuropa fast überall ziemlich häufig.*
Bild oben: Weibchen mit frisch geschlüpften Larven

> **grün oder bräunlich mit schwarzen Punkten**
> **nur auf Birken**
> **bemerkenswerte Brutpflege**

Gruppe von älteren Larven

Die Fleckige Brutwanze lebt an Birken und zeigt ein für Insekten sehr bemerkenswertes Brutpflegeverhalten. Das Weibchen setzt sich schützend auf sein Eigelege und bewacht dieses. Wenn sich ein Feind nähert, wendet es diesem seinen Rücken zu und schwirrt drohend mit den Flügeln. Nach dem Schlüpfen verbleiben die Jungen bis zur nächsten Häutung auf dem leeren Eigelege und wandern danach gemeinsam mit der Mutter zu ihrer ersten Nahrungsaufnahme zu einem unreifen Fruchtstand der Birke. Auch nach dem Tod der Mutter bleiben die Jungen weiter als Gruppe beieinander. Sie trennen sich erst, wenn sie im Spätsommer erwachsen geworden sind.

Weibchen mit Larven bei der ersten Nahrungsaufnahme

Weibchen bewacht Eigelege

Kugelwanze

Coptosoma scutellatum (Kugelwanzen)
L 3,5–4,5 mm Juni–August

***Vorkommen** an warmen, trockenen Orten im mittleren und südlichen Mitteleuropa, insbesondere auf kalkreichen Trockenrasen, stellenweise ziemlich häufig.*

> **ausgesprochen käferähnliche Wanze**
> **glänzend schwarz mit roten Augen**
> **nur auf Schmetterlingsblütlern**

Diese kleine Wanze erinnert durch ihr fast kugelig gewölbtes Schildchen, das fast den ganzen Hinterleib bedeckt, stark an einen Käfer, besitzt aber als Vertreterin der Schnabelkerfe zur Nahrungsaufnahme einen Saugrüssel. Die Flügel sind meist vollständig entwickelt und können zum Fliegen seitlich unter dem Schutzschild hervorgeschoben werden. Die Art lebt ausschließlich auf Schmetterlingsblütlern, von deren Saft sie sich ernährt, meist auf der Bunten Kronwicke, daneben aber z. B. auch auf Esparsetten, Wicken oder Hornklee. Die Eier werden in zweireihigen Gelegen an der Blattunterseite abgelegt. Die Überwinterung erfolgt als Larve.

Schildwanzengruppe auf Esparsette

Getreidewanze

Eurygaster maura (Schildwanzen)

L 9–11 mm ganzjährig

einheitlich gefärbtes Exemplar

Auch diese Wanze besitzt ein stark vergrößertes Schildchen, das den Hinterleib so weit bedeckt, dass davon seitlich nur noch der verbreiterte Seitenrand erkennbar ist. Die Färbung umfasst vor allem verschiedene Brauntöne bis hin zu Weinrot, kann aber außerordentlich stark variieren. Neben fast einfarbigen Tieren kommen auch solche mit kontrastreicher hell-dunkler Zeichnung vor. Die Art ernährt sich vorzugsweise von verschiedenen Gräsern, daneben aber auch von anderen Pflanzen, insbesondere von Korbblütlern. Die Tiere überwintern ausgewachsen und legen im Frühjahr ihre Eier ab. Ab Juli erscheint die neue Generation ausgewachsener Wanzen.

Vorkommen *An trockenen, grasreichen Orten, etwa an sonnigen Wald- und Wegrändern oder auf Trockenrasen, auch auf Getreidefeldern, in den meisten Gegenden nicht selten*

> ***Schildchen bis zur Hinterleibsspitze***
> ***Färbung und Zeichnung extrem variabel***
> ***vor allem auf Gräsern***

Schildchen reicht bis zur Hinterleibsspitze

Seitenrand des Hinterleibs noch sichtbar

Bei der im Mittelmeergebiet verbreiteten, in Mitteleuropa seltenen Schildwanze *Odontotarsus purpureolineatus* überragt das Schildchen mit einem verlängerten Zipfel deutlich die Hinterleibsspitze.

Larve der Gras-Schildwanze

Streifenwanze

Graphosoma italicum (Baumwanzen)

L 8–12 mm August–Juni

Diese kaum verwechselbare Art überwintert wie viele Wanzen ausgewachsen. Auch bei ihr sind die Flügel ganz unter dem stark vergrößerten Halsschild verborgen, können aber zum Fliegen darunter hervorgeschoben werden. Sie gehört verwandtschaftlich jedoch nicht zu den Schildwanzen, sondern zu den auch auf der nächsten Doppelseite vorgestellten Baumwanzen. Larven und Erwachsene ernähren sich von Blüten und Früchten verschiedener Doldengewächse.

Vorkommen *Auf Wiesen und an Wegrändern, in Mittel- und Südeuropa fast überall häufig, nur im Norden seltener.*

> ***rot-schwarzes Streifenmuster***
> ***Schildchen verdeckt die Flügel***
> ***An Doldengewächsen***

Halsschild schwarz gefleckt

Hinterleibsrand rot

Mittelmeer-Streifenwanze (*Graphosoma semipunctatum*), fehlt in Mitteleuropa, lebt im Mittelmeergebiet oft zusammen mit *G. italicum* auf den gleichen Pflanzen.

Hinterleibsrand rot-schwarz gefleckt

Schildchen bedeckt fast den ganzen Hinterleib

Halsschild rot-schwarz gestreift

Larve der Streifenwanze

Rotbeinige Baumwanze

Pentatoma rufipes (Baumwanzen)
L 13–15 mm   Mai–Oktober

Vorkommen *Besonders an Waldrändern mit Laubbäumen bei uns fast überall häufig.*

- ***Grundfärbung dunkelbraun bis fast schwarz***
- ***helle Schildchenspitze***
- ***Beine meist rot***

Diese Baumwanze ist durch die Form ihrer deutlichen Halsschild-Seitenzipfel (vorn konvex, hinten dagegen konkav gebogen) gut gekennzeichnet. Sie lebt vorzugsweise im Kronenbereich verschiedener Laubbäume (z. B. von Birken und Eichen), seltener auch von Nadelbäumen, kann aber regelmäßig auch im unteren Bereich der Gehölze angetroffen werden. Sie ernährt sich sowohl von pflanzlicher als auch tierischer Nahrung. Die Eiablage erfolgt meist im Spätsommer; halbwüchsige Larven stellen das Überwinterungsstadium dar.

Larve der Rotbeinigen Baumwanze

sehr dunkles Exemplar

Grüne Stinkwanze

Palomena prasina (Baumwanzen)
L 12–14 mm   August–Juni

Vorkommen *An Waldrändern, auf Wiesen und in Gärten überall häufig.*

- ***fast einfarbig grün***
- ***Farbwechsel vor Überwinterung***
- ***lässt Beeren ungenießbar werden***

Die Art saugt oft an Beerenfrüchten, denen sie dann den widerlichen „Wanzengeschmack" aufprägt. Vor der Überwinterung färbt sie sich braun oder rotbraun um; im Frühjahr nimmt sie dann wieder ihre normale grüne Färbung an. Im Sommer erfolgt die Eiablage an der Unterseite von Laubblättern. Die meist 14 Eier eines Geleges sind oft ganz symmetrisch angeordnet. Am oberen Ende ist der vorgeformte Deckel zu erkennen; kurz vor dem Schlupf schimmern die roten Augen und der dreieckige Eizahn der Larve durch den Deckel hindurch.

Grüne Stinkwanze in Herbstfärbung

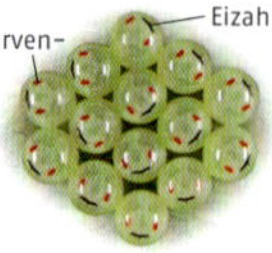

Eigelege mit schlüpfreifen Larven

Larve der Grünen Stinkwanze

Beerenwanze

Dolycoris baccarum (Baumwanzen)
L 10–14 mm   August–Juni

Diese am ganzen Körper leicht behaarte Baumwanze besitzt eine bräunlich grün und weinrot gemischte Grundfärbung sowie geringelte Fühler und einen hell-dunkel gescheckten Seitenrand des Hinterleibs. Die Nahrung besteht hauptsächlich aus Samen und Beeren verschiedener Kräuter und Holzgewächse, denen sie wie die Grüne Stinkwanze ihren unangenehmen „Wanzengeschmack" aufprägt, nachdem sie daran gesaugt hat. Daneben nimmt sie aber auch tierische Nahrung, etwa Insekteneier oder Blattläuse, zu sich. Sie überwintert ausgewachsen.

***Vorkommen** An Waldrändern und auf Wiesen überall häufig, wohl die häufigste heimische Baumwanzenart.*

> **grünlich und weinrot gezeichnet**
> **Hinterleibsränder hell-dunkel gescheckt**
> **ernährt sich vorwiegend von Samen und Beeren**

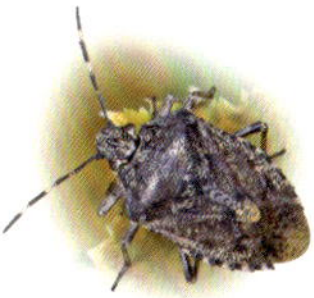

Die Graue Gartenwanze *Rhaphigaster nebulosa* ist unscheinbarer dunkelgraubraun gefärbt und trägt unter dem Körper einen Dorn, der vom 2. Bauchsegment nach vorn bis zu den Vorderhüften reicht. Sie sucht zur Überwinterung oft Gebäude auf.

Kohlwanze

Eurydema oleracea (Baumwanzen)
L 5–7,5 mm   August–Juni

Paarung weiß gefleckter mit roter Farbvariante

Diese kleine Baumwanzenart ist durch ihr Zeichnungsmuster unverwechselbar: Außer einer nach hinten dreieckig verbreiterten Längsbinde auf dem Halsschild befinden sich hinter der Körpermitte drei in einer Querreihe angeordnete helle Flecke, einer an der Schildchenspitze und jeweils ein weiterer auf beiden Flügeln. Diese hellen Flecke können weiß oder rot gefärbt sein. Die Tiere saugen an verschiedenen Kreuzblütlern, gern auch an Kulturpflanzen, richten dort aber selbst bei massenhaftem Auftreten kaum Schäden an. Daneben saugen sie z. B. auch Blattläuse aus. Die Art überwintert erwachsen.

***Vorkommen** auf Wiesen und an Waldrändern, auch in Gärten und auf Kulturflächen fast überall ziemlich häufig. Bild oben: Rot gefleckte Farbvariante*

> **helle Zeichnung rot oder weiß**
> **drei Flecke hinter der Körpermitte**
> **saugt an Kreuzblütlern**

weiß gefleckte Farbvariante

Die nahe verwandte Schmuckwanze (*Eurydema ornata*) ist rot gefärbt und trägt auf ihrem Rücken ein sehr ornamentales schwarzes Zeichnungsmuster. Sie kommt vorwiegend an wärmebegünstigten Standorten vor.

Große Singzikade

Lyristes plebejus (Singzikaden)

L 40–50 mm   Juni–September

***Vorkommen** Im Mittelmeergebiet weit verbreitet und fast überall häufig, nach Norden vereinzelt bis in die südliche Schweiz und ins östliche Österreich; in Deutschland fehlend.*

- ***größte europäische Zikade***
- ***schwarz mit durchsichtigen Flügeln***
- ***Gesang in Strophen von ca. 10 s***

Die Männchen dieser größten europäischen Zikadenart besitzen vorn am Hinterleib ein paariges Trommelorgan, mit dem sie tagsüber einen ziemlich lauten, in meist etwa 10 s lange Strophen gegliederten Gesang erzeugen. Die einzelnen Strophen beginnen laut ratternd, um dann nach etwa 5 s plötzlich abzuschwellen und in ein viel weicheres Schwirren überzugehen. Die Tiere sitzen dabei gern etwa in Kopfhöhe an Pinienstämmen oder im Gebüsch und sind hier nicht leicht zu entdecken. Die unterirdisch lebenden Larven haben eine etwa vierjährige Entwicklungszeit.

Porträt der Gemeinen Zikade

Bergzikade

Cicadetta montana (Singzikaden)

L 23–28 mm   Mai–Juni

***Vorkommen** An warmen, trockenen Orten, insbesondere auf Trockenrasen im Bergland, im südlichen und mittleren Mitteleuropa (nach Norden etwa bis zum Nordrand der Mittelgebirge); jahrweise in sehr unterschiedlicher Häufigkeit.*

- ***Hinterleibsringe mit orangefarbenem Rand***
- ***an warmen Hängen***
- ***Larve unterirdisch, mit Grabbeinen***

Larve der Bergzikade

Die Bergzikade ist so etwas wie die Miniaturausgabe der Gemeinen Zikade. Sie unterscheidet sich von ihr aber auch z. B. durch die orangefarbigen Ränder der Hinterleibssegmente. Die Männchen singen mit einem lang anhaltenden, sehr hohen Schwirrton, den ältere Menschen i. d. R. nicht mehr hören können. Die Larven leben wie die aller Singzikaden unterirdisch in selbst gegrabenen Erdröhren und saugen an Pflanzenwurzeln. Sie besitzen schaufelartige Grabbeine und benötigen vermutlich 2 Jahre für ihre Entwicklung.

frisch geschlüpfte Zikade auf der Larvenexuvie

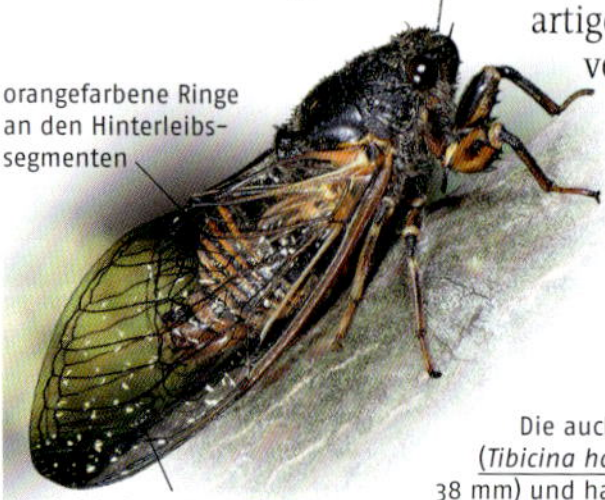

Die auch als Lauer bekannte Blutrote Zikade (*Tibicina haematodes*) wird deutlich größer (bis 38 mm) und hat teilweise rot gefärbte Flügeladern. In Mitteleuropa beschränkt sich die Verbreitung der mediterranen Art auf Weinbaugebiete.

Dornzikade

Centrotus cornutus (Buckelzirpen)
L 7–9 mm   Mai–August

Vorkommen *Auf Wiesen und Waldlichtungen ebenso wie an kräuterreichen Wegrändern, in Mitteleuropa fast überall ziemlich häufig.*

> ***sitzt gut getarnt an Pflanzenstängeln***
> ***Halsschild mit langen Fortsätzen***
> ***besonders an Disteln und Schwalbenwurz***

Von vorn sind die beiden Seitendorne gut erkennbar.

Die Dornzikade, die häufigste heimische Vertreterin einer in den Tropen artenreich vetretenen Zikadenfamilie ist durch ihre merkwürdigen Fortsätze am Halsschild kaum mit anderen Arten zu verwechseln. Bei tropischen Vertretern können diese Fortsätze geradezu abenteuerliche Formen annehmen und das übrige Tier in der Größe übertreffen. Sie saugt an sehr verschiedenen Pflanzen, an Kräutern ebenso wie an Holzgewächsen, besonders gern an Schwalbenwurz und an Disteln. Die Entwicklung ist zweijährig.

Die meist an Besenginster lebende Ginsterzikade (*Gargara genistae*) bleibt mit 3–4 mm Körperlänge deutlich kleiner. Ihr fehlen die Seitendorne am Halsschild. Der Rückendorn ist deutlich kürzer.

Büffelzikade

Stictocephala bisonia (Buckelzirpen)
L 6–8 mm   Juli–Oktober

Vorkommen *Vor allem auf kultiviertem Gelände und Ödland; im Mittelmeergebiet häufig, breitet sich derzeit im südlichen Mitteleuropa (z. B. am Oberrhein) stark aus.*

> ***hellgrüne Färbung***
> ***großer Halsschildbuckel mit spitzem Dorn***
> ***meist an Schmetterlingsblütlern oder Obstbäumen***

Porträt der Büffelzikade

Diese ursprünglich in Nordamerika heimische Buckelzirpe ist durch den mächtigen, in einen spitzen Dorn auslaufenden Halsschildbuckel und die hellgrüne Färbung unverkennbar. Sie wurde Anfang des 20. Jahrhunderts nach Europa eingeschleppt, wo sie sich vor allem im Süden stark ausgebreitet hat. Die Eier werden vor allem in die Rinde von Obstbäumen oder Weinreben eingebohrt, wodurch Zweige zum Absterben gebracht werden und z. T. schwere Schäden angerichtet werden können. Die Eier überwintern. Die Larven wandern nach dem Schlupf zu krautigen Schmetterlingsblütlern, von deren Saft sie sich vorzugsweise ernähren.

Käferzikade

Issus coleoptratus (Käferzikaden)
L 6–7 mm Juni–August

Vorkommen *An Bäumen und Sträuchern in Wäldern und Gärten; fast überall häufig, nur im Norden ziemlich selten.*

- > ***Flügel vorn beulenartig erweitert***
- > ***Färbung und Zeichnung sehr variabel***
- > ***an verschiedenen Holzgewächsen***

Diese etwas bucklig wirkende Zikade ist durch ihre im vorderen Drittel seitlich beulenartig erweiterten Flügel ausgezeichnet. Sie ist anscheinend flugunfähig und variiert stark in Zeichnung und Färbung. Dabei dominieren verschiedene Grau- oder Brauntöne. Die Art bewohnt so verschiedene Holzgewächse wie Eichen, Efeu, Buchsbaum, Eiben und Wacholder, von deren Säften sie sich ernährt. Die Überwinterung erfolgt als Junglarve.

Rückenansicht

Käferzikade in Seitenansicht

Porträt der Käferzikade

Europäischer Laternenträger

Dictyophara europaea (Laternenträger)
L 9–13 mm Juli–September

Vorkommen *Vorwiegend an wärmebegünstigten, trockenen Standorten, z. B. an sonnigen Waldrändern und auf Trockenrasen; in Mitteleuropa weit verbreitet, aber überall ziemlich selten.*

- > ***schmal dreieckiger Stirnfortsatz***
- > ***Färbung hellgrün oder rosa***
- > ***an warmen Standorten***

Auch diese eigenartige Zikade gehört zu einer vorwiegend in wärmeren Ländern verbreiteten Familie. Einige der tropischen Formen besitzen blasenartige Vorwölbungen des Kopfes, die fast dem übrigen Körpervolumen entsprechen. Früher hielt man diese Bildungen für Leuchtorgane, daher der Name. Die einzige auch in Deutschland vorkommende Art ist durch einen schmal dreieckig aufragenden Stirnfortsatz ausgezeichnet. Die Färbung ist hellgrün, selten rosa. Sie ernährt sich offenbar von sehr verschiedenen krautigen Pflanzen. Die Eier werden vom Weibchen mit einer Legeröhre in oder auf dem Erdboden abgelegt und überwintern dort.

Porträt des Europäischen Laternenträgers

Blutzikade

Cercopis vulnerata (Schaumzikaden)
L 9–11 mm Mai–August

Diese auffallende Zikade ist durch ihre deutlich gebogene rote Binde kurz vor der Spitze des Vorderflügels gut gekennzeichnet. Diese verläuft etwa parallel zum äußeren Flügelrand. Bei der Paarung sitzen die Partner nebeneinander. Die Larve saugt unterirdisch an Pflanzenwurzeln und umgibt sich wie alle Larven der Schaumzikaden mit einer schützenden Schaumhülle. Sie überwintert.

Paarung der Blutzikade

Vorkommen *Auf feuchten und trockenen Wiesen, an Waldrändern und auf Waldlichtungen fast überall häufig, nur im Norden selten.*

> ***schwarz mit roter Flügelzeichnung***
> ***Binde an Flügelspitze gebogen***
> ***Larve unterirdisch***

Die etwas kleinere *Cercopis sanguinolenta* (6–10 mm) ist wärmebedürftig und kommt daher in Mitteleuropa nur an wärmebegünstigten Standorten vor. Bei ihr ist die vor der Flügelspitze liegende rote Binde nur ganz leicht gebogen.

Wiesenschaumzikade

Philaenus spumarius (Schaumzikaden)
L 5–7 mm Juli–Oktober

„Kuckucksspeichel" an Grashalm

Die sehr variabel gezeichnete, heller oder dunkler bräunlich gefärbte Wiesenschaumzikade ernährt sich wie alle Zikaden von Pflanzensäften. Die Larve saugt am Stängel von Wiesenpflanzen und pumpt Luft in den in großer Menge wieder ausgeschiedenen Saft. Hierdurch bildet sich eine umfangreiche Schaumhülle, durch die sie gut vor Feinden geschützt ist. Diese Schaumhülle ist im Volksmund als „Kuckucksspeichel" bekannt. Das Wiesenschaumkraut, an dem man diesen Schaum besonders oft findet, ist sogar danach benannt worden. Die Überwinterung erfolgt im Eistadium.

Vorkommen *Vorwiegend in offenem, etwas feuchtem Gelände, insbesondere auf Feuchtwiesen, überall ziemlich häufig.*

> ***braun mit variabler Zeichnung***
> ***vorwiegend auf Feuchtwiesen***
> ***Larve mit „Kuckucksspeichel"***

Die Schaumnester der Weidenschaumzikade (*Aphrophora salicina*) werden von mehreren Larven gemeinsam bewohnt. Dabei wird so viel Schaum gebildet, dass dieser von den Zweigen herabtropft.

von Schaum befreite Larve

Glasflügelzikade

Cixius sp. (Glasflügelzikaden)

L 6–8 mm je nach Art Mai–September

Vorkommen *Vorzugsweise in der Strauch- und Baumschicht in Wäldern und deren Randbereichen, einige Arten nicht selten.*

- ***Flügel glasartig mit weißen Adern***
- ***haartragende schwarze Körnchen***
- ***vorwiegend auf Bäumen und Sträuchern***

Die Glasflügelzikaden besitzen glasartig durchsichtige Flügel, die meist nicht ausgesprochen dachförmig, sondern etwas flacher ausgebreitet getragen werden. Auf den weißen Flügeladern stehen in regelmäßigen Abständen schwarze Körnchen, die jeweils eine Haarborste tragen. In Mitteleuropa zahlreiche Arten, die sich teilweise kaum, als Weibchen gar nicht unterscheiden lassen. Die Larven saugen unterirdisch an Pflanzenwurzeln. Sie besitzen Wachsdrüsen am Hinterleib, aus denen lange Wachsfäden abgeschieden werden.

Ohrzikade

Ledra aurita (Zwergzikaden)

L 13–18 mm Juli–September

Vorkommen *An Waldrändern auf der Rinde von Laubbäumen und Sträuchern. Gebietsweise nicht selten, aber sehr schwer zu finden.*

- ***Halsschild mit ohrförmigen Auswüchsen***
- ***Kopf schaufelartig flach***
- ***auf der Rinde von Laubbäumen***

Trotz ihrer stattlichen Größe gehört diese Art zu den Zwergzikaden. Sie ist durch seitliche, schräg nach oben gerichtete, ohrförmige Auswüchse des Halsschilds unverkennbar. Die flache, graugrüne Larve hat eine zweijährige Entwicklung und überwintert beim ersten Mal jung, beim zweiten fast erwachsen. Sie lebt auf Baumrinde und ist dort nur schwer zu entdecken. Die fertige Zikade hält sich mehr in den Baumkronen auf und fliegt bei Dunkelheit manchmal erleuchtete Fenster an.

Larve der Ohrzikade

Ansicht von vorn

Grüne Zwergzikade

Cicadella viridis (Zwergzikaden)

L 6–9 mm Juni–Oktober

Häutung zur fertigen Zikade

dunkel gestreifte Larvenhülle

Die Grüne Zwergzikade ist durch ihre fast einheitlich hellgrüne Oberseite bzw. ihre meist blau geflügelten Männchen kaum mit einer anderen Art zu verwechseln. Die Larven haben dagegen durch ihre gelbliche Grundfärbung und die dunklen Längsstreifen ein völlig anderes Erscheinungsbild (bei der Larvenhaut im Häutungsbild gut zu erkennen). Die Tiere saugen vorzugsweise an verschiedenen Sauergräsern. Im Jahr werden 1–2 Generationen ausgebildet, in Südeuropa auch mehr. Die in Pflanzen abgelegten Eier überwintern.

***Vorkommen** Vor allem an feuchten Waldwegen und auf etwas feuchten Wiesen, bei uns fast überall häufig.*

> **hellgrün, Flügel beim Männchen meist blau**
> **Larve gelblich mit dunklen Längsstreifen**
> **auf Feuchtwiesen häufig**

Beine gelblich

Halsschild und Flügel hellgrün

Weibchen

Porträt der Grünen Zwergzikade

Rhododendronzikade

Graphocephala fennahi (Zwergzikaden)

L 8–9 mm Juli–November

Die unverwechselbare Kleinzikade lebt auf Rhododendron und wurde vermutlich Anfang des 20. Jahrhunderts aus ihrer nordamerikanischen Heimat nach England eingeschleppt, wo sie sich in den Gärten rasch ausbreitete. Ab dem Ende der 60er-Jahre erreichte sie schließlich das europäische Festland und ist hier mittlerweile fast überall anzutreffen. Die Larven sind fast nur auf Rhododendron zu finden; die ausgewachsenen Tiere dagegen können sich auch vom Saft anderer Pflanzen ernähren. Im Jahr entwickelt sich nur eine Generation. Die Eier überwintern.

Rückenansicht

***Vorkommen** In Gärten und Parkanlagen mit Rhododendron-Gebüschen inzwischen in ganz Mitteleuropa häufig zu finden.*

> **Flügel grün mit roten Längsstreifen**
> **schwarzes Stirnband**
> **an Rhododendron**

rote Längsstreifen

schwarzes Stirnband

Beine und Unterseite gelb

Große Rosenblattlaus

Macrosiphum rosae (Blattläuse)
L 3–4 mm Mai–September

***Vorkommen** Vorwiegend an Wald- und Wegrändern sowie regelmäßig in Gärten, bei uns überall sehr häufig.*
Bild oben: Kolonie auf Rosenzweig

- > ***rot oder grün gefärbt***
- > ***sehr lange Rückenröhren***
- > ***besonders auf Rosen***

Diese grün oder rot gefärbte Blattlaus besitzt auffallend lange, stabförmige Rückenröhren (Siphonen) von 1/3 der Körperlänge; etwa halb so lang ist der zungenförmige Schwanzfortsatz (die Cauda) am Hinterende. Aus den Siphonen kann bei Gefahr Blutflüssigkeit abgeschieden werden, die vermutlich der Abschreckung dient. Die Art saugt oft in großen Kolonien an den Triebspitzen von Rosen; sie zeigt einen Wirtswechsel zu verschiedenen Karden- und Baldriangewächsen.

ungeflügeltes **Weibchen**

Kolonie halbwüchsiger Larven

Weibchen gebärt Larve

geflügeltes Stadium

Mehlige Pflaumen-Blattlaus

Hyalopterus pruni (Blattläuse)
L 2–3 mm Mai–September

***Vorkommen** An Gewässerufern mit Schilfbeständen, auf Feuchtwiesen und in Gärten überall häufig.*

- > ***Färbung rot oder grün***
- > ***kurze Rückenröhren***
- > ***an Schilf, Pflaume oder Schlehe***

An ihrer ersten Wirtsart, der Pflaume oder Schlehe, findet man nur grüne Exemplare dieser Blattlaus. Später wechseln geflügelte Individuen zum Schilfrohr (seltener zu anderen Gräsern), wo eine rote und eine grüne Farbvariante auftritt, meist gemischt in der gleichen Kolonie.
Die Tiere besitzen sehr kurze Rückenröhren und einen relativ kurzen Schwanzfortsatz. Ihre Körperoberfläche erscheint durch feine Wachsausscheidungen etwas mehlig bestäubt.

Kolonie aus roten und grünen Läusen auf Schilfblatt

Weibchen gebärt fertige Larve

Ulmengallenlaus

Tetraneura ulmi (Blattläuse)

L 1,5–3 mm Mai–September

Viel auffälliger als die etwa 2 mm große Laus sind die Gallen, die durch ihre Saugtätigkeit im Frühjahr an Ulmenblättern hervorgerufen werden. Diese sind bohnenähnlich und sitzen mit einem schmäleren Stiel auf der Blattoberseite, oft zu mehreren nebeneinander. Durch im Frühsommer entstehende Löcher am Grund der Galle wandern geflügelte Stadien zu Gräsern ab, wo sie weitere an den Wurzeln saugende Lausgenerationen hervorbringen. Deren Nachkommen wandern wieder zu Ulmen zurück und erzeugen dort Geschlechtstiere, die nach der Paarung überwinternde Eier ablegen.

geöffnete Galle

Vorkommen *An Wald- und Wegrändern mit Vorkommen von Ulmen regelmäßig anzutreffen.*

> ***bohnenförmige, gestielte Blattgallen***
> ***Gallen später unten mit Öffnung***
> ***auf Ulmenblättern***

reife Galle mit zwei Öffnungen

Galle auf Ulmenblatt

Gelbe Fichtengallenlaus

Adelges abietis (Blattläuse)

L 1–2 mm Mai–September

Diese Blattlaus erzeugt an Triebspitzen von Fichten die markanten „Ananasgallen“ . Die Stammmutter legt im zeitigen Frühjahr an der Basis einer austreibenden Triebknospe zahlreiche Eier ab; durch die Saugtätigkeit der Larven schwellen die jungen Nadeln an und verwachsen zur Galle, in deren zahlreichen Kammern sich die Läuse entwickeln. An der Gallenspitze wächst der Fichtenzweig meist normal weiter. Im Spätsommer öffnen sich die Verwachsungsränder der Gallenschuppen, und die Läuse verteilen sich auf dem Wirtsbaum, wo weitere Generationen ohne Gallbildung entstehen. Aus überwinternden Eiern schlüpfende Nachkommen lassen im nächsten Jahr neue Gallen entstehen.

Vorkommen *In Wäldern, Parkanlagen und Gärten allgemein verbreitet und fast überall sehr häufig.*

> ***Galle in Form einer kleinen Ananas***
> ***zahlreiche Gallenkammern mit Blattläusen***
> ***an Fichtenzweigen***

zwei Gallen an Fichtenzweig

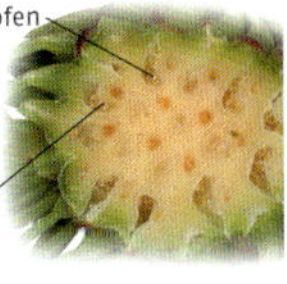

geöffnete „Ananasgalle“

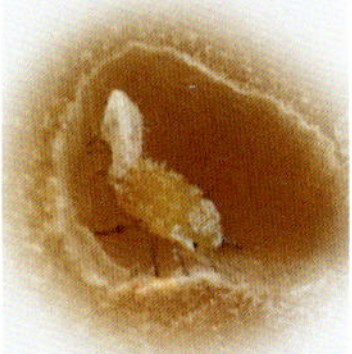
Blattlauslarve in Gallenkammer

Eichenblattfloh

Trioza remota (Blattflöhe)

L 3 mm September–Oktober

Eichenbattfloh schlüpft aus der Larvenhaut

Vorkommen *In Eichwäldern und Parkanlagen mit Eichen fast überall regelmäßig zu finden.*

- ***ähnelt einer kleinen Zikade***
- ***saugt als Larve an der Unterseite von Eichenblättern***
- ***Blätter oben mit Emporwölbungen***

Der Eichenblattfloh erinnert durch sein Sprungvermögen und die dachförmigen getragenen Flügel an eine kleine Zikade. Seine schildförmig flachen Larven tragen rings um ihren Körperrand einen dichten Saum haardünner, kurzer Wachsfäden. Sie entwickeln sich an der Unterseite von Eichblättern und rufen dort deutliche Eindellungen von 1–2 mm Durchmesser hervor, in denen sich jeweils eine Larve aufhält und die oberseits als Emporwölbungen auf dem Blatt erkennbar sind.

Larve des Eichenblattflohs

Eichenblatt mit pusteartigen Emporwölbungen

Gewächshaus-Mottenschildlaus

Trialeurodes vaporariorum (Mottenschildläuse)

L 1–2 mm ganzjährig

Vorkommen *An Kulturen in Gewächshäusern, im Sommer auch im Freiland; fast überall häufig.*

- ***winziges Insekt mit weiß bestäubten Flügeln***
- ***Entwicklung über Puparien***
- ***gefürchteter Schädling an Gurken und Tomaten***

Die auch als „Weiße Fliege“ bekannte, aus Mittelamerika eingeschleppte Mottenschildlaus ist ein gefürchteter Schädling an Nutzpflanzen wie Gurken und Tomaten in Gewächshäusern. Sie entwickelt sich über zunächst bewegliche Larvenstadien, deren letztes aber unbeweglich ist und als Puparium bezeichnet wird. Damit erinnern die Mottenschildläuse in ihrer Entwicklung schon sehr an die vollständige Verwandlung der höheren Insekten. Die Puparien der verschiedenen Arten dieser Insektengruppe sehen sehr verschieden aus. Bei dieser Art sind sie durch lange, aufrecht stehende Wachsfäden ausgezeichnet.

Puparium der Mottenschildlaus

Die an Ahornblättern lebende Ahorn-Mottenschildlaus (*Aleurochiton aceris*) überwintert mit einem ziemlich festen, stellenweise von einer Wachsschicht überzogenen Puparium, das im Herbst mit dem Blatt zu Boden fällt.

Schmierlaus

Planococcus citri (Schildläuse)

L 3–5 mm ganzjährig

Die zunächst frei beweglichen Weibchen besitzen kurze Wachsausscheidungen an den Hinterleibsrändern. Nach der Eiablage sind sie fest sitzend und von wolligen Wachsflocken überzogen, zwischen denen die Eier verborgen sind. Die nur selten zu beobachtenden, nur etwa 1 mm großen Männchen besitzen ein Paar Flügel (die Vorderflügel); ihre Hinterflügel sind wie bei den Fliegen zu winzigen Schwingkölbchen umgewandelt. Am Hinterende tragen sie zwei lange Wachsfäden, die wie die Schwanzfäden anderer Insekten, etwa der Eintagsfliegen, aussehen.

Vorkommen *In Gewächshäusern und anderen Gebäuden an Zier- und Nutzpflanzen, besonders an Kakteen und anderen Sukkulenten, überall häufig.*
Bild oben: Altes Weibchen mit flockigen Wachsausscheidungen und Eiern

> ***Weibchen mit wolligen Wachsflocken***
> ***Männchen mit einem Flügelpaar***
> ***an Zimmer- und Gewächshauspflanzen***

Napfschildlaus

Pulvinaria vitis (Schildläuse)

L 4–6 mm Mai–Juni

Diese Schildlaus lebt an verschiedenen Holzgewächsen, vor allem an Pappeln, Weißdorn, Weinreben und Besenginstern. Die Überwinterung erfolgt als junges, aber bereits reifes Weibchen. Dieses legt im Frühjahr durch Jungfernzeugung produzierte Eier (bis zu mehrere Tausend) unter seinem hornigen braunen Rückenschild in einem voluminösen, aus wolligen Wachsausscheidungen gebildeten Eisack ab. Die einige Wochen danach schlüpfenden Larven sind zunächst noch beweglich, gehen dann aber immer mehr zu einer unbeweglichen Lebensweise über.

Die ursprünglich in Australien heimische, inzwischen im Mittelmeergebiet weitverbreitete Zitrusschildlaus (*Icerya purchasi*) ist vorwiegend orange gefärbt; sie trägt unter dem Schild einen sehr großen, aus stabförmigen Wachsausscheidungen gebildeten Eisack.

Vorkommen *Vor allem in Wäldern und an Waldrändern, auch in kultiviertem Gelände im Allgemeinen ziemlich häufig.*

> ***weitgehend unbeweglich mit hornigem Rückenschild***
> ***Eisack aus wolligen Wachsflocken***
> ***an Zweigen von Holzgewächsen***

Schlammfliege

Sialis sp. (Schlammfliegen)
Spw 23–35 mm   April–August

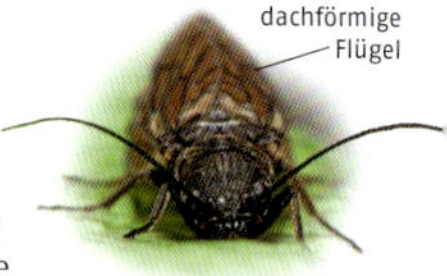

Ansicht von vorn

Vorkommen *Je nach Art im Uferbereich stehender oder fließender Gewässer, zwei der drei Arten fast überall ziemlich häufig.*

> ***sehr dunkle Gesamtfärbung***
> ***Flügel dachförmig***
> ***Larve räuberisch am Gewässergrund***

Das in allen Teilen dunkel gefärbte Insekt besitzt stark verdunkelte Flügel mit einem dichten Adernetz, die in Ruhelage dachförmig getragen werden. Trotz gut entwickelter Mundwerkzeuge scheint die ausgewachsene Schlammfliege keine Nahrung aufzunehmen. In Mitteleuropa kommen 3 einander sehr ähnliche Arten vor, die nur mit mikroskopischen Merkmalen sicher unterscheidbar sind. Die Larve besitzt einen langen Schwanzfaden und zahlreiche gegliederte Kiemenfäden an den Hinterleibsseiten. Sie lebt im Schlamm und ernährt sich von anderen Tieren des Gewässergrunds.

Eigelege einer Schlammfliege

Schlammfliegenlarve

Gefleckte Kamelhalsfliege

Phaeostigma notata (Kamelhalsfliegen)
Spw 20–32 mm   Mai–Juli

Vorkommen *Auf Bäumen und Sträuchern an Waldrändern, in Gebüschen und in Gärten, in den meisten Gebieten nicht selten.*

> ***Kopf ziemlich schmal***
> ***Vorderbrust stark verlängert***
> ***jagt andere Insekten***

Der schmale Kopf kann durch die stark verlängerte, bewegliche Vorderbrust sehr behände bewegt werden, sodass z. B. Beutetiere (vor allem kleinere Insekten) aus Rindenritzen und anderen Verstecken hervorgeholt werden können. Die stark abgeflachten Larven leben meist unter Baumrinde und jagen hier ebenfalls nach Beute. Die Puppe liegt zunächst ruhig in der unter Baumrinde angelegten Puppenkammer. Kurz vor der Häutung zum ausgewachsenen Insekt wird sie aber sehr beweglich und verlässt die Puppenkammer, um sich außen an der Rinde zur fertigen Kamelhalsfliege zu häuten.

Puppe auf dem Weg zur letzten Häutung

in der Puppenkammer ruhende Puppe

Larve der Kamelhalsfliege

Gemeine Florfliege

Chrysoperla carnea (Florfliegen)
Spw 15–30 mm ganzjährig

Die ausgewachsene Florfliege ernährt sich von Pollen, Nektar und den Ausscheidungen der Blattläuse („Honigtau"). Im Herbst färbt sich das sehr grazil gebaute Tier nach Gelbbraun um und sucht in der Laubschicht, unter Baumrinde oder in Gebäuden ein Winterversteck. Nach der Überwinterung färbt es sich wieder nach Grün um und legt nach der Paarung die lang gestielten Eier in der Nähe einer Blattlauskolonie, der Vorzugsnahrung der Larve, ab. Später verpuppt sich diese in einem runden, etwas durchscheinenden Kokon.

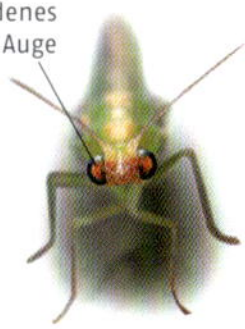

Porträt der Florflege

Vorkommen *Fast überall häufig; regelmäßig auch in Häusern (vor allem im Winter).*

> ***grün, im Winter gelbbraun***
> ***rotgoldene Augen***
> ***Larve frisst Blattläuse***

Gelege aus lang gestielten Eiern

Florfliegenlarve

Totes Blatt

Drepanepteryx phalaenoides (Blattlauslöwen)
Spw 22–32 mm ganzjährig

Tarnhaltung mit eingezogenem Kopf

Der eigenartig ausgeschnittene Flügel verleiht dem Tier das Aussehen eines trockenen Blatts. Die Färbung und die Zeichnung aus feinen dunklen Linien verstärken diesen Eindruck noch. Außerdem legt das Tier in der Ruhehaltung seinen Kopf oft unten zwischen die Flügel zurück, wodurch die Tarnung perfekt wird. Das ausgewachsene Insekt ernährt sich wie die Larve vorzugsweise von Blattläusen.
Die Art wird oft von erleuchteten Fenstern angezogen.

Vorkommen *In Wäldern und Gärten meist nicht selten, fast überall aber nur in geringer Anzahl.*

> ***Flügel erinnert an trockenes Blatt***
> ***Flügelspitze ausgeschnitten***
> ***ernährt sich meist von Blattläusen***

Der Blattlauslöwe (*Micromus variegatus*), eine weitere ziemlich häufige Art dieser Familie, besitzt wie alle übrigen Blattlauslöwen normal abgerundete Flügelspitzen.

Gewöhnliche Ameisenjungfer

Myrmeleon formicarius (Ameisenjungfern)
Spw 50–66 mm Mai–August

Vorkommen *An trockenen, sandigen oder steinigen Stellen, bevorzugt an überhängenden Abbruchkanten, gern auch an offenen Stellen im Regenschatten von Wacholderbüschen. In vielen Gegenden häufig.*

- ***ähnelt einer Libelle, aber mit deutlichen Fühlern***
- ***glasartig durchsichtige, schmale Flügel***
- ***Larve baut Fangtrichter***

Ameisenlöwe

Die recht große, aber im Gelände wenig auffallende fertige Ameisenjungfer ist vorwiegend dämmerungsaktiv und ernährt sich von anderen kleinen Insekten. Ihre als Ameisenlöwe bekannte, mit zwei großen Saugzangen ausgerüstete Larve lauert am Grund eines selbst im lockeren Boden gegrabenen Trichters auf Beute, die an der steilen Wandung hinabrutscht. Sie erbeutet hierdurch insbesondere Ameisen und verpuppt nach meist zweijähriger Entwicklung in einem kugeligen, außen mit Sand bedeckten Kokon.

vier Fangtrichter des Ameisenlöwen

Puppe im kugeligen Sandkokon

Europäischer Bachhaft

Osmylus fulvicephalus (Bachhafte)
Spw 40–52 mm Mai–Juli

Vorkommen *An schattigen Bachufern, gern in der Nähe von Brücken; im Bergland meist nicht selten, im Flachland nur vereinzelt.*
Bild oben: Paarung

- ***Kopf leuchtend rot***
- ***Flügel breit und dunkel gefleckt***
- ***Larve amphibisch an Bachufern***

Larve saugt Zuckmückenlarve aus

lockendes **Männchen**

Der Bachhaft ist vorwiegend dämmerungsaktiv. Das Männchen setzt sich zur Paarungszeit an eine Uferpflanze und lässt an seiner Hinterleibsspitze zwei schlauchförmige Duftorgane hervorquellen, durch die Weibchen herbeigelockt werden. Nach der Paarung erfolgt die Eiablage auf Blättern am Ufer. Die Larve besitzt als Mundwerkzeuge zwei lange, leicht nach außen gebogene Saugrohre. Sie hält sich meist am Ufer verborgen und taucht zur Nahrungssuche offenbar ins Wasser hinab. Dort sticht sie mit den Saugrohren weichhäutige Insektenlarven an und zieht sie zum Aussaugen ans Ufer.

Steirischer Fanghaft

Mantispa styriaca (Fanghafte)

Spw 15–35 mm Juni–September

Dieser Netzflügler erinnert sehr an eine kleine Gottesanbeterin, besitzt aber wie eine Florfliege rotgolden leuchtende Augen. Außerdem werden beim lauernden Tier die Fangbeine deutlich weiter nach hinten geklappt. Das besonders in der Dämmerung aktive Tier fliegt gern Lichtquellen an. Die gestielten Eier werden in Gelegen von bis zu 8000 Stück an Baumrinde abgelegt. Die noch im Spätsommer schlüpfenden Larven überwintern, ohne Nahrung aufgenommen zu haben. Im Frühjahr dringen sie in einen Spinnenkokon ein, verzehren die Eier und verpuppen sich anschließend darin.

Fanghaft verzehrt Fliege

***Vorkommen** An sehr warmen Stellen im Gebüsch, besonders auf Eichen. Im Mittelmeergebiet weit verbreitet, in Mitteleuropa sehr selten.*

- ***sieht aus wie eine kleine Gottesanbeterin***
- ***rotgolden leuchtende Augen***
- ***Entwicklung in Spinnenkokon***

Eigelege an Baumrinde

Libellen-Schmetterlingshaft

Libelloides coccajus (Schmetterlingshafte)

Spw 42–55 mm Mai–Juli

Ruhehaltung mit geschlossenen Flügeln

Dieser auffallende Netzflügler ist bei Wärme und Sonnenschein ausgesprochen flugaktiv. Die Tiere setzen sich dann meist mit geöffneten Flügeln ab, legen diese aber dachförmig zusammen, sobald eine Wolke vor die Sonne tritt. Sie ernähren sich von kleinen Fluginsekten. Die am Boden lebende Larve ähnelt sehr einem Ameisenlöwen, hat aber im Unterschied zu diesem an den Seiten der Hinterleibssegmente jeweils einen deutlich sichtbaren kleinen Zapfen. Sie baut keinen Trichter und fängt frei umherlaufend andere kleine Bodentiere.

***Vorkommen** An warmen, steinigen Hängen, besonders am Rand von Blockschutthalden. In Mitteleuropa selten, bei uns nur südlich der Mainlinie an wärmebegünstigten Standorten.*

- ***Flügel gelb und schwarz***
- ***Spitze des Vorderflügels schwarz geadert***
- ***Larve ähnelt Ameisenlöwe***

Der westmediterran verbreitete Langfühlerige Schmetterlingshaft (*Libelloides longicornis*) kommt z. B. auch am Kaiserstuhl und bei Würzburg vor. Er ist durch seine schwarze Mondsichel im Hinterflügel gut von anderen Arten zu unterscheiden.

Männchen

Larve eines Schmetterlingshaftes

Dünen-Sandlaufkäfer

Cicindela hybrida (Laufkäfer)

L 11–19 mm ganzjährig

Porträt

Vorkommen *Auf größeren offenen Sandflächen, vor allem auf Dünen und in Sandgruben; gebietsweise ziemlich häufig.*
Bild oben: Paarung

> ***braun mit Kupferglanz***
> ***Flügel mit weißen Zackenbinden***
> ***Larve in Erdröhre***

Der sehr scheue, flugtüchtige Käfer ernährt sich von anderen Insekten, die er mit raschem Zugriff seiner ausgesprochen langen und spitzen, stark gezähnten Oberkiefer erbeutet. Seine Larve lebt in einer etwa 3–4 mm weiten Erdröhre. Sie besitzt einen oben abgeflachten, halbkreisförmigen Kopf und ein ebenso geformtes Halsschild. Beide verschließen zusammen wie ein Korken die Röhrenmündung. Bei Annäherung einer Beute, etwa einer Ameise, schnellt die Larve blitzschnell mit ihrem Kopf aus der Röhre hervor und greift blitzschnell mit ihren spitzen Kiefern zu.

Larve in Erdröhre lauernd

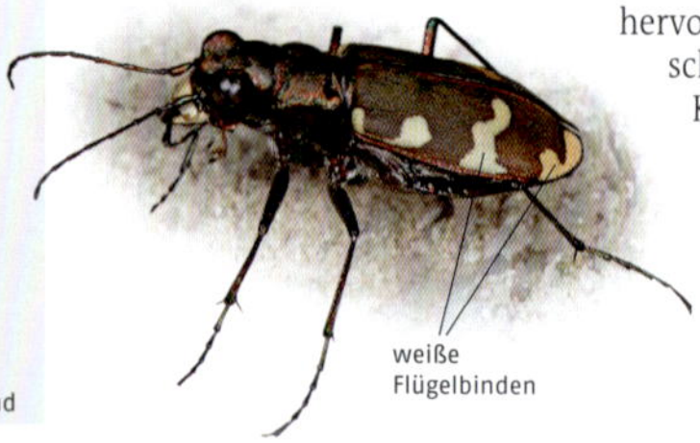

Kopf der Larve in Mündung der Erdröhre

Feld-Sandlaufkäfer

Cicindela campestris (Laufkäfer)

L 10–18 mm ganzjährig

Porträt des Feld-Sandlaufkäfers

Vorkommen *Auf offenen Bodenstellen, auch auf kleinflächigen, z. B. an Wegrändern, in Heideflächen und in Sandgruben, überall ziemlich häufig.*
Bild oben: Paarung

> ***Oberseite grünmetallisch***
> ***Flügeldecken weiß gepunktet***
> ***jagt andere Insekten***

Die Art ähnelt in ihrer Lebensweise sehr dem Dünen-Sandlaufkäfer, scheint diesem aber u. a. durch ihre etwas kürzeren Kiefer konkurrenzmäßig unterlegen zu sein, sodass sie von ihm auf etwas weniger offene bzw. auf kleinflächigere Lebensräume zurückgedrängt wird. So kann man die Röhren der Larven an günstigen Stellen nicht selten auf engem Raum zahlreich dicht beieinander finden. Durch ihre glatten Ränder sind die Röhrenmündungen meist gut zu erkennen. Da die Larven beim Graben den Aushub in weitem Bogen davonschleudern, sind neben den Löchern auch keine Erdkrumen zu finden.

Der seltene Deutsche Sandlaufkäfer (*Cylindera germanica*) ist mit 8–11 mm Länge deutlich kleiner und besitzt nur am Rand der Flügeldecken kleine weiße Flecke. Er lebt auf sehr offenen, kalkreichen Böden und kann offenbar nicht fliegen.

Großer Puppenräuber

Calosoma sycophanta (Laufkäfer)

L 18–28 mm ganzjährig

Puppenräuber frisst Schwammspinnerraupe

Die Laufkäfer der Gattung Calosoma haben fast parallelseitige, nach hinten etwas breiter werdende Flügeldecken mit deutlich vortretenden Schulterecken. Der prächtig gefärbte Große Puppenräuber kann anders als die meisten Laufkäfer gut fliegen und hält sich vorwiegend auf Bäumen und im Gebüsch auf, wo er Jagd auf Schmetterlingsraupen macht. Bei Massenvermehrungen forstschädlicher Arten, etwa des Schwammspinners, sind die Käfer meist sofort zur Stelle, um sich gemeinsam mit anderen Räubern auf das üppige Nahrungsangebot zu stürzen.

Vorkommen *In Laubwäldern und an Waldrändern in jahrweise sehr unterschiedlicher Häufigkeit, kann bei Massenentwicklung der Beutetiere plötzlich sehr zahlreich auftreten.*

- ***Flügeldecken mit eckigen Schultern***
- ***Färbung leuchtend rot- und goldmetallisch***
- ***frisst meist Raupen***

Der Kleine Puppenräuber (*Calosoma inquisitor*) ist dunkelkupferfarben oder schwarzblau gefärbt. Er führt die gleiche Lebensweise und kommt oft an den gleichen Orten vor, ist aber in der Regel insgesamt etwas häufiger.

eckige Schulter der Flügeldecke

Färbung rot- oder goldmetallisch

Gewöhnlicher Schaufelläufer

Cychrus caraboides (Laufkäfer)

L 13–20 mm ganzjährig

Der tiefschwarze, oberseits fein genarbte Käfer ist durch seinen nach vorn stark verschmälerten Körper mit dem ausgesprochen schmalen Kopf und den weit vorgestreckten Kiefern kaum mit anderen Laufkäfern zu verwechseln. Seine Körperform verrät den stark spezialisierten Schneckenfresser: Er dringt mit dem schmalen Vorderkörper tief in Schneckengehäuse vor, beträufelt den Weichkörper mit Verdauungssekret und schlürft die vorverdaute Nahrung auf. Bei Beunruhigung gibt er laute Zirptöne von sich, indem er die Hinterleibsspitze an den Flügeldecken reibt.

Oberkiefer weit vorgestreckt

Porträt des Gewöhnlichen Schaufelläufers

Vorkommen *In feuchten, schneckenreichen Wäldern, insbesondere in Laubwäldern; im Allgemeinen nicht selten.*

- ***tiefschwarz mit schmalem Kopf***
- ***Kiefer weit vorgestreckt***
- ***spezialisierter Schneckenfresser***

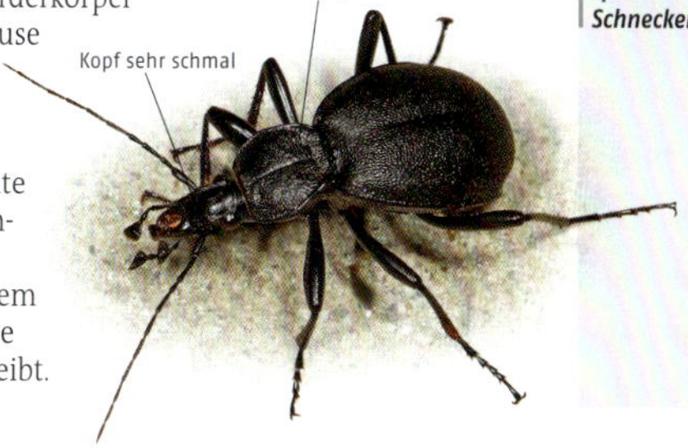

Halsschild länger als breit

Kopf sehr schmal

Lederlaufkäfer

Carabus coriaceus (Laufkäfer)
L 30–40 mm ganzjährig

Leder-laufkäfer verzehrt Nackt-schnecke

Dieser zweitgrößte mitteleuropäische Laufkäfer (im Süden Österreichs kommt sehr selten eine noch größere Art vor) besitzt tiefschwarze Flügeldecken mit feiner Körnelung. Der nachtaktive, flugunfähige Käfer frisst außer Aas, Würmern und verschiedenen Insekten gern auch Nacktschnecken, die er mit Verdauungssäften beträufelt und dadurch schon vor dem Mund verflüssigt. Die Larvenentwicklung kann in ungünstigen Klimagebieten (z. B. in den Alpen oder in Nordeuropa) mehrere Jahre dauern. Der erwachsene Käfer lebt dann noch weitere 2–3 Jahre.

Vorkommen *Vorwiegend in Laub- und Nadelwäldern, aber z. B. auch auf Trockenrasen; in vielen Gegenden ziemlich häufig, vor allem in kalkreichen Gebieten.*

- > ***größter heimischer Laufkäfer***
- > ***schwarz mit feiner Körnelung***
- > ***träufelt Verdauungssekret über die Beute***

Der mit 24–36 mm ebenfalls recht große Dunkelblaue Laufkäfer (*Carabus intricatus*) unterscheidet sich vom Lederlaufkäfer vor allem durch die feinen Kettenstreifen auf den Flügeldecken und deren blau gefärbtem Seitenrand.

Goldlaufkäfer

Carabus auratus (Laufkäfer)
L 17–30 mm ganzjährig

Goldlaufkäfer frisst Regenwurm

Der Goldlaufkäfer wird oft auch als Goldschmied bezeichnet. Auf seinen goldgrünen oder kupferfarbenen Flügeldecken trägt er jeweils 3 ebenfalls golden leuchtende, glatte Längsrippen. Die ersten 4 Fühlerglieder sind gelbrot gefärbt, die restlichen schwarz. Im Unterschied zu den meisten übrigen *Carabus*-Arten ist er vorwiegend tagsüber aktiv und erbeutet besonders gern Regenwürmer, auch solche, die um ein mehrfaches länger sind als er selbst.

Vorkommen *Vorwiegend in offenem Gelände, z. B. an Feld- und Wegrändern, gern auch in Gärten; gebietsweise ziemlich häufig.*

- > ***goldgrün bis kupferig***
- > ***Flügeldecken mit glatten Längsrippen***
- > ***vorwiegend tagaktiv***

Der sehr ähnlich gefärbte Goldglänzende Laufkäfer (*Carabus auronitens*) besitzt schwarze Längsrippen auf seinen goldgrünen Flügeldecken und nur ein rötliches Fühlerglied. Er ist vorwiegend nachtaktiv und kommt besonders in Wäldern vor.

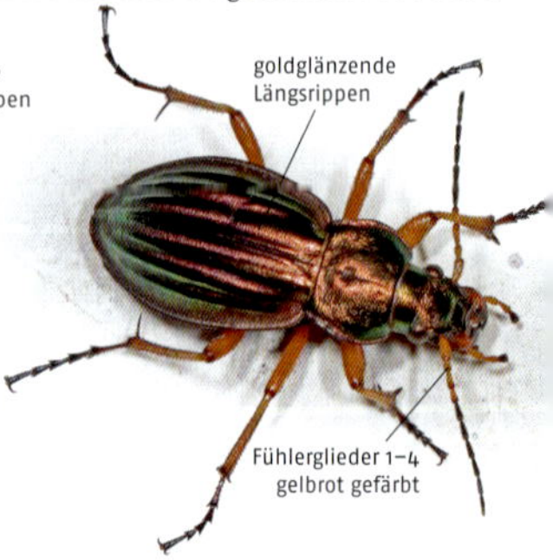

Gekörnter Laufkäfer

Carabus granulatus (Laufkäfer)
L 16–33 mm ganzjährig

Dieser dunkelkupferig oder grünlich gefärbte Laufkäfer trägt auf seinen Flügeldecken jeweils drei regelmäßige Kettenstreifen und dazwischen feine glatte Längsrippen. Die Flügeldecken sind am Ende normal abgerundet. Die Fühler sind ganz schwarz gefärbt. Er kann, anders als die meisten Arten seiner Gattung, gut fliegen und überwintert gern in größeren Gesellschaften unter der losen Rinde liegender Baumstämme.

Porträt des Gekörnten Laufkäfers

***Vorkommen** Vor allem in feuchten Wäldern, auf Feuchtwiesen und in Moorgebieten; bei uns ziemlich häufig.*

> **mit 3 Kettenstreifen und glatten Rippen**
> **Fühler ganz schwarz**
> **kann fliegen**

Flügeldecke hinten winklig ausgeschnitten

1. Fühlerglied rot

Bei der sehr ähnlichen Körnerwarze (was für ein entsetzlicher Name!) (*Carabus cancellatus*) ist das 1. Fühlerglied rot gefärbt, und die Flügeldecken sind kurz vor ihrer Spitze winklig eingekerbt.

Flügelrand hinten nicht ausgeschnitten

1. Fühlerglied schwarz

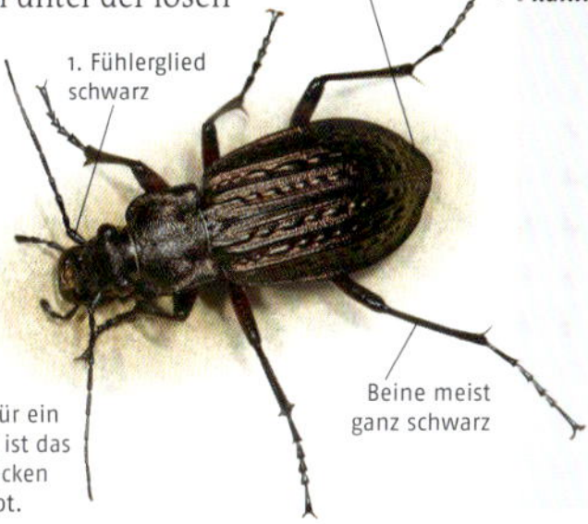

Beine meist ganz schwarz

Goldgruben-Laufkäfer

Carabus hortensis (Laufkäfer)
L 22–30 mm ganzjährig

Dieser auch als Gartenlaufkäfer bekannte Käfer besitzt seidig glänzende, kupferbraune bis schwarze Flügeldecken, die sehr regelmäßig in Längsreihen angeordnete rotgoldene oder grüne Grübchen, dazwischen feine, ganz geradlinige Längsrippen tragen. Oft ist der Rand der Flügeldecken auffallend grüngolden oder kupferglänzend. Die nachtaktive Art ernährt sich vorwiegend von Insekten und Schnecken, daneben auch gelegentlich von Aas.

***Vorkommen** Vor allem in lockeren Wäldern, Heckengebieten und Parkanlagen, kaum dagegen, wie man nach dem zweiten Namen glauben könnte, in Gärten; in den meisten Gebieten nicht selten.*

> **regelmäßig angeordnete goldglänzende Grübchen**
> **dazwischen sehr feine Längsrippen**
> **kaum in Gärten, eher in Wäldern**

regelmäßig angeordnete Goldgrübchen

feine Längsrippen

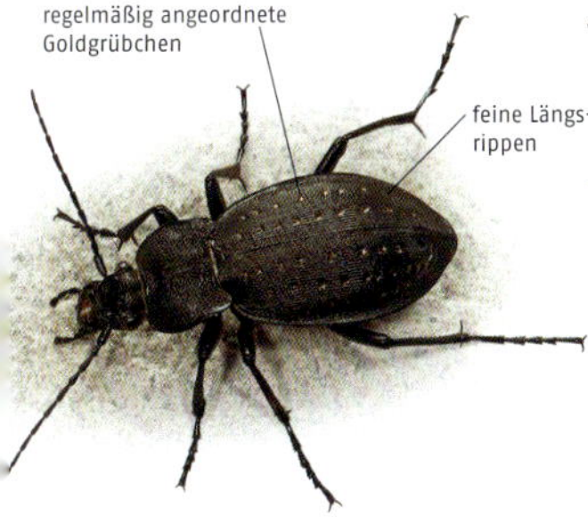

Der auffallend großköpfige Schluchtwald-Laufkäfer (*Carabus irregularis*) trägt ebenfalls in Reihen angeordnete, goldglänzende Grübchen, die aber ziemlich unregelmäßig angeordnet sind. Er lebt vor allem in feuchten Bergwäldern.

Kopfkäfer

Broscus cephalotes (Laufkäfer)
L 17–22 mm Mai–September

Vorkommen *In Sandgebieten stellenweise ziemlich häufig, besonders im norddeutschen Flachland, aber z. B. auch in niederen Lagen der Alpen an Flussufern.*

- > ***auffallend großer Kopf***
- > ***Halsschild hinten deutlich eingeschnürt***
- > ***in Sandgebieten***

Dieser schwarz glänzende Laufkäfer besitzt einen auffallend großen, eng mit dem Halsschild verbundenen Kopf. Das vorn recht breite Halsschild ist hinten stark eingeschnürt und dadurch deutlich vom übrigen Körper abgegrenzt. Der Käfer hält sich tagsüber in einer selbst gegrabenen Erdröhre verborgen. Die Eiablage erfolgt in von diesem Stollen abzweigende Eikammern. Bei einer Störung nimmt er oft eine starre, schräg aufgerichtete Drohhaltung mit angriffsbereit gespreizten Kiefern ein.

Käfer in Drohhaltung

Großer Breitkäfer

Abax parallelepipedus (Laufkäfer)
L 16–21 mm ganzjährig

Vorkommen *Besonders in feuchten Wäldern und an deren Rändern oder in Heckenlandschaften, tagsüber meist im Moos oder unter am Boden liegenden Holzstücken verborgen; vor allem in kalkreichen oder lehmigen Gebieten ziemlich häufig.*

- > ***schwarz mit breitem flachem Körper***
- > ***Halsschild hinten jederseits mit 2 Längsfurchen***
- > ***Flügeldecken mit regelmäßigen Längsrillen***

Die meisten der etwa 2700 europäischen Laufkäferarten sind einheitlich schwarz gefärbt und in der Regel sehr schwer voneinander zu unterscheiden. Diese auffallend breit und flach gebaute, deutlich glänzende Art ist dagegen relativ leicht zu erkennen: Das annähernd herzförmige Halsschild ist nach hinten kaum verschmälert (dadurch vorn deutlich schmäler als hinten) und trägt in den hinteren Winkeln jeweils zwei etwa gleich lange, tiefe Längsfurchen. Die Eier werden bei der Eiablage mit einer schützenden Erdschicht umhüllt; einige nahe verwandte Arten bewachen das mit Erde umhüllte Gelege sogar.

Beim deutlich schmäler gebauten Großen Grabkäfer (*Pterostichus niger*) ist das herzförmige Halsschild vorn etwa gleichbreit wie hinten. Es trägt hinten jederseits zwei flache, ungleich lange Längsfurchen.

Grundkäfer

Omophron limbatum (Laufkäfer)

L 4–6 mm ganzjährig

Dieser ziemlich kleine Laufkäfer erinnert in seiner hochgewölbten, rundlichen Körperform eher an einen Schwimmkäfer. Die strohgelbe Oberseite ist mit einem kontrastreichen Muster aus metallisch grünen Flecken gezeichnet. Das vorwiegend dämmerungs- und nachtaktive, Feuchte liebende Tier hält sich tagsüber an Gewässerufern meist im Sand eingegraben oder unter Steinen verborgen. Die Käfer der neuen Generation erscheinen im Herbst und überwintern dann ausgewachsen.

Vorkommen *An sandigen Gewässerufern, gern z. B. an Tümpeln in Sandgruben; ziemlich selten, an den Fundorten aber manchmal in größerer Zahl.*

- > ***Körperform erinnert an einen Schwimmkäfer***
- > ***gelb mit grüner Fleckenzeichnung***
- > ***an sandigen Gewässerufern***

Zweifleckiger Laubläufer

Notiophilus biguttatus (Laufkäfer)

L 3,5–5,5 mm ganzjährig

Dieser ziemlich kleine, dunkelkupferfarbene Laufkäfer besitzt auffallend große, seitlich vorquellende Augen. Am Ende der Flügeldecken findet sich jeweils ein gelblicher Fleck, darin ein kleiner schwarzer Punkt. Auffallend ist außerdem eine glatte, polierte Fläche zwischen den beiden innersten, weit voneinander getrennten Punktreihen auf den Flügeldecken. Der ausgesprochen flinke Käfer erbeutet vor allem Springschwänze, die er mit seinen leistungsfähigen Augen aufspürt.

Vorkommen *An nicht zu dunklen Stellen in der Laubschicht am Waldboden, bei uns weit verbreitet und überall ziemlich häufig.*

- > ***große, seitlich vorquellende Augen***
- > ***Flügeldecken hinten mit gelblichem Fleck***
- > ***fängt vorzugsweise Springschwänze***

Kleiner Uferläufer

Elaphrus riparius (Laufkäfer)
L 5–7 mm   ganzjährig

Vorkommen *An Ufern schlammiger oder sandiger Gewässer, oft in Sand- und Kiesgruben; überall ziemlich häufig.*

- > ***große, vorquellende Augen***
- > ***violette Flügelgruben***
- > ***an Gewässerufern häufig***

Der kleine Käfer erinnert durch seine stark vorquellenden, großen Augen und die grün metallische oder bronzefarbene Grundfärbung sehr an einen Sandlaufkäfer. Auf den Flügeldecken befinden sich in regelmäßigen Reihen angeordnete violette Gruben und außerdem glänzend schwarze Spiegelflecke (meist ein größerer und mehrere kleine). Er erbeutet mit seinem gut entwickelten Gesichtssinn andere kleine Insekten und gibt bei Beunruhigung Zirptöne ab, indem er die Hinterleibsspitze an den Flügeldecken reibt. Gleichzeitig sondert er ein Sekret mit offenbar abschreckender Wirkung ab.

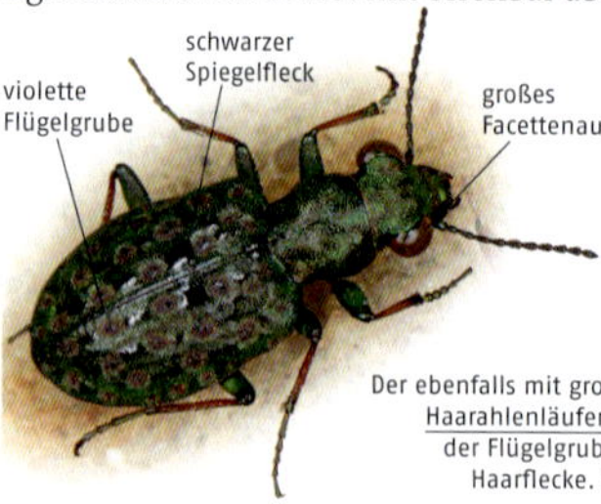

Der ebenfalls mit großen Augen ausgestattete Flussufer-Haarahlenläufer (*Asaphidion caraboides*) trägt statt der Flügelgruben auf seinen Flügeldecken silbrige Haarflecke. Er lebt ebenfalls an Gewässerufern.

Kleinkreuz-Punktläufer

Lebia cruxminor (Laufkäfer)
L 5–7 mm   ganzjährig

Vorkommen *Besonders an sonnigen und trockenen, wärmebegünstigten Orten, daneben aber offenbar auch in feuchtem Gelände, überall ziemlich selten.*

- > ***rote Flügel mit schwarzer Querbinde***
- > ***letzter Hinterleibsring ragt hervor***
- > ***oft auch in höherer Vegetation***

Dieser auffallend bunt gezeichnete, kleine Laufkäfer trägt auf seinen leuchtend roten Flügeldecken eine breite schwarze Querbinde, die mit einer viel schmäleren, im vorderen Teil meist unterbrochenen Linie an der Flügelnaht ein unvollständiges Kreuz bildet. Die hinten abgestutzten Flügeldecken werden vom letzten Hinterleibsring überragt. Der tagaktive, gut fliegende Käfer ernährt sich vorzugsweise von verschiedenen Blattkäfern. Er hält sich nicht nur am Boden, sondern öfter auch in der höheren Vegetation auf.

Zweifleck-Kreuzläufer

Panagaeus bipustulatus (Laufkäfer)
L 6–8 mm   ganzjährig

Der Zweifleck-Kreuzläufer erinnert an die vorangegangene Art, besitzt aber statt des roten ein schwarzes Halsschild. Der Käfer ist auch weniger glänzend und zudem deutlich behaart. Seine Hinterleibsspitze ragt nicht über das Ende der Flügeldecken hinaus. Der dunkle Streifen an der Flügelnaht ist etwas breiter und immer durchgehend. Bei Gefahr sondert der Käfer ein intensiv riechendes Sekret ab.

***Vorkommen** An trockenen und warmen, wenig bewachsenen Orten, insbesondere auf Trockenrasen und in Steinbrüchen, nicht häufig.*

> ***Flügeldecken rot mit schwarzer Kreuzzeichnung***
> ***übriger Käfer schwarz***
> ***an trockenen Stellen***

Großer Bombardierkäfer

Brachinus crepitans (Laufkäfer)
L 6–10 mm   ganzjährig

Dieser durch sein Verhalten äußerst bemerkenswerte Käfer besitzt metallisch blaue oder grüne Flügeldecken und ist ansonsten einheitlich rot gefärbt. Bei Gefahr kann er zur Abwehr einen deutlich hörbaren, zischenden Knall erzeugen, indem er in einem Körperhohlraum selbst produzierte Substanzen zusammenbringt, die unter Bildung einer kleinen Gaswolke explodieren. Eine Kröte etwa, die einen solchen Käfer verschluckt hat, würgt ihn nach einer solchen Reaktion sofort wieder hervor. Der Käfer findet sich manchmal in größeren Gesellschaften unter Steinen.

***Vorkommen** An warmen, trockenen Orten, insbesondere auf südexponierten Trockenrasen im Bergland; gebietsweise nicht selten.*

> ***rot mit blauen oder grünen Flügeldecken***
> ***an warmen, sonnigen Stellen***
> ***erzeugt Knallgasreaktion***

Oft findet man in der Gesellschaft des Bombardierkäfers unter größeren Steinen den Bunten Enghalsläufer (*Anchomenus dorsalis*). Er besitzt vorn gelbbraun, hinten metallisch grün gefärbte Flügeldecken und ist auch an Kopf und Halsschild grün gefärbt.

Gelbrand

Dytiscus marginalis (Schwimmkäfer)
L 27–35 mm ganzjährig

Vorkommen *In stehenden Gewässern aller Art, besonders in pflanzenreichen Teichen und Tümpeln, seltener in langsam fließenden Gewässern; regelmäßig anzutreffen.*

> ***Halsschild ringsum mit gelbem Rand***
> ***Flügeldecken des Weibchens mit Längsfurchen***
> ***Larve mit Saugzangen***

Larve saugt Kaulquappe aus

Der Gelbrand lebt als erwachsener Käfer bis zu 5 Jahre. Er ernährt sich vorzugsweise von Insektenlarven und Kaulquappen, aber auch von Aas. Bei der Paarung (meist im Herbst) hält sich das Männchen mit Saugnäpfen an den Vorderbeinen am Halsschild der Partnerin fest. Die sehr gefräßige, bis 6 cm lange Larve besitzt lange, dolchförmige Oberkiefer, mit den sie sie z. B. Kaulquappen und kleine Fische, aber auch schwächere Artgenossen aussaugt. Zur Verpuppung steigt sie ans Ufer und gräbt hier eine Höhle, in der die Verwandlung zum Käfer stattfindet.

Weibchen

Männchen

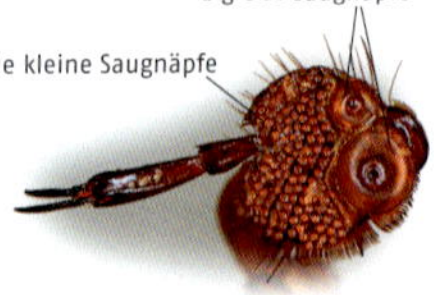

Vorderfuß des Männchens

Gaukler

Cybister lateralimarginalis (Schwimmkäfer)
L 30–37 mm ganzjährig

Vorkommen *In sauberen, pflanzenreichen Tümpeln und Seen; in Südeuropa ziemlich häufig, in Mitteleuropa selten, scheint sich hier aber in letzter Zeit etwas auszubreiten.*

> ***Halsschild nur seitlich gelb***
> ***Weibchen mit gekörnten Flügeldecken***
> ***frisst vorwiegend Wasserschnecken***

Larve des Gauklers

Der Gaukler ähnelt dem Gelbrandkäfer, ist aber etwas breiter und flacher gebaut. Das Halsschild ist nur an den Seiten gelb gerandet. Durch seine kürzeren, aber mit deutlich breiteren Haarsäumen ausgestatteten Schwimmbeine ist er ein noch besserer und schnellerer Schwimmer. Die Flügeldecken sind beim Männchen glatt, beim Weibchen fein gekörnelt. Der Käfer ernährt sich offenbar mit besonderer Vorliebe von Wasserschnecken. Die Larve besitzt einen kleineren Kopf und etwas kürzere Saugzangen als die des Gelbrandkäfers.

Weibchen

Männchen

Furchenschwimmer

Acilius sulcatus (Schwimmkäfer)
L 15–18 mm ganzjährig

Der Furchenschwimmer ist so etwas wie die Miniaturausgabe des Gelbrandkäfers. Auch hier hält sich das Männchen zur Paarung mit Saugnäpfen an der Flügeldecke des Weibchens fest. Dieses besitzt ausgesprochen breit und tief gefurchte Flügeldecken. Die Larve hat einen auffallend schmalen Kopf mit kurzen, dolchförmigen Oberkiefern. Alle Beine sind mit langen Schwimmborsten ausgerüstet. Meist gleitet sie scheinbar schwerelos durchs Wasser, kann sich aber auch stoßweise rückwärtsbewegen, indem sie ruckartig den Hinterleib nach vorn einkrümmt. Sie ernährt sich vorwiegend von Wasserflöhen.

***Vorkommen** Vorwiegend in kleineren stehenden Gewässern, besonders in pflanzenreichen oder solchen mit moorigem Untergrund, überall häufig. Bild oben: Weibchen mit tief gefurchten Flügeldecken*

> ***Halsschild mit gelber Querbinde***
> ***vor den Augen gelbes „V"***
> ***Larve mit sehr schmalem Kopf***

Der etwa gleich große, aber etwas schlankere Teichschwimmer (*Colymbetes fuscus*) besitzt in beiden Geschlechtern auf den Flügeldecken ein dichtes Netz aus feinen schwarzen Querriefen.

gelbes „V" auf dem Kopf

gelbe Querbinde auf dem Halsschild

Männchen

Larve des Furchenschwimmers

Schlammschwimmer

Hygrobia hermanni (Schlammschwimmer)
L 8–11 mm ganzjährig

Dieser im Wasser lebende Käfer ähnelt einem Schwimmkäfer, besitzt aber im Unterschied zu den Vertretern dieser Familie einen deutlich vorgestreckten Kopf (dieser ist bei den Schwimmkäfern etwas ins Halsschild zurückgezogen). Außerdem schwimmt er mit abwechselnd bewegten Hinterbeinen, nicht wie die Schwimmkäfer mit synchronen Beinbewegungen. Bei Störungen kann er laute Zirptöne abgeben. Er erneuert seinen unter den Flügeldecken gespeicherten Luftvorrat, in dem er wie ein Schwimmkäfer mit dem Hinterende den Wasserspiegel durchstößt. Seine Larve besitzt 3 behaarte Schwanzfäden und ernährt sich wie der Käfer von verschiedenen kleinen Wassertieren.

Käfer beim Luftholen an Wasseroberfläche

Hinterbeine abwechselnd bewegt

zusammenhängender schwarzer Fleck

***Vorkommen** In flachen, schlammigen Gewässern, z. B. gern in Sandgruben; nur in Nordwestdeutschland, in Westeuropa und im westlichen Mittelmeergebiet, selten.*

> ***Grundfärbung hellgelblich bis bräunlich***
> ***Flügeldecken hinten mit großem schwarzem Fleck***
> ***kann laut zirpen***

Larve des Schlammschwimmers

Gemeiner Taumelkäfer

Gyrinus substriatus (Taumelkäfer)

L 5–7 mm ganzjährig

schwimmender Käfer von unten

Der Taumelkäfer tummelt sich oft in dichten Scharen auf der Wasseroberfläche. Seine kurzen Schwimmbeine haben fächerförmig angeordnete Fußglieder, die sich beim Vorwärtsschlag übereinander legen, beim Rückwärtsschlag aber fingerartig auseinanderspreizen. Mit seinen geteilten Facettenaugen kann er über und unter Wasser sehen. Er fängt ins Wasser gefallene Insekten, deren durch das Strampeln hervorgerufene Wellenbewegungen er mit seinen kurzen Fühlern registriert. Bei Störungen kann er blitzschnell abtauchen. Seine sehr schmale Larve besitzt an jedem Hinterleibsring ein Paar fadenförmige Tracheenkiemen.

***Vorkommen** Auf der Oberfläche stehender Gewässer fast überall häufig, seltener auf langsam fließenden Gewässern.*

- ***Körper stromlinienförmig***
- ***Augen zweigeteilt***
- ***meist auf dem Wasserspiegel***

Taumelkäferlarve

Käfer auf der Wasseroberfläche

Der Bachtaumelkäfer (*Orectochilus villosus*) ist oberseits deutlich behaart. Er lebt auf meist schattigen Fließgewässern oder am Ufer von Seen mit Brandungszone.

Großer Kolbenwasserkäfer

Hydrophilus piceus (Wasserkäfer)

L 34–47 mm ganzjährig

Trotz des bedrohlich wirkenden Dorns unter seinem Körper (daher wird er auch „Karpfenstecher“ genannt) ist der Käfer ein harmloser Pflanzenfresser, der sich nur gelegentlich auch von Aas ernährt. Er schwimmt wie alle Arten seiner Familie mit abwechselnden Bewegungen der Hinterbeine. Die Eiablage erfolgt in einem weißen, auf dem Wasserspiegel schwimmenden Kokon, der seitlich zur Belüftung einen langen „Schornstein“ trägt. Die sehr plumpe, düster gefärbte Larve verzehrt Wasserschnecken, indem sie mit dem Kopf in deren Gehäuse eindringt und den Weichkörper mit Verdauungssaft beträufelt.

***Vorkommen** In sauberen, pflanzenreichen Teichen und Tümpeln, vor allem im Tiefland; in Mitteleuropa fast überall selten geworden, im Mittelmeergebiet noch häufiger anzutreffen.*

- ***größter heimischer Wasserkäfer***
- ***überwiegend Pflanzenfresser***
- ***Larve frisst Wasserschnecken***

Larve frisst Wasserschnecke

Eikokon mit „Schornstein“

Männchen

Stachelwasserkäfer

Hydrochara caraboides (Wasserkäfer)

L 14–19 mm August–Juni

Bild oben: Käfer von der Bauchseite.

schwimmender Käfer

Der Stachelwasserkäfer ist sozusagen eine Miniaturausgabe des Großen Kolbenwasserkäfers. Er besitzt wie alle Vertreter seiner Familie sehr kurze Fühler, die zum Austausch der unter den Flügeldecken und an der Unterseite des Körpers getragenen Lufthülle hinter den Augen angelegt werden und dort einen Luftkanal bilden, über den mit aus dem Wasser herausragenden Vorderkörper der Luftaustausch stattfindet. Die Eiablage erfolgt in einem unter einem Blatt angelegten Schwimmkokon mit dünnem „Schornstein". Die Larve hebt zum Fressen ihre Beute (z. B. Insektenlarven) über den Wasserspiegel und beträufelt sie dort mit Verdauungssaft.

Vorkommen *In stehenden, pflanzenreichen Gewässern, besonders gern in Überschwemmungsgewässern, die später wieder austrocknen, nicht häufig.*

Bild oben: Käfer von der Bauchseite.

> **schwarz mit hochgewölbtem Körper**
> **Taster länger als Fühler**
> **Pflanzenfresser**

Eikokon des Stachelwasserkäfers mit „Schornstein"

Larve des Stachelwasserkäfers

Dunkler Wasserkäfer

Helochares obscurus (Wasserkäfer)

L 5–7 mm ganzjährig

Dieser dunkelbraun gefärbte, kleine Wasserkäfer trägt auf seiner Bauchseite eine ziemlich große Luftblase mit sich herum. Er schwimmt selten, sondern kriecht meist dicht unter dem Wasserspiegel auf Wasserpflanzen umher. Der Käfer ernährt sich wie die meisten Vertreter seiner Familie von Wasserpflanzen. Im Frühjahr trägt das Weibchen die Eier in einem Kokon an der Unterseite des Hinterleibs mit sich umher, bis die Larven schlüpfen.

Vorkommen *In pflanzenreichen, stehenden Kleingewässern, besonders in solchen, die alljährlich austrocknen, überall ziemlich häufig.*

> **ziemlich flach gebauter, dunkelbrauner Wasserkäfer**
> **große Luftblase am Bauch**
> **Weibchen trägt Eikokon am Hinterleib**

Der breiter gebaute Rotbeinige Wasserkäfer (*Hydrobius fuscipes*) wird mit 6–9 mm Körperlänge etwas größer. Er ist schwarz gefärbt, hat rötlich gefärbte Beine und schwimmt auch gern frei durchs Wasser.

eiertragendes **Weibchen**

Bunter Kurzflügler

Staphylinus caesareus (Kurzflügler)

L 17–25 mm Mai–August

Vorkommen *An sonnigen, trockenen Orten, z. B. auf Trockenrasen und an Wegrändern; im größten Teil Mitteleuropas ziemlich häufig, im Norden selten.*

> ***goldglänzende, paarige Flecke auf dem Hinterleib***
> ***rotbraune Flügeldecken***
> ***tagaktiv***

Dieser bunt gefärbte, durch seine paarigen Goldflecke auf dem Hinterleib kaum mit anderen Arten zu verwechselnde Kurzflügler ist einer der wenigen auch am Tag aktiven Arten seiner Familie. Die rotbraun gefärbten Flügeldecken sind, wie bei den Kurzflüglern üblich, stark verkürzt und lassen damit den größten Teil des Hinterleibs frei. Die normal entwickelten Hinterflügel liegen mehrfach zusammengefaltet unter ihnen verborgen. Der flugtüchtige Käfer schiebt sie nach einer Landung sofort unter komplizierten Bewegungen mit der Hinterleibsspitze wieder unter die Flügeldecken zurück.

Der ähnliche Grabende Kurzflügler (*Dinothenarus fossor*) trägt auf jedem Hinterleibsring nur einen Goldfleck.

Schwarzer Moderkäfer

Ocypus olens (Kurzflügler)

L 20–32 mm ganzjährig

Vorkommen *In Wäldern am Boden, besonders in Laubwäldern, fast überall ziemlich häufig.*

> ***größter heimischer Kurzflügler***
> ***mattschwarz und großköpfig***
> ***imposante Drohhaltung***

Dieser vorwiegend nachtaktive größte heimische Kurzflügler hält sich tagsüber meist unter Steinen oder am Boden liegenden Holzstücken verborgen. Manchmal ist er allerdings auch tagsüber zu beobachten. Er ernährt sich von kleineren Insekten und sonstigen Wirbellosen. Bei Bedrohung krümmt er seinen langen Hinterleib nach oben und vorn, hebt den Kopf und spreizt seine kräftigen Oberkiefer angriffsbereit weit auseinander. Mit diesen kann er im Bedarfsfall recht kräftig zubeißen. Seine auffallend großköpfige, dunkel gefärbte Larve erinnert etwas an die des Gelbrandkäfers.

Käfer in Drohhaltung

Larve des Schwarzen Moderkäfers

Großaugen-Kurzflügler

Stenus bimaculatus (Kurzflügler)
L 6–7 mm ganzjährig

Dieser kleine und auffallend schmale Kurzflügler besitzt auffallend große Augen. Auf den kurzen Flügeldecken trägt er jeweils einen roten Punkt. Neben dieser gibt es zahlreiche weitere Arten aus dieser Gattung, die sehr schwer von ihr zu unterscheiden sind. Der tagaktive Käfer ist ein sehr geschickter Jäger, der seine Beute, vorwiegend Springschwänze, mit den gut entwickelten Augen aufspürt und mit seiner als Schleuderzunge ausgebildeten Unterlippe ergreift. Diese kann er etwa bis zur halben Körperlänge vorschleudern und sein Opfer damit zielsicher treffen.
Die Larve besitzt einen schmalen Hals und einen fast kugeligen Kopf.

Vorkommen *An feuchten Orten, etwa an Gewässerufern oder am Boden feuchter Wälder, ziemlich häufig.*

- > ***Augen sehr groß und halbkugelig***
- > ***Flügeldecken mit rotem Punkt***
- > ***mit Schleuderzunge***

Larve des Großaugen-Kurzflüglers

Gewürfelter Raubkäfer

Ontholestes tessellatus (Kurzflügler)
L 14–19 mm ganzjährig

Porträt des Gewürfelten Raubkäfers

Dieser Kurzflügler besitzt ein hinten abgerundetes, an den Vorderecken aber jeweils in einen spitzen Winkel ausgezogenes Halsschild. Die Oberseite ist scheckig gelblich und schwarz behaart, mit samtig mattschwarzen Flecken auf den vorderen Hinterleibssegmenten. Man findet den Käfer oft an frischem Dung oder an Aas, wo er vor allem Jagd auf Fliegenmaden macht. Aufgrund seines gut entwickelten Flugvermögens und seines feinen Geruchssinns ist er in der Lage, sich ziemlich schnell an neu entstandenen Nahrungsquellen einzufinden.

Vorkommen *In Wäldern wie in offenem Gelände fast überall häufig.*

- > ***winklig vorgezogene Halsschild-Vorderecken***
- > ***Oberseite gelblich behaart mit schwarzen Flecken***
- > ***an Aas und frischem Dung***

Totengräber

Nicrophorus vespilloides (Aaskäfer)
L 12–18 mm ganzjährig

Männchen lockt durch „Sterzeln" Weibchen herbei

Vorkommen *In Wäldern ziemlich häufig, etwas seltener auch in offenem Gelände.*

> ***Flügel mit zwei gelbroten Querbinden***
> ***Paar vergräbt gemeinsam Tierkadaver***
> ***beide Eltern füttern die Larven***

Dieser Totengräber unterscheidet sich von einigen sehr ähnlichen Arten durch seine ganz schwarzen Fühlerkeulen. Das Männchen lockt durch „Sterzeln" (mit Abgabe eines Lockstoffs) ein Weibchen herbei, sobald es einen kleinen Tierkadaver (z. B. eine Maus) gefunden hat. Beide Partner vergraben ihn gemeinsam und formen daraus in der Erdhöhle eine regelmäßige Kugel. Die wenige Tage später aus den in einem Seitengang abgelegten Eiern geschlüpften Larven werden anfangs von beiden Eltern mit vorverdauter Nahrung gefüttert und gehen danach zur selbstständigen Nahrungsaufnahme über.

Käfer füttert Larve mit vorverdauter Nahrung

Paar mit Aaskugel in der Erdhöhle

Schwarzer Schneckenjäger

Phosphuga atrata (Aaskäfer)
L 10–16 mm ganzjährig

Vorkommen *In feuchten Wäldern und in Sumpfgebieten überall ziemlich häufig.*

> ***auffallend breit und flach***
> ***schmaler Kopf***
> ***frisst vorzugsweise Schnecken***

Dieser breit und flach gebaute Aaskäfer unterscheidet sich vor allem durch seinen auffallend schmalen Kopf von einigen ähnlichen Verwandten. Er ernährt sich, anders als seine Zugehörigkeit zu den Aaskäfern erwarten ließe, fast ausschließlich von Schnecken. Er beißt sein Opfer zunächst in den Weichkörper, sodass dieses sich ins Gehäuse zurückzieht, kriecht dann so weit wie möglich hinterher und beträufelt es mit Verdauungssäften. Hierbei erweist sich sein schmaler Kopf als ausgesprochen nützlich. Im Winter findet man den Käfer oft unter der Rinde liegender Baumstämme.

Angriff auf eine Gehäuseschnecke

Rothalsige Silphe

Oiceoptoma thoracicum (Aaskäfer)

L 7–11 mm ganzjährig

Die Art ist durch sein rotes Halsschild, die schwarzgrauen breiten Flügeldecken und die gekeulten Fühler kaum mit anderen Aaskäfern zu verwechseln. Man findet den Käfer sehr häufig an Aas, Kot und faulenden Pilzen, insbesondere an Stinkmorcheln. Hier ernährt er sich aber nicht von den für uns übel riechenden Substanzen, sondern von Fliegenmaden, die sich dort ebenfalls regelmäßig einfinden. Oft ist er dicht mit Milben besetzt, die sich von diesem Reittier zu neuen Nahrungsgründen transportieren lassen. Seine Larven sind ebenfalls breit und flach gebaut und erinnern dadurch an Asseln. Man findet sie an den gleichen Orten wie die Käfer.

Vorkommen *In unterschiedlichsten Lebensräumen, in Wäldern wie in offenem Gelände fast überall häufig.*

- > ***auffallend breit und flach gebaut***
- > ***Halsschild rot***
- > ***frisst vorwiegend Fliegenmaden***

Paarung

Larve der Rothalsigen Silphe

Rotbindiger Stutzkäfer

Hister quadrimaculatus (Stutzkäfer)

L 7–11 mm ganzjährig

Dieser auffallend stark gepanzerte, etwas abgeflachte Käfer besitzt hinten abgestutzte, mit einem gebogenen roten Streifen gezeichnete Flügeldecken, die von den letzten Hinterleibsringen überragt werden. Er hält sich vorwiegend an Kuh- und Pferdedung, daneben auch an Aas und faulenden Pflanzen auf und jagt hier nach anderen Insekten, insbesondere nach Fliegenmaden.

Vorkommen *Meist in offenem, trockenem Gelände, etwa auf Trockenrasen und an sonnigen Wegrändern; in Wärmegebieten nicht selten.*

- > ***auffallend kurz und breit gebaut***
- > ***Flügeldecken mit roter Bogenbinde***
- > ***an Dung und Aas, frisst andere Insekten***

Der etwas kleinere Schwarze Stutzkäfer (*Hister unicolor*) besitzt einfarbig schwarze Flügeldecken.

Kleines Glühwürmchen

Lamprohiza splendidula (Leuchtkäfer)

L 8–10 mm   Juni–Juli

Vorkommen *Am Rand etwas feuchter Wälder und Gebüsche, stellenweise nicht selten. Bild oben: Männchen und Weibchen des Kleinen Glühwürmchens.*

> ***beide Geschlechter leuchten***
> ***Weibchen mit Leuchtpunkten an der Seite***
> ***Larve frisst Schnecken***

Larve des Kleinen Glühwürmchens

Beide Geschlechter sehen sehr verschieden aus: Das dunkle Männchen ist normal geflügelt; das weißlich gefärbte Weibchen dagegen besitzt nur winzige Stummelflügel und erinnert an eine Larve. Beide besitzen Leuchtorgane, das Männchen unter der Hinterleibsspitze, das Weibchen an den Seiten der Hinterleibsringe sowie ebenfalls unter der Spitze des Hinterleibs. Die Männchen fliegen bei Dunkelheit leuchtend umher und stürzen sich zur Paarung auf die am Boden leuchtenden Weibchen. Während die ausgewachsenen Käfer keine Nahrung mehr aufnehmen, ernähren sich die asselartigen, flachen Larven vorzugsweise von Schnecken.

Männchen in Bauchansicht

leuchtendes **Weibchen**

Großer Leuchtkäfer

Lampyris noctiluca (Leuchtkäfer)

L 11–18 mm   Juni–August

Vorkommen *Vor allem an Waldrändern, auf Wiesen und Trockenrasen, gelegentlich auch in Gärten; regelmäßig anzutreffen. Bild oben: Paarung*

> ***Weibchen ungeflügelt, mit Leuchtorgan***
> ***Männchen ohne Leuchtvermögen***
> ***Larve frisst Schnecken***

Larve frisst Gehäuseschnecke

Bei diesem Leuchtkäfer besitzt nur das völlig flügellose, dunkel gefärbte Weibchen ein Leuchtorgan an der Unterseite von zwei Hinterleibsringen kurz vor der Hinterleibsspitze. Um dieses für das vorbeifliegende Männchen sichtbar zu machen, dreht es seinen Körper leicht spiralig nach oben, sodass das Leuchtorgan sein Licht nach oben sendet. Bleibt sein Locken längere Zeit vergeblich, streckt es nach und nach die Spitze dieser Spirale immer weiter in die Höhe. Die Larve ernährt sich von Schnecken. Sie kriecht so weit wie möglich ins Gehäuse hinein und verflüssigt den Weichkörper durch ausgeschiedene Verdauungssäfte.

Männchen (unten) und **Weibchen** des Großen Leuchtkäfers

leuchtendes **Weibchen**

Soldatenkäfer

Canthararis fusca (Weichkäfer)

L 11–15 mm Mai–Juli

Paarung

Der Soldatenkäfer besitzt wie alle Weichkäfer einen für Käfer auffallend weichen, wenig gepanzerten Körper. Von verwandten Arten unterscheidet er sich durch seine dunkelgrauen Flügel und das rote Halsschild, das am Vorderrand einen schwarzen, nach hinten etwas verschmälerten Fleck trägt. Der sehr weiche Hinterleib ist ebenfalls rot gefärbt. Man findet den Käfer regelmäßig auf Blüten, von deren Pollen er sich ernährt. Daneben überwältigt er oft auch andere Insekten. Die dunkelbraune, samtig behaarte Larve lebt am Boden und ernährt sich von anderen Insekten, aber auch von Pflanzenteilen. Im Winter kann man sie bei milder Witterung oft über die Schneeoberfläche laufen sehen.

Vorkommen *In Wäldern und offenem Gelände überall sehr häufig.*

- ***Körper weich***
- ***rotes Halsschild mit dunklem Fleck***
- ***Larven oft auf Schnee***

Larve auf Schnee laufend

Rotgelber Weichkäfer

Rhagonycha fulva (Weichkäfer)

L 7–10 mm Juli–August

Der Braune Weichkäfer ist durch sein einfarbig rotes Halsschild und die gelbbraunen bis rostroten Flügeldecken mit ihren schwarzen Spitzen gut gekennzeichnet. Wie der Soldatenkäfer besitzt er einen ausgesprochen weichen Körper. Die Käfer findet man im Hochsommer regelmäßig auf den weißen Schirmen von Doldenblüten sowie auch auf anderen weißblütigen Pflanzen wie etwa Schafgarbe, oft in sehr großer Zahl. Da die Paarung recht lange dauert, trifft man oft fast alle Käfer zu Paaren vereint an. Die Käfer ernähren sich vorwiegend von anderen Insekten, daneben aber offensichtlich auch von Blütenpollen.

Vorkommen *In Wäldern und offenem Gelände überall häufig; bei uns der häufigste Weichkäfer und einer der häufigsten Käfer überhaupt.*

- ***schmäler als der Soldatenkäfer***
- ***gelbbraun oder rostrot mit dunklen Flügelspitzen***
- ***regelmäßig auf Doldenblüten***

Paarung

Mausgrauer Sandschnellkäfer

Agrypnus murinus (Schnellkäfer)

L 12–17 mm   Mai–Juni

***Vorkommen** Vorwiegend in offenem Gelände; fast überall häufig.*

- ***grau mit hellen Haarflecken***
- ***kann sich aus der Rückenlage hochschleudern***
- ***Larve lebt räuberisch im Boden***

Käfer in Rückenlage

Dieser Käfer besitzt wie alle Schnellkäfer einen raffinierten Schleudermechanismus, der ihn aus der Rückenlage rasch wieder auf die Beine bringt. Ein nach hinten gerichteter Zapfen an der Unterseite der Vorderbrust wird dabei unter „Hohlkreuzhaltung" im vorderen Teil der Mittelbrust arretiert, dann aber durch Muskelkontraktion entarretiert. Er rutscht nun ruckartig in eine weiter hinten liegende Grube, und der Käfer schnellt durch die plötzliche Bewegung weit nach oben. Da er sich dabei meist auch überschlägt, landet er wieder auf seinen Beinen. Die Larve lebt im Boden und verzehrt Würmer und Insektenlarven. Sie ist auch als „Drahtwurm" bekannt.

Kammhorn-Schnellkäfer

Ctenicera sp. (Schnellkäfer)

12–18 mm   Mai–August

***Vorkommen** Vor allem auf Bergwiesen in den Mittelgebirgen und Alpen; in entsprechenden Gebieten nicht selten.*

- ***Hinterecken des Halsschilds mit langer Spitze***
- ***Fühler des Männchens lang gezähnt***
- ***meist auf Bergwiesen***

Männchen mit teilweise gelbbraunen Flügeldecken

Die Schnellkäfer dieser Gattung tragen auf der Mitte des Halsschilds eine deutliche Längsfurche; seine Hinterecken sind jeweils in eine scharfe Spitze ausgezogen. Die Männchen sind durch auffallend lang gekämmte Fühler ausgezeichnet. Die einzelnen Arten sind in der Regel schwer zu unterscheiden, da die Färbung, insbesondere bei den Flügeldecken, stark variieren kann. So können innerhalb der gleichen Art Tiere mit ganz gelbbraunen, teilweise gelbbraunen oder in ganzer Ausdehnung metallisch dunkelgrün oder schwarzblau gefärbten Flügeldecken auftreten. Die bei Sonnenschein recht aktiven Käfer sitzen oft auf Blüten; die Larven leben im Boden oder in morschem Holz.

Männchen mit blauschwarzen Flügeldecken

Männchen mit ganz gelbbraunen Flügeldecken

Blutroter Schnellkäfer

Ampedus sanguineus (Schnellkäfer)

L 12–17,5 mm   Mai–August

Auch dieser auffallende Schnellkäfer besitzt sehr spitz zulaufende Halsschild-Hinterecken. Vom Hinterrand des Halsschilds läuft eine Längsfurche bis über die Mitte hinaus nach vorn. Die Flügeldecken sind einfarbig leuchtend rot gefärbt, Kopf und Halsschild tiefschwarz. Die Larven entwickeln sich in Totholz, vorzugsweise in Kiefernholz, selten auch in Eichen oder Buchen. Sie ernähren sich aber nicht vom Holz, sondern jagen hier nach anderen Insektenlarven.

Vorkommen *Vorzugsweise in Kieferwäldern, in Mitteleuropa in den meisten Gegenden ziemlich häufig.*

- ***Halsschild mit spitzen Hinterecken***
- ***Flügeldecken einfarbig blutrot***
- ***meist in Kiefernwäldern***

Der ähnliche Schnellkäfer *Ampedus sanguinolentus* trägt auf seinen roten Flügeldecken einen großen schwarzen Längsfleck, der bisweilen auch fehlen kann. Er entwickelt sich meist in morschem Eichenholz.

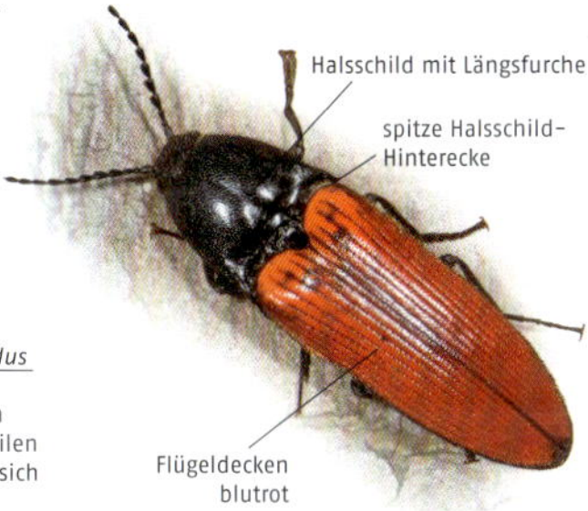

Zweifleckiger Warzenkäfer

Malachius bipustulatus (Zipfelkäfer)

L 5,5–6 mm

Der kleine, leuchtend grün gefärbte Käfer ist durch seine roten Flügelspitzen unverkennbar. Er besitzt leuchtend rote Hautblasen an den Vorderecken des Halsschilds und an den Hinterleibsseiten, die der Käfer ausstülpt, wenn man ihn etwas drückt, deren Bedeutung aber bislang unklar ist. Die Männchen besitzen außerdem an den Fühlern Drüsenorgane. Von ihnen werden bei der Balz Duftstoffe abgegeben, um die Weibchen zu stimulieren und zur Paarung anzuregen. Man findet den Käfer oft auf Blüten, wo er sich von Pollen ernährt. Daneben werden gelegentlich auch andere kleine Insekten verzehrt.

Vorkommen *Auf Wiesen und Trockenrasen sowie an Wald- und Wegrändern allgemein verbreitet und fast überall häufig.*

- ***Flügel grün mit roten Spitzen***
- ***rote vorstülpbare Hautblasen***
- ***Männchen mit Duftorganen an den Fühlern***

Zottiger Bienenkäfer

Trichodes alvearius (Buntkäfer)

L 10–17 mm Mai–Juli

***Vorkommen** An wärmebegünstigten, trockenen Stellen, vor allem auf Trockenrasen und an sonnigen Waldrändern; im südlichen Mitteleuropa nicht selten, nach Norden etwa bis zum Rand der Mittelgebirge.*

- ***deutlich behaart***
- ***Flügeldecken mit roten Querbinden***
- ***Larven in Wildbienennestern***

Dieser stark behaarte, sehr auffällige Käfer besitzt eine schwarzblaue, metallisch glänzende Grundfärbung. Auf den Flügeldecken trägt er drei breite, leuchtend rote, in der Mitte unterbrochene Querbinden sowie einen schmalen roten Saum an der Flügelspitze. Man findet ihn regelmäßig auf Blüten, wo er sich von Blütenpollen, aber auch von anderen Insekten ernährt. Die rosa gefärbte Larve entwickelt sich in den Nestern von Wildbienen. Sie lebt dort von der Bienenbrut und braucht für ihre Entwicklung mindestens 2 Jahre.

Dem sehr ähnlichen Bienenwolf (*Trichodes apiarius*) fehlt der rote Saum an der Flügelspitze. Er entwickelt sich ebenfalls in Bienennestern, außer in solchen von Wildbienen auch bei Honigbienen.

Eichenbuntkäfer

Clerus mutillarius (Buntkäfer)

L 11–15 mm April–Juli

***Vorkommen** Vor allem in Wärmegebieten in Eichenwäldern; in Mitteleuropa sehr selten (z. B. am Oberrhein), in Südeuropa häufiger.*

- ***zottig behaart***
- ***Flügeldecken mit roter und weißer Querbinde***
- ***frisst holzbrütende Käfer***

Dieser markant gezeichnete Buntkäfer besitzt schwarze Flügeldecken, die vorn eine rote, hinten eine weiße Querbinde tragen. Hierdurch und durch seine lange, zottige Behaarung erinnert er etwas an eine Spinnenameise (Mutilla, siehe S. 171). Man kann ihn vor allem auf liegenden Eichstämmen bei Holzlagerplätzen beobachten, wo er Jagd auf andere Holz bewohnende Käfer macht. Manchmal überwältigt er dabei Beutetiere, die größer sind als er selbst, wie im hier gezeigten Beispiel zu sehen. Seine Larve jagt im Holz nach Holzkäfern und ihren Larven.

Käfer frisst Kapuzinerkäfer

Ameisenbuntkäfer

Thanasimus formicarius (Buntkäfer)

L 7–11 mm   ganzjährig

Der Ameisenbuntkäfer erinnert etwas an den Eichenbuntkäfer, ist aber kleiner und etwas schmäler als dieser. Außerdem trägt er auf den Flügeldecken außer einer roten und einer weißen Querbinde zusätzlich vorn eine weiße Wellenbinde; zudem ist sein Halsschild rot gefärbt. Der Käfer und seine rosa gefärbte Larve erweisen sich als äußerst nützlich im Waldbau: Beide ernähren sich fast ausschließlich von Borkenkäfern und ihren Larven, insbesondere vom bei Waldbesitzern so sehr gefürchteten Buchdrucker.

Vorkommen *In Nadelwälder überall häufig, insbesondere in von Borkenkäfern geschädigten Fichtenwäldern. Bild oben: Paarung*

> ***Flügeldecken mit weißer Wellenbinde***
> ***Halsschild rot***
> ***frisst Borkenkäfer***

Der ähnliche Hellbindige Holzbuntkäfer (*Tilloidea unifasciata*) ist deutlich schmäler gebaut und trägt hinter der Flügelmitte nur eine schmale weiße Querbinde. Die seltene Art ernährt sich ebenfalls von Borkenkäfern.

Marien-Prachtkäfer

Chalcophora mariana (Prachtkäfer)

L 24–30 mm   Mai–August

Dieser kupferglänzende, mit grau beschuppten Längsfurchen gezeichnete Prachtkäfer ist der größte mitteleuropäische Vertreter seiner Familie. Der sehr scheue, flugtüchtige Käfer hält sich bei Sonnenschein gern auf frisch gefällten Kiefernstämmen auf, fliegt aber bei der leichtesten Beunruhigung sofort davon. Seine Larve besitzt wie die aller Prachtkäferarten einen sehr langgestreckten, vorn deutlich verbreiterten und abgeflachten, hinten sehr schmalen Körper. Sie entwickelt sich unter der Rinde abgestorbener Kiefern, besonders an Baumstümpfen.

Vorkommen *In meist sandigen, warmen Kiefernwäldern, besonders im östlichen und südlichen Mitteleuropa, ziemlich selten.*

> ***größter mitteleuropäischer Prachtkäfer***
> ***kupferglänzend mit Längsfurchen***
> ***an Kiefern***

Porträt des Marien-Prachtkäfers

Larve des Marien-Prachtkäfers

Pfirsich-Prachtkäfer

Capnodis tenebrionis (Prachtkäfer)

L 10–27 mm Mai–Juli

***Vorkommen** Im Mittelmeergebiet weit verbreitet und meist nicht selten, nach Norden bis ins südöstlichste Mitteleuropa (Neusiedler-See-Gebiet, hier aber sehr selten).*

- ***Halsschild weiß mit schwarzen Spiegelflecken***
- ***Flügeldecken fast schwarz***
- ***gern an Pfirsichbäumen***

Dieser in der Größe sehr variable, breit gebaute Prachtkäfer ist durch sein annähernd herzförmiges, weiß bereiftes Halsschild und die fast schwarzen, oft mit kleinen weißen Punkten gezeichneten Flügeldecken ausgezeichnet. Auf dem Halsschild finden sich 4 schwarze Spiegelflecke sowie am Hinterrand in der Mitte eine hufeisenförmige Vertiefung. Seine Larve entwickelt sich in den Wurzeln verschiedener *Prunus*-Arten, gern z. B. in Pfirsichbäumen, auf denen man auch den Käfer antreffen kann.

Der mit 10–15 mm deutlich kleinere, kupfern glänzende Goldgruben-Prachtkäfer (*Chrysobothris affinis*) trägt auf den Flügeldecken 6 rotgolden glänzende Grübchen. Er entwickelt sich in verschiedenen Laubbäumen und ist bei uns ziemlich häufig.

Achtfleckiger Kiefern-Prachtkäfer

Buprestis octoguttata (Prachtkäfer)

L 9–18 mm Mai–August

***Vorkommen** Vorwiegend in sandigen Kiefernwäldern; meist ziemlich selten, im östlichen Mitteleuropa etwas häufiger.*

- ***Grundfärbung metallisch blau oder grün***
- ***auf den Flügeldecken je 4 gelbe Flecke***
- ***an Kiefernholz***

Diese schöne Art ist durch die insgesamt meist 8 regelmäßig angeordneten, gelben Flecke auf den metallisch blau oder seltener grün glänzenden Flügeldecken kaum mit einer anderen Art zu verwechseln. Am Kopf, am Rand vom Halsschild und vorn an den Seiten der Flügeldecken finden sich weitere gelbe Zeichnungen. Man findet den flugtüchtigen, scheuen Käfer vor allem auf sonnigen Kiefernwaldlichtungen auf totem Kiefernholz. Seine Larve entwickelt sich in abgestorbenen Kiefern und in Stümpfen.

Der sehr variabel mit meist ungleich großen gelben Flecken gezeichnete Schlehen-Prachtkäfer (*Ptosima undecimmaculata*) kann diese Zeichnungen auch auf Kopf und Halsschild tragen. Er entwickelt sich in verschiedenen holzigen Rosengewächsen und kommt in Mitteleuropa nur an sehr warmen Orten vor.

Heckenkirschen-Prachtkäfer

Agrilus cyanescens (Prachtkäfer)

L 4,5–7 mm Juni–August

Dieser kleine Prachtkäfer ist oberseits einheitlich metallisch blau, seltener grün gefärbt, seine Unterseite dagegen meist schwarz. Das Schildchen trägt einen deutlichen, quer laufenden Kiel. Er lässt sich schwer von einigen sehr ähnlich gefärbten Arten unterscheiden. Relativ sicher ist die Ansprache aber nach seiner Futterpflanze, auf deren Blättern er meist anzutreffen ist: Er entwickelt sich als Larve in der Regel in Heckenkirschen (*Lonicera*), gelegentlich auch in Kreuzdorn (*Rhamnus*), und ist daher regelmäßig auf diesen Sträuchern zu finden.

Vorkommen *An Waldrändern auf Büschen der Heckenkirsche gebietsweise ziemlich häufig, seltener auch auf anderen Sträuchern.*

- > ***Oberseite metallisch blau oder grün***
- > ***Unterseite meist schwarz***
- > ***vorwiegend auf Heckenkirschen***

Der Zweifleckige Eichen-Prachtkäfer (*Agrilus biguttatus*) ist deutlich schmäler und trägt auf jeder Flügeldecke kurz vor der Spitze einen weißen Haarfleck. Er entwickelt sich ausschließlich an Eichen.

Glänzender Eckschild-Prachtkäfer

Anthaxia nitidula (Prachtkäfer)

L 5–7 mm Mai–August

Bei diesem kleinen Prachtkäfer ist vor allem das Weibchen prächtig gefärbt: Sein Kopf und Halsschild sind leuchtend rotgolden, während die Flügeldecken blaugrün glänzen. Das Männchen ist oberseits meist einheitlich grün; die Flügeldecken können im hinteren Teil dunkel erzfarbig sein. Man trifft den Käfer regelmäßig vor allem auf gelben Blüten, aber z. B. auch auf blühenden Wildrosen. Die Larve entwickelt sich unter der Rinde von Schlehen und anderen holzigen Rosengewächsen, etwa verschiedenen Obstbäumen.

Vorkommen *An sonnigen Waldrändern und auf Trockenrasen im südlichen Mitteleuropa stellenweise nicht selten, nach Norden etwa bis zum Nordrand der Mittelgebirge.*

- > ***Weibchen mit rotem Kopf und Halsschild***
- > ***Männchen meist einfarbig grün***
- > ***gern auf gelben Blüten***

Beim Bunten Eichen-Prachtkäfer (*Anthaxia salicis*) tragen die roten Flügeldecken vorn einen gemeinsamen, halbmondförmigen grünen Fleck. Der Käfer entwickelt sich, anders als sein wissenschaftlicher Name erwarten lässt, in Eichenholz.

Siebenpunkt-Marienkäfer

Coccinella septempunctata (Marienkäfer)
L 5–8 mm ganzjährig

***Vorkommen** Überall häufig, auch in Gärten und selbst in Wohnungen; in der letzten Zeit gebietsweise aber durch Konkurrenz des Asiatischen Marienkäfers seltener geworden.*

- **Flügeldecken rot mit 7 Punkten**
- **nützlicher Vertilger von Blattläusen**
- **auch Larven fressen Blattläuse**

Larve des Siebenpunkt

Der allgemein bekannte und beliebte Käfer frisst fast ausschließlich Blattläuse. Bei Bedrohung scheidet er an den Beingelenken Tropfen seiner leuchtend gelben, sehr bitteren Blutflüssigkeit ab. Die gelben Eier werden in der Nähe von Blattlauskolonien abgelegt. Die blaugraue, auf 3 Segmenten mit gelben Fleckenpaaren gezeichnete Larve ernährt sich ebenfalls von Blattläusen. Sie verzehrt während ihrer vierwöchigen Entwicklung etwa 600 Stück. Schließlich verwandelt sie sich wie alle Marienkäferlarven (aber anders als bei Käfern sonst üblich) in eine Mumienpuppe, die an der letzten abgestreiften Larvenhaut haftet.

Mumienpuppe des Siebenpunkt

Zweipunkt-Marienkäfer

Adalia bipunctata (Marienkäfer)
L 4–6 mm ganzjährig

***Vorkommen** In unterschiedlichsten Lebensräumen, auch auf Kulturflächen regelmäßig anzutreffen, einer der häufigsten Marienkäfer. Bild oben: Paarung mit Männchen in „Verkehrt"- Färbung*

- **Flügeldecken meist rot mit 2 schwarzen Punkten**
- **oft in „Verkehrt"-Färbung**
- **sehr nützlicher Blattlausvertilger**

Die Flügeldecken sind meist rot mit zusammen zwei schwarzen Punkten. Regelmäßig treten auch Käfer in „Verkehrt"-Färbung, d.h. mit roten Punkten auf schwarzem Grund, auf, diese aber meist mit einem zusätzlichen Paar roter Schulterflecke. Seltener gibt es dann noch Exemplare mit einer zusammenhängenden, variablen schwarzen Zeichnung auf den roten Flügeldecken. Die Art erweist sich ebenfalls als nützlich durch Vertilgen zahlreicher Blattläuse. Die Tiere überwintern oft in größeren Ansammlungen unter Baumrinde.

überwinternde Gruppe unter Baumrinde

Asiatischer Marienkäfer

Harmonia axyridis (Marienkäfer)

L 6–8 mm ganzjährig

3 verschiedene Farbformen

Dieser erst seit wenigen Jahren in Mitteleuropa häufige Marienkäfer ist äußerst variabel gefärbt und gezeichnet. Die Flügeldecken können gelb, rot oder orange sein und größere oder kleinere Punkte, meist 19, tragen, die auch fehlen können. Auch schwarze Käfer mit roten Punkten kommen vor. Meist aber ist auf dem Halsschild ein schwarzes „W" zu erkennen. Der Käfer frisst außer Blattläusen auch Früchte, z. B. Weintrauben, und richtet dadurch z. T. schwere Schäden an. Zudem infiziert er heimische Marienkäfer mit einer für diese oft tödlichen Krankheit. Auch frisst er u. a. andere Marienkäfer und deren Larven.

Vorkommen *Im Rahmen von biologischen Schädlingsbekämpfungsmaßnahmen in Gewächshäusern angesiedelt, von wo aus sich der Käfer rasant in fast ganz Europa ausgebreitet hat. Bild oben: Paarung mit schwarzem Weibchen*

- > ***Färbung und Zeichnung extrem variabel***
- > ***meist schwarzes „W" auf Halsschild***
- > ***frisst auch Früchte und andere Marienkäfer***

Larve des Asiatischen Marienkäfers

Zweiundzwanzigpunkt-Marienkäfer

Psyllobora vigintiduopunctata (Marienkäfer)

L 3–5 mm ganzjährig

Dieser kleine Marienkäfer ist durch sein ziemlich konstantes Muster von schwarzen Punkten auf zitronengelbem Grund leicht zu erkennen, 22 auf den Flügeldecken und 5 auf dem (manchmal weiß gefärbten) Halsschild. Nur selten findet man Exemplare mit teilweise zusammenfließenden oder zahlenmäßig reduzierten Punkten. Die ebenfalls gelb gefärbte Larve trägt auf ihrem ganzen Körper schwarze, mit Haaren besetzte Höcker. In Färbung und Zeichnungsmuster erinnert sie stark an den Käfer. Beide weichen in ihrer Lebensweise stark von anderen Marienkäfern ab: Sie ernähren sich von Mehltaupilzen und gelten daher ebenfalls als Nützlinge.

Vorkommen *Vor allem an Waldrändern und in Gärten, regelmäßig an mit Mehltau befallenen Eichen; fast überall häufig.*

- > ***Grundfarbe zitronengelb***
- > ***Flügeldecken mit 22, Halsschild mit 5 Punkten***
- > ***frisst Mehltaupilze***

Kräuterdieb

Ptinus fur (Diebskäfer)
L 2–4 mm ganzjährig

Vorkommen *In Häusern regelmäßig zu finden, im Freiland z. B. in alten Vogelnestern.*

- > ***Männchen schmal gebaut***
- > ***Weibchen gewölbt, mit hellen Binden***
- > ***lebt von verschiedensten Vorräten***

Weibchen in Schreckhaltung

Dieser kleine, unscheinbare Käfer besitzt fast körperlange Fühler und sieht in beiden Geschlechtern recht unterschiedlich aus: Während das Männchen eine schmale, fast parallelseitige Gestalt und eine einheitlich hellbraune Färbung besitzt, ist das hier abgebildete Weibchen deutlich gewölbt; es besitzt zudem dunkler braune, weißlich quergebänderte Flügeldecken. Bei einer Störung nimmt der Käfer oft minutenlang eine starre Schreckhaltung ein. Er lebt von verschiedensten Vorräten pflanzlicher und tierischer Herkunft, tritt aber nur selten als ernsthafter Schädling in Erscheinung.

Weibchen

Der auffallend hochgewölbte, nahe verwandte Kugelkäfer (*Gibbium psylloides*) lebt ebenfalls in Häusern von Vorräten, kann sich aber z. B. auch in Zwischenböden alter Häuser von der Spreufüllung ernähren.

Gemeiner Speckkäfer

Dermestes lardarius (Speckkäfer)
L 7–9 mm ganzjährig

Vorkommen *An vertrockneten, älteren Kadavern, in alten Wespennestern und regelmäßig auch in Häusern, überall häufig.*

- > ***Grundfärbung schwarz***
- > ***Flügeldecken vorn gelblich mit schwarzen Punkten***
- > ***besonders an alten Tierkadavern***

Der Gemeine Speckkäfer besitzt eine schmale Körperform und ist bis auf die vordere Hälfte der Flügeldecken, die drei schwarze Punkte auf gelbbraunem Grund zeigt, fast einheitlich schwarz gefärbt. Er ernährt sich ebenso wie seine abstehend behaarte Larve vor allem von trockenen Fleischresten und kann dadurch gelegentlich in Häusern sehr lästig werden. Man kann die Art aber sehr gut für die schonende Präparation feiner Tierskelette einsetzen, da Käfer und Larven auch feinste Knochen sehr sauber von Fleischresten befreien.

Larve des Gemeinen Speckkäfers

Der Dornspeckkäfer (*Dermestes maculatus*) besitzt einheitlich schwarze, mit feinen hellen Punkten gezeichnete Flügeldecken die hinten in eine gemeinsame, kurze Spitze auslaufen. Er führt eine ähnliche Lebensweise wie der Gemeine Speckkäfer.

Wollkraut-Blütenkäfer

Anthrenus verbasci (Speckkäfer)

L 2–3 mm ganzjährig

Dieser sehr kleine, kurz und breit gebaute, zugleich deutlich abgeflachte Käfer trägt bei schwarzer Grundfärbung zahlreiche weiße und gelbliche Schuppenhaare, die auf den seitlichen Hinterwinkeln des Halsschilds jeweils eine helle Fläche und auf den Flügeldecken drei nicht ganz deutliche Querbinden bilden. Die Larve trägt auf dem Rücken Querreihen brauner, z. T. pfeilförmiger Haare, die bei Gefahr aufgerichtet werden können, leicht abbrechen und z. T. als Brennhaare wirken. Der Käfer und seine Larve leben von allen möglichen tierischen Resten, besonders von Chitin und hornigen Stoffen; sie können vor allem in Insektensammlungen schwere Schäden anrichten.

***Vorkommen** Im Freiland vor allem auf Blüten und in alten Vogel- und Hummelnestern; regelmäßig in Häusern anzutreffen.*

> ***schwarz mit hellen Schuppenhaaren***

> ***3 Querbinden auf den Flügeldecken***

> ***sehr schädlich in Insektensammlungen, wird daher auch als Museumskäfer bezeichnet.***

Der ebenfalls regelmäßig in Häusern anzutreffende Teppichkäfer (*Anthrenus scrophulariae*) besitzt eine leuchtend rot beschuppte Flügelnaht sowie ein rot und weiß beschupptes, schwarzes Halsschild. Er macht sich u. a. unangenehm durch Benagen von Teppichen bemerkbar.

Larve des Wollkraut-Blütenkäfers

Karminroter Kapuzinerkäfer

Bostrichus capucinus (Holzbohrkäfer)

L 8–14 mm ganzjährig

Porträt des Kapuzinerkäfers

Dieser auffallende Käfer besitzt wie die meisten Vertreter seiner sonst überwiegend in den Tropen verbreiteten Familie einen gestreckt zylindrischen Körperbau mit unter dem Halsschild verborgenem, von oben kaum sichtbarem Kopf. Die charakteristische Gestalt in Verbindung mit den leuchtend roten Flügeldecken machen die Art unverwechselbar. Man findet ihn gelegentlich auf liegenden Baumstämmen, insbesondere Eichenstämmen, gelegentlich aber z. B. auch an abgestorbenen Weinstöcken. Die Larve entwickelt sich in totem Hartholz, auch in Wurzelholz. Sie kann gelegentlich Schäden anrichten.

***Vorkommen** Im Mittelmeergebiet ziemlich verbreitet, in Mitteleuropa nur in wärmebegünstigten Gebieten, und hier besonders auf Holzlagerplätzen.*

> ***gestreckt zylindrischer Körperbau***

> ***leuchtend rote Flügeldecken***

> ***Entwicklung in hartem Totholz***

Käfer in Rückenansicht

Mehlkäfer

Tenebrio molitor (Schwarzkäfer)

L 12–18 mm   ganzjährig

***Vorkommen** Vorwiegend in Gebäuden an Nahrungsvorräten, ziemlich häufig, im Freiland z. B. in hohlen Bäumen.*

- ***dunkelbraun mit Längsstreifen auf den Flügeln***
- ***erinnert an einen Laufkäfer***
- ***Larve als „Mehlwurm" bekannt***

Der dunkelbraune Mehlkäfer erinnert an einen Laufkäfer, besitzt aber als Schwarzkäfer an den Kopfseiten eine vorstehende flache Leiste, die von oben die Fühlerbasis verdeckt. Die Fühler sind zur Spitze hin leicht verdickt, und die Flügel tragen deutliche Längsstreifen. Seine Larve, der bekannte „Mehlwurm", entwickelt sich gern in verschiedenen Getreideprodukten, etwa in Mehl, im Freiland meist in morschem Holz. Er wird als Futter für insektenfressende Vögel und andere Tiere in Massen gezüchtet.

Larve des Mehlkäfers

Puppe des Mehlkäfers

Totenkäfer

Blaps sp. (Schwarzkäfer)

L 16–38 mm   ganzjährig

***Vorkommen** In alten Häusern und unter Steinen, eine Arten regelmäßig in Bauten erdbewohnender Säugetiere; im Mittelmeergebiet ziemlich häufig, in Mitteleuropa selten.*

- ***mattschwarz ohne Skulptur***
- ***Flügeldecken in Zipfel verlängert***
- ***vor allem in alten Häusern***

Zu dieser Gattung gehören die größten europäischen Schwarzkäfer, aber auch einige etwas kleinere Arten, die alle ziemlich schwer zu unterscheiden sind. Ihre mattschwarzen, nicht skulpturierten Flügeldecken sind an der Spitze jeweils in einen gemeinsamen schmalen Zipfel ausgezogen. Die Käfer ernähren sich z. B. in feuchten Kellern von Abfallstoffen; auch in Säugerbauten (z. B. von Zieseln) fressen sie alle möglichen Abfälle. Bei Bedrohung nehmen sie eine Abwehrhaltung mit hochgestreckter Hinterleibsspitze ein und können aus dieser ein unangenehm riechendes Drüsensekret ausspritzen.

Käfer in Abwehrhaltung

Staubkäfer

Opatrum sabulosum (Schwarzkäfer)
L 7–10 mm ganzjährig

Dieser auffallend flache Schwarzkäfer trägt auf seinen mattgrauen oder bräunlichen Flügeldecken beiderseits schmaler dunkler Längsrippen und neben der Flügelnaht in Reihen angeordnete schwarze Höcker. Der Käfer und seine Larve fressen ober- und unterirdisch an sehr verschiedenen Pflanzen; bei zahlreichem Auftreten können sie an Kulturpflanzen Schäden anrichten. Die Entwicklung ist zweijährig.

Vorkommen *In sonnigem und trockenem, vorzugsweise sandigem Gelände vielerorts häufig.*

> ***auffallend flach gebaut***
> ***Flügeldecken mit Höckerreihen***
> ***benagt Pflanzen***

Zunderschwamm-Schwarzkäfer

Bolitophagus reticulatus (Schwarzkäfer)
L 6–7 mm ganzjährig

Dieser kleine Schwarzkäfer trägt auf seinen mattschwarzen Flügeldecken feine, regelmäßig unterbrochene Längsrippen und zwischen diesen deutliche Punktreihen. Er ernährt sich wie seine Larve von Baumschwämmen, vorzugsweise von den mehrjährigen Fruchtkörpern des Zunderschwamms. Nicht selten trifft man die Käfer darauf in größerer Anzahl; der Innenraum des Pilzes ist von den Larven oft vollkommen zerfressen.

Gruppe von Käfern an Zunderschwamm fressend

Vorkommen *Vor allem im Bergland in Buchenwäldern, in manchen Gegenden ziemlich häufig.*

> ***Flügeldecken mit Rippen und Punktreihen***
> ***an Baumschwämmen***
> ***vor allem in Buchenwäldern***

Schwarzer Maiwurm

Meloe proscarabaeus (Ölkäfer)
L 11–35 mm März–Juni

Vorkommen *An offenen, meist sandigen Stellen, z. B. in Heidegebieten; nicht häufig. Bild oben: Paarung*

> ***sehr plump mit kurzen Flügelstummeln***
> ***Hinterleib stark aufgetrieben***
> ***entwickelt sich in Wildbienennestern***

Das Weibchen besitzt einen stark aufgequollenen Hinterleib. Beim Männchen fallen vor allem die stark geknickten Fühler ins Auge. Nach der Paarung legt das Weibchen mehrere Tausend Eier ab. Die orangefarbigen Erstlarven versammeln sich in Klumpen auf Pflanzen, steigen hier auf eine Wildbiene und lassen sich von dieser ins Nest tragen. Dort häuten sie sich zum madenartigen 2. Stadium, das sich auf Kosten der Bienenbrut dann weiter zum Käfer entwickelt.

Männchen

Weibchen

Junglarven in Lauerstellung

Spanische Fliege

Lytta vesicatoria (Ölkäfer)
L 9–21 mm Juni–Juli

Vorkommen *An warmen Orten im Gebüsch, ziemlich selten, doch in manchen Jahren sehr zahlreich; im Mittelmeergebiet generell häufiger.*

> ***ziemlich weich und abgeflacht***
> ***leuchtend grün gefärbt***
> ***entwickelt sich in Wildbienennestern***

Der leuchtend hellgrün gefärbte Käfer erinnert in seinem Erscheinungsbild und durch seinen ziemlich weichen Körper etwas an einen Weichkäfer. Er ernährt sich von Laubblättern, insbesondere solchen von Eschen, und kann hin und wieder so zahlreich auftreten, dass stellenweise Kahlfraß entsteht. Die Larvenentwicklung findet in Wildbienennestern statt. Die Blutflüssigkeit des Käfers enthält wie bei allen Ölkäfern das hochgiftige Cantharidin. Früher wurden daher die Käfer gesammelt, um daraus entweder einen Gifttrunk oder ein Aphrodisiakum herzustellen.

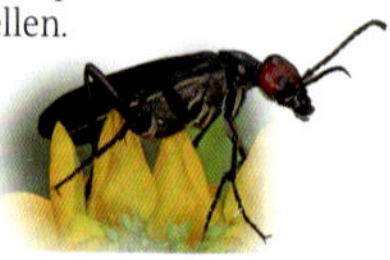

Der nahe verwandte, im östlichen Mittelmeergebiet verbreitete Ölkäfer *Epicauta rufidorsum* ist durch seine dunkle Grundfärbung und den leuchtend roten Kopf leicht zu erkennen. Er entwickelt sich als Larve in den Eipaketen verschiedener Heuschrecken.

Veränderlicher Ölkäfer

Mylabris variabilis (Ölkäfer)

L 7–16 mm Juni–September

Dieser Ölkäfer besitzt orangefarbige Flügeldecken mit drei breiten schwarzen Zackenbinden, von denen die letzte die Flügelspitze ausfüllt. Man findet ihn regelmäßig auf Blüten zahlreicher Kräuter. Hier ernährt er sich offensichtlich von Blütenpollen. Die Larven entwickeln sich in den Eipaketen verschiedener Heuschreckenarten. Die Erstlarven graben sich hierzu selbstständig zu den unterirdisch abgelegten Eigelegen ihrer Wirtstiere vor.

Vorkommen *Im Mittelmeergebiet und in osteuropäischen Steppen an Wegrändern und auf Wiesen fast überall häufig, nach Norden vereinzelt bis Österreich.*

- ***zylindrischer, ziemlich weicher Körper***
- ***Flügel orangefarbig mit schwarzen Binden***
- ***Entwicklung in Eipaketen von Heuschrecken***

Der Vierpunktige Ölkäfer (*Zonabris quadripunctata*) trägt auf den Flügeln jeweils 4 schwarze Flecke und eine schwarze Endbinde.

Wollkäfer

Lagria hirta (Wollkäfer)

L 7–10 mm Mai–August

Dieser unscheinbare Käfer besitzt gelbbraune Flügeldecken und trägt auf dem ganzen Körper eine lange und etwas zottige, gelbliche Behaarung. Hierdurch ist er kaum mit anderen Käfern zu verwechseln. Er frisst an vielen verschiedenen Pflanzen und kann dadurch bei Massenvermehrung gelegentlich auch Schäden anrichten. Seine ebenfalls behaarte Larve ernährt sich von verrottenden Pflanzenteilen, vorwiegend von Falllaub. Sie überwintert und verpuppt sich dann im Frühling im Erdboden.

Vorkommen *Vor allem auf Feuchtwiesen, an Waldrändern und auch in Gärten, überall häufig.*

- ***schwarz mit hellbraunen Flügeldecken***
- ***dicht gelblich behaart***
- ***Pflanzenfresser, Larve an Falllaub***

Scheinbockkäfer

Oedemera nobilis (Scheinbockkäfer)
L 8–11 mm Mai–August

Vorkommen *Vor allem auf sonnigem Ödland im Mittelmeergebiet häufig; in Deutschland nur in Wärmegebieten im Südwesten; im übrigen Gebiet kommen einige ähnliche Arten vor.*

> ***schmal und leuchtend grün***
> ***Flügeldecken weit klaffend***
> ***Männchen mit sehr dicken Hinterschenkeln***

Dieser auffallend schmal gebaute Käfer ist leuchtend hellgrün gefärbt. Seine Flügel sind zur Spitze stark verschmälert und klaffen am Ende weit auseinander, sodass die häutigen Hinterflügel teilweise frei sichtbar bleiben. Das Männchen besitzt außerordentlich stark verdickte Hinterschenkel; beim Weibchen sind sie normal entwickelt. Man trifft den Käfer oft auf Blüten, wo er sich vom Pollen ernähren dürfte. Seine Larve entwickelt sich in den Stängeln verschiedener Kräuter.

Scharlachroter Feuerkäfer

Pyrochroa coccinea (Feuerkäfer)
L 14–18 mm Juni–Juli

Vorkommen *Auf Waldlichten und an Waldrändern, überall ziemlich häufig.*

> ***Halsschild und Flügeldecken rot***
> ***Fühler mehr oder weniger gesägt***
> ***Larve jagt unter Baumrinde Insektenlarven***

Der ziemlich flach gebaute Käfer besitzt ein rotes Halsschild und rote Flügeldecken, ist ansonsten schwarz gefärbt. Die Art gehört wie alle auf den Seiten 120–124 vorgestellten Käfer zu den Heteromera, einer Gruppe von Käferfamilien, bei denen die beiden vorderen Beinpaare je 5 Fußglieder besitzen, das hintere dagegen nur 4. Den ausgewachsenen Käfer trifft man oft auf Doldenblüten; die ausgesprochen flache, am Hinterende 2 spitze Dornen tragende Larve jagt unter der Rinde abgestorbener Bäume andere Insektenlarven.

Larve des Scharlachroten Feuerkäfers

Beim Rotköpfigen Feuerkäfer (*Pyrhochroa serraticornis*) ist auch der Kopf rot gefärbt.

Waldmistkäfer

Anoplotrupes stercorosus (Mistkäfer)
L 12–19 mm ganzjährig

Der deutlich hochgewölbte, etwas blau glänzende Käfer trägt auf den Flügeldecken nicht besonders deutliche Längsfurchen. Er gräbt in der Nähe von Kothaufen (mit besonderer Vorliebe an solchen des Menschen) einen 7–8 cm tiefen Gang, den er mit dieser etwas unappetitlichen Larvennahrung füllt. Auch für die eigene Versorgung werden derart gefüllte, aber etwas kürzere Gänge angelegt. Die Käfer finden sich aber auch regelmäßig an faulenden Pilzen, Insektenleichen oder an Bäumen mit ausgetretenen, gärenden Säften ein.

Käferversammlung an blutendem Baumstumpf

Der Frühlings-Mistkäfer (*Trypocopris vernalis*) besitzt glatte, deutlich blau oder grün glänzende Flügeldecken.

Vorkommen *Vor allem in Wäldern, seltener auch in offenem Gelände, überall der häufigste heimische Mistkäfer.*

- > **Flügeldecken mit Längsfurchen**
- > **gern in der Nähe von Rastplätzen**
- > **Entwicklung meist an Menschenkot**

Stierkäfer

Typhaeus typhoeus (Mistkäfer)
L 12–20 mm Februar–Mai

Das Männchen ist durch seine 3 langen und spitzen, gerade nach vorn gerichteten Dorne auf dem Halsschild mit keinem anderen Mistkäfer zu verwechseln. Das unbedornte Weibchen lässt sich an den (auch für das Männchen typischen) tief gefurchten Flügeldecken erkennen. Die Tiere befördern vorzugsweise Schaf- und Kaninchenkot in einen oft über 1,5 m tiefen Stollen, von dem die Brutstollen waagerecht abzweigen. Die Männchen setzen ihre Hörner bei Auseinandersetzungen mit Artgenossen ein; für das Formen der Dungpillen besitzen sie keine Bedeutung.

Männchen transportiert Schafkotpille

Männchen

Weibchen

Vorkommen *Auf offenen Sandböden, in Norddeutschland gebietsweise häufig (z. B. in der Lüneburger Heide in der Umgebung von Schafställen); sonst eher selten.*

- > **Flügeldecken tief gefurcht**
- > **Männchen mit 3 Halsschilddornen**
- > **an Schaf- und Kaninchenkot**

Matter Pillenwälzer

Sisyphus schaefferi (Blatthornkäfer)
L 8–10 mm April–Juni

***Vorkommen** In sehr warmem, steinigem Gelände, insbesondere im Bergland an Südhängen, ziemlich selten.*

- ***Körper kurz und gedrungen***
- ***Beine sehr lang***
- ***rollt Kotpille über den Boden***

Käferpaar rollt Brutpille

Dieser auffallend kurz und gedrungen gebaute, mattschwarze Käfer besitzt außerordentlich lange Beine. Besonders die spinnenartigen, stark gebogenen Hinterbeine erscheinen ziemlich ungewöhnlich. Er stellt vorzugsweise aus frischem Schaf- und Rinderdung eine sehr regelmäßig geformte, gut 1 cm große Kugel her, die vom Paar gemeinsam rückwärtslaufend über den Boden gerollt und anschließend vergraben wird. In der vergrabenen Brutpille wird anschließend ein Ei abgelegt. Von Einzeltieren gerollte Pillen dienen der Selbstversorgung des Käfers.

Käfer rollt Kotpille für Selbstversorgung

Der mit 18–24 mm deutlich größere Genarbte Pillendreher (*Scarabaeus rugosus*) trägt auf Halsschild und Flügeldecken zahlreiche matte Punktgruben. Er ist mediterran verbreitet und fehlt in Mitteleuropa.

Feldmaikäfer

Melolontha melolontha (Blatthornkäfer)
L 20–30 mm Mai–Juni

***Vorkommen** An Waldrändern und in offenem Gelände; gebiets- und jahrweise recht häufig, doch heute insgesamt viel seltener als früher. Bild oben: Paarung*

- ***Halsschild meist schwarz***
- ***Pygidium parallelseitig***
- ***mehr in offenem Gelände***

Porträt des **Männchens**

Das Halsschild ist meist schwarz gefärbt, die zungenförmig verlängerte Hinterleibsspitze (Pygidium) parallelseitig. Während das Männchen einen ziemlich großen, 7-blättrigen Fühlerfächer besitzt, ist dieser beim Weibchen nur 6-blättrig und ziemlich klein. Die Larve („Engerling“) entwickelt sich in meist 4 Jahren, unter günstigen Bedingungen auch schon in 3 Jahren an Pflanzenwurzeln und kann bei Massenvermehrung z. B. in Erdbeerplantagen große Schäden anrichten. Solche „Maikäferjahre“ treten in vielen Gebieten regelmäßig in 4-jährigem Abstand auf.

Engerling

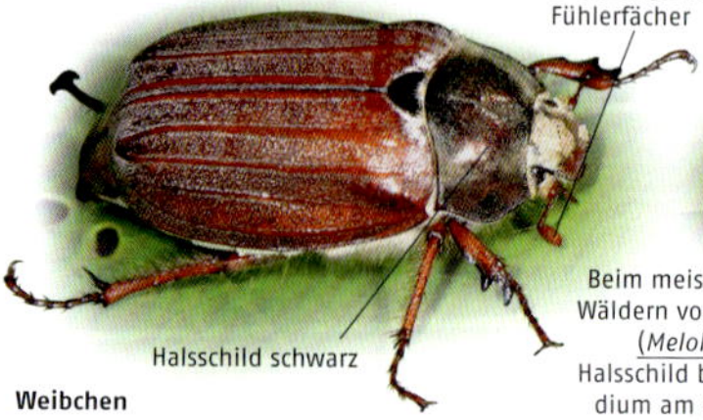

Weibchen

Beim meist etwas selteneren, mehr in Wäldern vorkommenden Waldmaikäfer (*Melolontha hippocastani*) ist das Halsschild braun gefärbt und das Pygidium am Ende knopfartig verbreitert.

Gartenlaubkäfer

Phyllopertha horticola (Blatthornkäfer)
L 8–11 mm   Juni–Juli

5 Käfer auf einem Blatt

Bei diesem kleinen, auch als Julikäfer bekannten Blatthornkäfer sind die Flügeldecken rotbraun, das Halsschild schwarz mit grünem oder blauem Metallglanz. Der ganze Körper ist abstehend behaart. Die Tiere schwärmen tagsüber und sammeln sich nicht selten in großer Zahl auf Sträuchern und Blüten, insbesondere solchen von Wildrosen. Hier zerfressen sie die Blütenblätter, sodass von diesen oft nichts übrig bleibt. Die Larven fressen an Wurzeln von Gräsern und anderen Pflanzen; die Entwicklung dauert 1–2 Jahre.

***Vorkommen** An Waldrändern, in Gärten und offenem Gelände überall häufig.*

- **schwarz mit Metallglanz**
- **Flügeldecken rotbraun**
- **auf blühenden Sträuchern häufig**

Der mit 14–18 mm deutlich größere, ebenfalls deutlich behaarte, aber einfarbig gelbbraune Junikäfer (*Amphimallon solstitiale*) schwärmt im Juni und Juli in der Abenddämmerung und neigt wie der Maikäfer zur Massenvermehrung.

Nashornkäfer

Oryctes nasicornis (Blatthornkäfer)
L 20–43 mm   Juni–August

Dieser größte europäische Blatthornkäfer ist glänzend rotbraun bis schwarzbraun gefärbt. Das Männchen trägt ein meist langes, gebogenes Kopfhorn. Sein Halsschild ist vorn muldenartig vertieft und hinten in eine gezähnte Querkante hochgezogen. Das Weibchen besitzt auf dem Kopf lediglich einen winzigen Höcker. Die bis über 10 cm lange Larve entwickelt sich in bis zu 5 Jahren in hohlen Bäumen, in Sägemehl oder in Komposthaufen.

***Vorkommen** In Mitteleuropa meist in Gärten, Parks oder Sägereien, ziemlich selten; im Mittelmeergebiet häufig.*

- **glänzend rotbraun bis schwarzbraun**
- **Männchen mit langem Kopfhorn**
- **Larven gern in Komposthaufen**

Männchen

Larve des Nashornkäfers

Gold-Rosenkäfer

Cetonia aurata (Blatthornkäfer)

L 14–20 mm Mai–Oktober

Käfer an ausfließendem Baumsaft

Vorkommen *An Waldrändern und in offenem Gelände, regelmäßig auch in Gärten; überall ziemlich häufig.*

- ***goldgrün mit weißen Querstreifen***
- ***fliegt mit geschlossenen Flügeldecken***
- ***Larve oft in Blumentöpfen und Komposthaufen***

Dieser leuchtend goldgrün gefärbte Blatthornkäfer trägt im hinteren Teil der Flügeldecken weiße Flecke und schmale weiße Querstreifen. Er fliegt, anders als fast alle übrigen Käfer, mit geschlossenen Flügeldecken. Seine häutigen Hinterflügel kann er dazu aus einer seitlichen Aussparung am Rand der Flügeldecken hervorschieben. Die verhältnismäßig plump gebaute Larve entwickelt sich oft in Komposthaufen, in der letzten Zeit auch immer häufiger in Balkonkästen und Blumentöpfen, die längere Zeit draußen stehen. Sie bewegt sich kriechend vorwärts, indem sie sich auf den Rücken dreht und dann nach Art eines Regenwurms die einzelnen Körperringe zusammenzieht und wieder streckt.

Larve des Gold-Rosenkäfers

Der Rosenkäfer *(Protaetia cuprea)* kommt im Mittelmeergebiet in einer einfarbig goldgrünen Form häufig vor; in Mitteleuropa trägt er meist weiße Querstreifen und ist dann nur schwer vom Gold-Rosenkäfer zu unterscheiden.

Hirschkäfer

Lucanus cervus (Hirschkäfer)

L 25–75 mm Mai–August

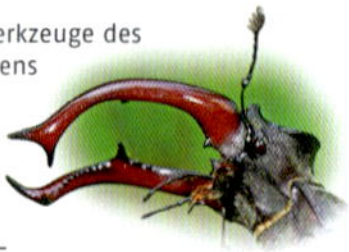

Mundwerkzeuge des Männchens

Vorkommen *In Wäldern mit alten Eichen, in der letzten Zeit fast überall selten geworden.*
Bild oben: Paarung

- ***größter heimischer Käfer***
- ***Männchen mit geweihartigen Kiefern***
- ***Entwicklung meist an Eichen***

Das Männchen ist durch seine extrem vergrößerten, geweihartigen Oberkiefer unverkennbar. Beim deutlich kleineren Weibchen sind diese normal groß entwickelt. Beide besitzen wie alle Arten der Familie geknickte Fühler mit einer einseitig gekämmten Keule. Der Käfer leckt mit seinen pinselartigen unteren Mundteilen Säfte auf, vor allem von blutenden Eichen. Dabei liefern sich die Männchen mit ihren Zangen erbitterte Kämpfe, auch um die Weibchen. Die bis über 10 cm lange Larve entwickelt sich in 5–8 Jahren meist unterirdisch an totem Laubholz, vorzugsweise von Eichen.

Hirschkäferlarve

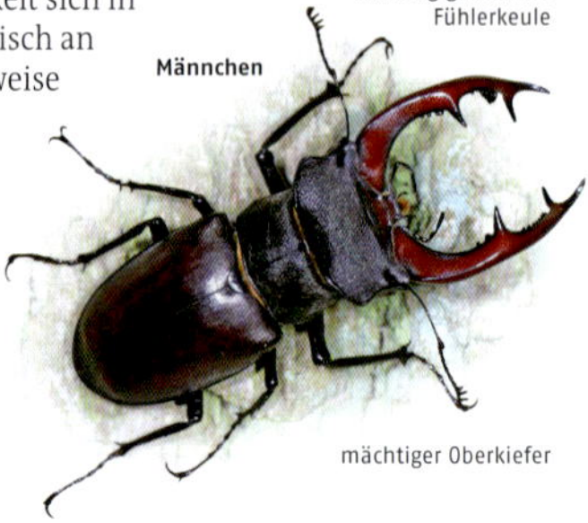

Balkenschröter

Dorcus parallelipipedus (Hirschkäfer)
L 19–32 mm Mai–August

Dieser mattschwarz gefärbte, auch als Zwerghirschkäfer bekannte Käfer besitzt vor allem als Männchen einen auffallend breiten Kopf. Hierdurch sind die vergrößerten Oberkiefer an ihrer Ansatzstelle ziemlich weit voneinander entfernt, was beim Weibchen mit seinem schmäleren Kopf und weniger großen Kiefern nicht so deutlich ausgeprägt ist. Die Larven entwickeln sich vorzugsweise in abgestorbenem Buchenholz, etwa in seit längerer Zeit liegenden Stämmen oder in heruntergefallenen toten Ästen.

Weibchen

Männchen

Vorkommen *In etwas feuchten Laubwäldern, z. B. in Auwäldern, gebietsweise nicht selten.*

> ***mattschwarz mit vergrößerten Kiefern***
> ***Männchen mit auffallend breitem Kopf***
> ***Entwicklung meist in Buchenholz***

Kopfhornschröter

Sinodendron cylindricum (Hirschkäfer)
L 12–16 mm Mai–Juli

Dieser ziemlich kleine Vertreter der Hirschkäfer besitzt, anders als seine meist deutlich abgeflachten Verwandten, einen zylindrischen Körperbau. Die Färbung ist schwarz, oft mit deutlich bläulichem Glanz. Das Männchen trägt ein an der Rückseite behaartes Kopfhorn, das dem Weibchen fehlt. Die Larven entwickeln sich vorzugsweise in stärker vermodertem Buchenholz, seltener in anderen Laubhölzern. Hier kann man sie manchmal in größerer Anzahl finden, oft zusammen mit bereits fertig entwickelten Käfern, die sich hier nach ihrer Verwandlung offenbar noch längere Zeit aufhalten.

Männchen und Weibchen im Totholz

Männchen

Vorkommen *Vorwiegend in alten, naturnahen Buchenwäldern mit reichlichem Angebot an Totholz, ziemlich selten.*

> ***zylindrische Körperform***
> ***Männchen mit Kopfhorn***
> ***Larven und Käfer in morschem Holz***

Mulmbock

Ergates faber (Bockkäfer)

L 25–60 mm Juli–September

Vorkommen *In lockeren, meist sandigen Kiefernwäldern an alten Baumstümpfen; ziemlich selten, nach Osten häufiger.*

> ***größter heimischer Bockkäfer***
> ***Fühler kürzer als beim Heldbock***
> ***an Kiefernstümpfen***

Der dunkelrotbraun bis schwarzbraun gefärbte, größte heimische Bockkäfer besitzt einen deutlich abgeflachten Körper. Das Halsschild ist oben grob gekörnt und am Seitenrand gezähnt. Die ziemlich dünnen Fühler sind beim Männchen körperlang, beim Weibchen etwa halb so lang. Die Larvenentwicklung erfolgt meist in bereits morschen Kiefernstümpfen.
Die Käfer sind dämmerungs- und nachtaktiv und verbergen sich tagsüber gern in den etwa daumendicken Mündungen ihrer Fraßgänge.

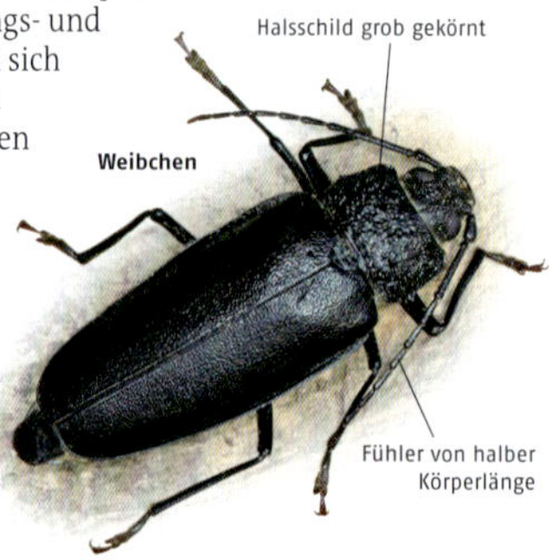

Puppe im Fraßgang

Larve des Mulmbocks

Moschusbock

Aromia moschata (Bockkäfer)

L 13–35 mm Juni–August

Vorkommen *Vorzugsweise in Feuchtgebieten mit alten Weiden, doch auch an trockenen Stellen, sofern entsprechende Brutbäume vorkommen; gebietsweise nicht selten.*
Bild oben: Weibchen

> ***metallisch glänzend***
> ***Entwicklung in Weiden***
> ***kann Moschusduft abgeben***

Die Färbung dieses schönen Bockkäfers kann zwischen grünmetallisch, blau und bronzefarben variieren. Die Fühler sind beim Männchen etwas länger, beim Weibchen etwas kürzer als der Körper. Die Käfer sind regelmäßig auf blühenden Pflanzen, besonders auf Doldenblüten, anzutreffen. Sie können aus Duftdrüsen ein moschusartig duftendes Sekret absondern. Die Entwicklung erfolgt in alten, schon etwas morschen, aber meist noch lebenden Weiden. Günstig stehende Brutbäume können von den Fraßgängen der Larven vollkommen durchzogen sein.

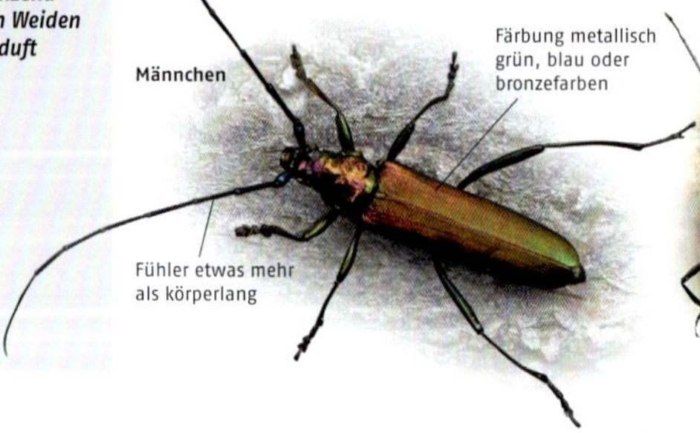

Paarung

Heldbock

Cerambyx cerdo (Bockkäfer)

L 24–53 mm Mai–August

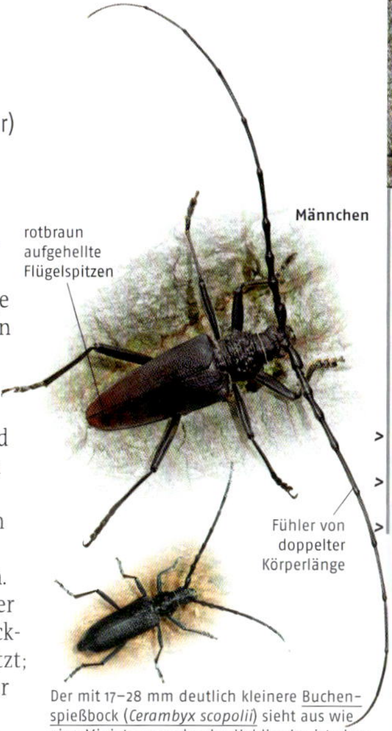

Dieser wirklich imposante Bockkäfer besitzt als Weibchen etwa körperlange, als Männchen doppelt so lange Fühler. Die schwarzbraunen Flügeldecken sind zu den Spitzen hin rotbraun aufgehellt. Das Halsschild trägt grobe Querwülste und an den Seiten jeweils einen spitzen Zahn. Die Entwicklung der etwa 10 cm langen Larven erfolgt im Stamm alter, noch lebender Eichen. Dabei werden immer wieder dieselben Eichen („Heldbockeichen") zur Eiablage genutzt; die Stämme werden mit der Zeit von den Fraßgängen förmlich durchsiebt und sterben schließlich meistens ab.

Der mit 17–28 mm deutlich kleinere Buchenspießbock (*Cerambyx scopolii*) sieht aus wie eine Miniaturausgabe des Heldbocks, ist aber ganz schwarz gefärbt. Er entwickelt sich vor allem in morschen Buchen und Obstbäumen.

Vorkommen *Vorzugsweise in den Stromtälern großer Flüsse (z. B. Rhein und Elbe) in feuchten Wäldern mit alten Eichen, in Mitteleuropa sehr selten geworden.*

- > ***sehr groß mit langen Fühlern***
- > ***schwarzbraun mit helleren Flügelspitzen***
- > ***an alten Eichen***

Alpenbock

Rosalia alpina (Bockkäfer)

L 15–38 mm Juli–September

Paarung

Dieser prächtig matt hellblau gefärbte Bockkäfer gehört zu den schönsten Käfern Mitteleuropas, leider auch zu den seltensten. Die Flügeldecken sind mit einem variablen Muster schwarzer Querbinden und Flecke, die Fühler mit schwarzen haarigen Ringen verziert. Die Larven entwickeln sich vorzugsweise in morschem Buchenholz. Die Käfer werden stark von liegendem Holz angezogen und legen darin gern ihre Eier ab. Da dieses Holz in aller Regel vor dem Ende der mehrjährigen Larvenentwicklung abgefahren wird, war der Käfer in Mitteleuropa schon fast ausgestorben; seine Bestände konnten sich aber inzwischen durch gezielte Schutzmaßnahmen wieder deutlich erholen, vor allem auf der Schwäbischen Alb.

Vorkommen *Im Bergland in lockeren Buchenwäldern; in Mitteleuropa nur in den Alpen und auf der Schwäbischen Alb, überall selten.*
Bild oben: Männchen

- > ***hellblaue Färbung***
- > ***Fühler körperlang oder länger***
- > ***im Bergland an Buchen***

Weibchen

Porträt eines Paares

Kleiner Zangenbock

Rhagium inquisitor (Bockkäfer)
L 10–21 mm April–Juni

Überwinternder Käfer in Puppenwiege

Vorkommen *In Nadelwäldern, insbesondere Kiefernwäldern, überall häufig.*

- ***Fühler sehr kurz***
- ***Entwicklung meist unter Kiefernrinde***
- ***Verpuppung in einem „Nest"***

Dieser graubraune, eher unauffällige Bockkäfer trägt seitlich am Halsschild jeweils einen spitzen Höcker und auf den Flügeldecken zwei nicht immer auffällige, blassgelbliche Querbinden. Die Fühler sind für einen Bockkäfer ausgesprochen kurz. Die deutlich abgeflachten, großköpfigen Larven entwickeln sich vorzugsweise unter der Rinde abgestorbener Kiefern. Die Verpuppung erfolgt in einem regelrechten „Nest" unter der Baumrinde, das die Larve kurz zuvor aus länglichen, ringförmig abgelegten Nagespänen selbst hergestellt hat. In dieser hübschen Puppenwiege überwintert der bereits im Spätsommer schlüpfende Käfer.

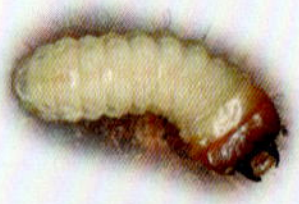
Larve des Kleinen Zangenbocks

Der sehr ähnliche Schrot-Zangenbock (*Rhagium mordax*) trägt an den Seiten der Flügeldecken jeweils einen schwarzen Fleck; er entwickelt sich meist in Laubholz.

Rothalsbock

Stictoleptura rubra (Bockkäfer)
L 10–20 mm Mai–September

Vorkommen *In Nadel- und Mischwäldern überall häufig; einer der häufigsten heimischen Bockkäfer.*

- ***Flügeldecken beim Männchen gelblich***
- ***beim Weibchen Halsschild und Flügeldecken rot***
- ***regelmäßig auf Doldenblüten***

Die Flügeldecken sind nach hinten deutlich verschmälert. Die Geschlechter unterscheiden sich deutlich in der Färbung: Während das Männchen gelbliche Flügeldecken und ein schwarzes Halsschild besitzt, ist beides beim deutlich kräftigeren Weibchen rot gefärbt. Die Käfer halten sich gern auf blühenden Sträuchern und Kräutern auf, insbesondere auf Doldenblüten. Das Weibchen legt seine Eier vorzugsweise in alte Fichten- und Kiefernstubben ab. Die Larve frisst sich in ihrer mehrjährigen Entwicklung tief ins anbrüchige Holz hinein in verpuppt sich auch dort.

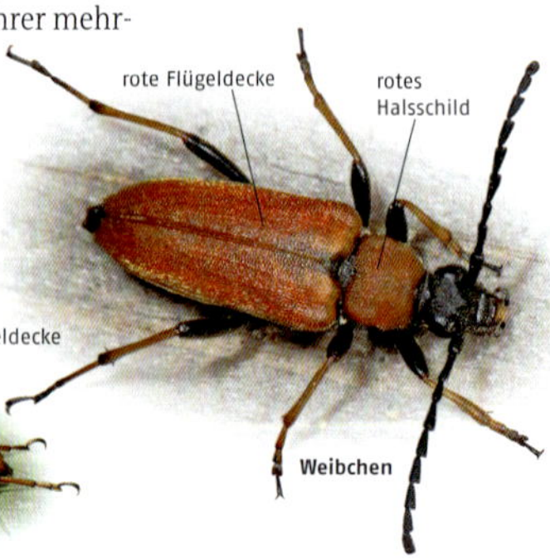

Gefleckter Schmalbock

Rutpela maculata (Bockkäfer)
L 14–20 mm Mai–August

Dieser auffallend schmal gebaute Bockkäfer besitzt gelbe Flügeldecken mit einer variablen schwarzen Bindenzeichnung. Die vordere Binde ist meist unterbrochen, oft auch die zweite. Den Käfer trifft man regelmäßig auf blühenden Sträuchern und Kräutern an, wo er sich offenbar vom Blütenpollen ernährt. Seine Larve entwickelt sich meist in Laubholzstubben oder in am Boden liegendem Totholz, seltener auch in Nadelholz.

***Vorkommen** Auf Waldlichtungen und an Waldrändern überall häufig.*

- > ***auffallend schmal***
- > ***Flügeldecken gelb mit schwarzen Binden***
- > ***Entwicklung meist in Laubholz***

Der ebenfalls häufige Vierbinden-Schmalbock (*Leptura quadrifasciata*) trägt auf seinen gelben Flügeldecken 4 durchgehende schwarze Querbinden.

Gemeiner Widderbock

Clytus arietis (Bockkäfer)
L 7–14 mm Mai–Juli

Dieser kleine Bockkäfer trägt auf seinen Flügeldecken eine markante, gelbe Bindenzeichnung. Die zweite Binde besitzt dabei die Form eines Widderhorns. Der sehr scheue und flugtüchtige Käfer ist regelmäßig auf Holzklaftern und blühenden Pflanzen zu beobachten. Er ist zusammen mit einigen ähnlichen Arten ein eindrucksvolles Beispiel für Mimikry, d. h. die Nachahmung wehrhafter oder durch schlechten Geschmack geschützter Tiere durch Arten, denen ein derartiger Schutz fehlt. Die Larvenentwicklung erfolgt in totem Laubholz, besonders in Buchenzweigen.

***Vorkommen** Auf Waldlichtungen und an Waldrändern überall ziemlich häufig.*

- > ***Flügeldecken mit gelbem „Widderhorn"***
- > ***Fühler am Ende geschwärzt***
- > ***häufig auf Blüten und Totholz***

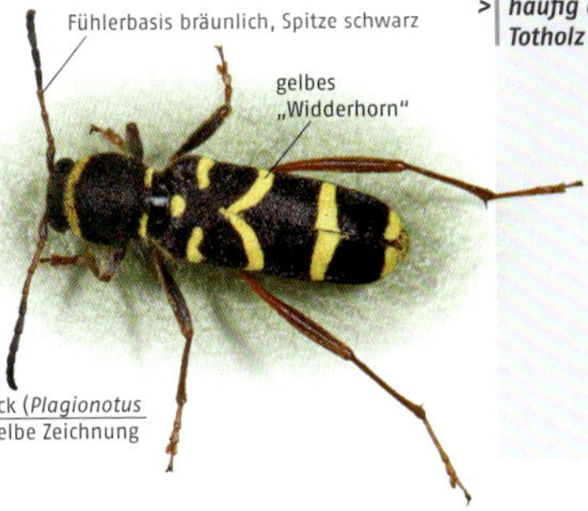

Der deutlich kräftigere Eichenwidderbock (*Plagionotus arcuatus*) besitzt eine ausgedehntere gelbe Zeichnung und in ganzer Länge gelbrote Fühler.

Weberbock

Lamia textor (Bockkäfer)
L 15–30 mm Mai–Juni

Vorkommen *In feuchten Laubwäldern, besonders in den Flussauen, fast überall ziemlich selten.*

- > ***auffallend plump***
- > ***mattschwarz mit schwachen Haarflecken***
- > ***läuft träge am Boden***

Dieser ziemlich plumpe, mattschwarze Bockkäfer besitzt eine nur schwach entwickelte, fleckige Behaarung, die bei älteren Exemplaren völlig abgerieben sein kann. An den Halsschildseiten befindet sich jeweils ein spitzer Höcker. Er besitzt zwar voll entwickelte Flügel, benutzt diese aber äußerst selten, sondern läuft vielmehr träge am Boden, etwa auf Wegen in Auwäldern, umher. Seine Larve entwickelt sich in anbrüchigen, alten Weiden und Pappeln, besonders in Kopfweiden.

Zimmermannsbock

Acanthocinus aedilis (Bockkäfer)
L 12–20 mm März–Mai

Vorkommen *In lockeren Kiefernwäldern, gebietsweise nicht selten, besonders auf Sandböden im östlichen und südlichen Mitteleuropa. Bild oben: Weibchen*

- > ***Fühler beim Männchen extrem lang***
- > ***Weibchen mit langer Legeröhre***
- > ***an Kiefernholz***

Der Zimmermannsbock ist trotz seiner relativ geringen Größe einer der imposantesten heimischen Bockkäfer. Das Männchen besitzt Fühler von fünffacher Körperlänge und damit die relativ längsten Fühler aller europäischen Bockkäfer. Beim Weibchen sind diese immerhin noch von doppelter Körperlänge; es besitzt außerdem am Hinterleibsende eine deutlich sichtbare Legeröhre. Die Art erscheint als einer ersten Bockkäfer oft schon im März und kann dann auf liegenden Kiefernstämmen, an Holzklaftern oder an Kiefernstubben angetroffen werden. Die Larven entwickeln sich im Totholz von Kiefern.

Rothalsiger Linienbock

Oberea oculata (Bockkäfer)

L 15–21 mm Juni–September

Porträt des Rothalsigen Linienbocks

Dieser hübsche, relativ kleine Bockkäfer besitzt einen ausgesprochen schmalen, parallelseitigen Körperbau. Kopf und Fühler sind schwarz, die Flügeldecken grau mit feinen dunklen Punkten, der übrige Körper einschließlich der Beine orange. Auf dem Halsschild befinden sich zwei schwarze Punkte. Die Larven entwickeln sich in etwa 10 mm dicken Weidenzweigen. Vor der Eiablage nagt das Weibchen einige Querfurchen, dann darunter das Eiloch, durch das ein Ei unter die Rinde geschoben wird.

***Vorkommen** An Wald- und Wegrändern im Allgemeinen nicht selten.*

- > **Halsschild orange mit 2 schwarzen Punkten**
- > **Flügeldecken grau mit dunklen Punkten**
- > **entwickelt sich in dünnen Weidenzweigen**

Beim ähnlichen Geißblatt-Linienbock (*Oberea pupillata*) liegen die Punkte mehr an den Halsschildseiten, und die Flügeldecken sind an der Basis orange gefleckt. Seine Larven leben in Zweigen von Heckenkirschen.

Kleiner Pappelbock

Saperda populnea (Bockkäfer)

L 9–15 mm Mai–Juni

Eiablage in Pappelzweig

Die graubraunen Flügeldecken dieses kleinen Bockkäfers tragen oberseits 8 oder 10 gelbliche, regelmäßig angeordnete Punktflecke. Vor der Eiablage nagt das Weibchen zunächst eine hufeisenförmige Figur in die Rinde junger Zweige der Zitterpappel und legt dann ein Ei in ein Loch in der Mitte des Hufeisens. Die Larve ernährt sich zunächst vom Wundkallus, der sich in den Nagefurchen bildet, und frisst dann weiter in der Zweigmitte. Hierdurch schwillt der Zweig allmählich zu einer kugeligen Galle an. Da die Entwicklung 2 Jahre dauert, erscheint der Käfer alle 2 Jahre häufiger.

***Vorkommen** An Waldrändern und Waldwegen mit Zitterpappeln alle 2 Jahre ziemlich häufig. Bild oben: Paarung*

- > **Flügeldecken mit gelblichen Punktflecken**
- > **meist an Zitterpappeln**
- > **Weibchen nagt „Hufeisen"**

Zwei „Hufeisen" übereinander

Kartoffelkäfer

Leptinotarsa decemlineata (Blattkäfer)

L 7–11 mm   ganzjährig

Vorkommen *Auf Kartoffelfeldern und in Gärten gebietsweise sehr häufig und einer der gefürchtetsten Kulturschädlinge.*

- > ***Flügeldecken gelb mit schwarzen Längsstreifen***
- > ***sonst mehr gelbrot mit dunklen Flecken***
- > ***sehr schädlich auf Kartoffelfeldern***

Larve des Kartoffelkäfers

Dieser unverkennbare Käfer besitzt gelbe Flügeldecken mit 10 schwarzen Längsstreifen, ansonsten einen gelbroten Körper mit unregelmäßigem, dunklem Fleckenmuster. Zusammen mit seiner schmutzig rot gefärbten Larve frisst er ausschließlich Kartoffelblätter und kann bei starker Vermehrung ganze Kartoffelfelder kahl fressen. Er wurde aus seiner nordamerikanischen Heimat Ende des 19. Jahrhundert nach Europa eingeschleppt, wo er sich schnell ausbreiten konnte, da seine natürlichen Feinde hier fehlten.

Eigelege auf Kartoffelblatt

Befressene Kartoffelpflanze

Tatzenkäfer

Timarcha tenebricosa (Blattkäfer)

L 15–20 mm   März–Juli

Vorkommen *Auf warmen Trockenrasen im südlichen und mittleren Teil Mitteleuropas weit verbreitet und in vielen Gebieten nicht selten.*

- > ***größter heimischer Blattkäfer***
- > ***schwarz mit leichtem Metallglanz***
- > ***Entwicklung an Labkraut***

Larve des Tatzenkäfers

Dieser größte heimische Blattkäfer ist schwarz gefärbt mit leichtem blauem Metallglanz. Die Oberfläche seiner stark gewölbten Flügeldecken ist fein punktiert. Auffallend sind die stark verbreiterten „tatzenartigen" Fußglieder an seinen Beinen. Der etwas behäbig wirkende, flugunfähige Käfer ist bereits an den ersten wärmeren Vorfrühlingstagen unterwegs. Bei Gefahr, etwa, wenn er ergriffen wird, würgt er einen orangefarbigen Safttropfen hervor. Die sehr plumpe und träge schwarze Larve entwickelt sich an Labkraut-Arten.

Pappelblattkäfer

Chrysomela populi (Blattkäfer)

L 10–12 mm ganzjährig

Ansicht von hinten

Der Käfer besitzt eine schwarze Färbung mit grünlichem Metallglanz; nur die Flügeldecken sind leuchtend rot, an den äußersten Spitzen aber schwarz. Der Käfer entwickelt sich an verschiedenen Pappel- und Weidenarten und bringt im Jahr 2 Generationen hervor. Die weißliche Larve trägt knopfartige, schwarze Warzen und kann bei Bedrohung ein karbolartig riechendes Sekret abgeben. Die Verpuppung erfolgt wie bei den Marienkäfern in einer Mumienpuppe, die an der letzten Larvenhaut festhängt.

***Vorkommen** An Wald- und Wegrändern überall häufig.*

> ***schwarz mit grünem Metallglanz***
> ***Flügeldecken rot***
> ***an Pappeln und Weiden***

Puppe des Pappelblattkäfers

Larve des Pappelblattkäfers

Grüner Schildkäfer

Cassida viridis (Blattkäfer)

L 6–8 mm Juni–August

Puppe des Grünen Schildkäfers

Dieser bemerkenswerte Blattkäfer besitzt schildförmig verbreiterte und abgeflachte Flügeldecken sowie ein ebensolches Halsschild, unter dem der kleine Kopf meist vollständig verborgen bleibt. Durch seine oberseits einheitlich grüne Färbung ist der Käfer auf den Blättern seiner Fraßpflanze, u. a. Minzen oder Kratzdisteln, hervorragend getarnt. Ähnliches gilt für seine an den Körperseiten bestachelte grüne Larve, die auf einer nach vorn umgeklappten Schwanzgabel als zusätzliche „Tarnkappe" Häutungsreste und Kotpartikel mit sich herumträgt, sowie für die ebenfalls grüne, auch sehr flache Mumienpuppe.

***Vorkommen** An Wegrändern und auf feuchten Wiesen fast überall ziemlich häufig.*

> ***ganzer Käfer schildförmig***
> ***Oberseite einfarbig grün***
> ***u. a. auf Disteln und Minzen***

Käfer von der Unterseite

Larve des Grünen Schildkäfers

Ameisen-Sackkäfer

Clytra laeviuscula (Blattkäfer)
L 7–11 mm Mai–August

Vorkommen *An sonnigen Waldrändern und auf trockenen Wiesen, ziemlich häufig.*

- ***Körper auffallend länglich***
- ***Flügel rot mit je 2 schwarzen Flecken***
- ***Larve in Ameisennestern***

Der längliche Käfer trägt auf seinen roten Flügeldecken vorn einen kleinen und hinten einen größeren schwarzen Fleck. Er ernährt sich vor allem von Weidenblättern, daneben aber auch von anderen Pflanzen. Das Weibchen setzt sich in der Nähe eines Waldameisenhaufens ins Gras und verpackt seine Eier einzeln in eine Hülle aus schuppenförmigen Kotteilchen. Hierdurch entsteht ein etwa 1 mm großes, an einen Kiefernzapfen erinnerndes Gebilde, das mit etwas Glück von den Ameisen als willkommenes Baumaterial für das Nest verwendet wird. Die schlüpfende, von der Ameisenbrut lebende Käferlarve baut sich daraus einen festen Köcher, in den sie sich bei Gefahr zurückziehen kann.

Der mediterrane, in Mitteleuropa seltene Haar-Langbeinkäfer (*Lachnaia sexpunctata*) trägt auf seinen gelblichen Flügeldecken insgesamt 6 schwarze Punkte.

Larve mit schützendem Köcher

Fallkäfer

Cryptocephalus sp. (Blattkäfer)
L 4–6 mm Mai–August

Vorkommen *An Waldrändern, auf Wiesen und auf Trockenrasen ziemlich häufig.*

- ***etwas bucklige, parallelseitige Körperform***
- ***Färbung artweise verschieden, oft einfarbig grün***
- ***Larven in Kotsack am Boden***

Die zahlreichen Arten dieser Blattkäfergattung wirken etwas bucklig, da das Halsschild etwas nach vorn geneigt und der Kopf teilweise darunter verborgen ist. Die Flügelränder verlaufen ziemlich parallelseitig. Von den etwa 60 heimischen, sehr unterschiedlich gefärbten und gezeichneten Arten zeigen viele arttypische Zeichnungsmuster. Mehrere Arten sind aber einheitlich metallisch goldgrün gefärbt und nur sehr schwer zu unterscheiden. Die Tiere sitzen oft auf Blüten und lassen sich bei der leichtesten Erschütterung sofort fallen. Die Larven leben in Kotsäcken am Boden und ernähren sich von verrottenden Pflanzenteilen.

Käferversammlung auf verblühtem Bocksbart

Schwarzer Stachelkäfer

Hispa atra (Blattkäfer)
L 3–4 mm   April–Juni

langer Dorn am 1. Fühlerglied

Dieser kleine, mattschwarz gefärbte Blattkäfer ist dank der dichten und langen Bedornung auf Halsschild und Flügeldecken mit keinem anderen mitteleuropäischen Käfer zu verwechseln. Auch das 1. Fühlerglied ist mit einem langen Dorn bewehrt. Der merkwürdige Käfer hält sich vorzugsweise auf Gräsern auf. Bei einer Störung kann er zirpende Töne erzeugen, indem er durch Auf- und Abbewegungen des Kopfes mit Schrillleisten auf dem Scheitel über den Vorderrand des Halsschilds reibt. Die Larve frisst als Minierer im Innern von Grasblättern.

Vorkommen *An meist trockenen, sonnigen Orten, insbesondere auf Trockenrasen; im südlichen und zentralen Mitteleuropa stellenweise nicht selten.*

> ***Halsschild und Flügeldecken mit zahlreichen Dornen***
> ***auch 1. Fühlerglied bedornt***
> ***auf Gräsern an sonnigen Orten***

viele Dornen auf Halsschild und Flügeldecken

Der braun gefärbte Braune Stachelkäfer (*Dicladispa testacea*) kommt nur im Mittelmeergebiet vor. Seine Fühler sind unbedornt.

Schilfkäfer

Donacia sp. (Blattkäfer)
L 7–12 mm   Mai–August

Diese auffallend schlanken, grün oder kupferig glänzenden Blattkäfer dieser Gattung besitzen einen schlanken Körperbau und erinnern dadurch etwas an Bockkäfer. In Mitteleuropa kommen zahlreiche schwer unterscheidbare Arten vor, die sich aber teilweise deutlich in der Wahl ihrer speziellen Fraßpflanzen unterscheiden. Alle entwickeln sich als Larven unter Wasser in jeweils ganz bestimmten Wasserpflanzen, etwa in Igelkolben, Rohrkolben oder Pfeilkraut. Sie zapfen die Luftgänge der Pflanzen an und versorgen sich auf diese Weise mit Sauerstoff.

Vorkommen *An Gewässern auf verschiedenen Uferpflanzen, auch auf aus dem Wasser aufragenden Wasserpflanzen; meist häufig.*

> ***erinnert an einen Bockkäfer***
> ***Färbung grün oder kupferig glänzend***
> ***jede Art an ganz bestimmten Wasserpflanzen***

Fühler fast körperlang

Hinterbeine oft etwas gebogen

Paarung

Buchdrucker

Ips typographus (Borkenkäfer)

L 4–5 mm Mai–Juli

Fraßbild unter Fichtenrinde

Vorkommen *In Nadelwäldern an kränkelnden und abgestorbenen Fichten überall häufig.*

- ***zylindrische Körperfom***
- ***Flügeldecken hinten mit bezahnter Schrägfläche***
- ***markantes Fraßbild unter Fichtenrinde***

Der Buchdrucker besitzt eine kurz zylindrische Körperform mit einer von Zähnen begrenzten, schrägen Fläche am Hinterende. Er entwickelt sich unter der Rinde kränkelnder oder bereits abgestorbener Fichten. Die Eiablage erfolgt in einem senkrechten Muttergang. Die Larven fressen von dort aus seitlich abzweigende Gänge, die sternförmig auseinanderweichen. Hierdurch entsteht das an ein Ornament erinnernde Fraßbild. Bei starkem Befall können durch den kleinen Käfer ganze Fichtenwälder zum Absterben gebracht werden.

Larve des Buchdruckers

Großer Pestwurzrüssler

Liparus glabrirostris (Rüsselkäfer)

L 17–21 mm Mai–Juli

Vorkommen *An Bergbächen mit größeren Pestwurzbeständen; in den Alpen und einigen Mittelgebirgen nicht selten.*

- ***größter heimischer Rüsselkäfer***
- ***schwarz mit hellen Haarflecken***
- ***an Bergbächen mit Pestwurz***

Dieser schwarz gefärbte, größte heimische Rüsselkäfer trägt auf den Flügeldecken würfelförmige gelbliche Haarflecke, an den Halsschildseiten ein aus solchen Haaren gebildetes, liegendes „Y“. Die flugunfähigen Käfer kriechen träge am Boden oder auf Pestwurzblättern umher, von denen sie sich auch hauptsächlich ernähren. Die Larven entwickeln sich unterirdisch am Wurzelstock dieser Pflanzen, daneben auch an Wurzeln des Huflattichs.

Paarung

Großer Brauner Rüsselkäfer

Hylobius abietis (Rüsselkäfer)

L 8–14 mm April–Oktober

Dieser relativ große, schwarzbraun bis schwarz gefärbte Rüsselkäfer trägt auf seinen Flügeldecken helle Haarflecke, die jederseits etwa in der Flügelmitte eine schräg gestellte Querbinde bilden. Die Schenkel der Beine tragen unterseits jeweils einen kräftigen Zahn. Die Käfer fressen vorzugsweise an der Rinde und an den Knospen junger Kiefern oder Fichten und können diese dadurch zum Absterben bringen. Die hierdurch entstandenen Schäden sind oft erheblich. Die an den Wurzeln fressenden Larven richten dagegen in aller Regel weit geringere Schäden an.

Vorkommen *In Wäldern, insbesondere in Nadelwäldern, fast überall ziemlich häufig.*

> ***Flügeldecken mit heller Fleckenbinde***
> ***Schenkel unten gezähnt***
> ***frisst an jungen Nadelbäumen***

Der Weißtannenrüssler (*Pissodes piceae*) trägt im hinteren Teil der Flügeldecken jederseits eine schräge helle Querbinde. Er entwickelt sich an Weißtannen und kommt nur im Bergland vor.

Buchenspringrüssler

Rhynchaenus fagi (Rüsselkäfer)

L 2,5–3 mm ganzjährig

Dieser winzig kleine schwarze Rüsselkäfer ist anliegend behaart, trägt auf seinen Flügeldecken regelmäßige Punktreihen und besitzt einen ganz nach unten gebogenen Rüssel. Dank seiner sehr kräftigen Hinterschenkel kann er weite Sprünge vollführen. Im Frühjahr legt der ausgewachsen überwinternde Käfer seine Eier einzeln in die Mittelrippe frischer Buchenblätter. Die wenig später schlüpfende, flach gebaute Larve frisst im Innern des Blattes zunächst einen etwas gewundenen Gang zum Blattrand und erweitert ihn kurz davor zu einer geräumigen Platzmine, in der sie sich auch verpuppt.

Vorkommen *In Buchenwäldern überall sehr häufig.*

> ***klein mit nach unten gebogenem Rüssel***
> ***kann springen***
> ***lebt an Rotbuchen***

Blattminen der Larve

Larve des Buchenspringrüsslers

Haselnussbohrer

Curculio nucum (Rüsselkäfer)

L 6–9 mm   Mai–Juli

Vorkommen *In Laubwäldern an Haselsträuchern, auch in Gärten regelmäßig zu finden.*

> ***Rüssel beim Weibchen fast körperlang***
> ***Körper gelbbraun beschuppt***
> ***an Haselnusssträuchern***

Porträt des **Weibchens**

Der Haselnussbohrer besitzt einen sehr dünnen, gebogenen Rüssel, der beim Weibchen fast Körperlänge erreicht, beim Männchen aber etwas kürzer bleibt. Das Weibchen benutzt ihn, um in die noch weichen Nüsse Eier abzulegen. Sie nagt zunächst mit ihren Kiefern (die an der Spitze des langen Rüssels sitzen) jeweils ein tiefes Loch durch die Wand bis in den Kern, um anschließend ein Ei hineinzulegen. Die Larve frisst später im Innern der Nuss, bohrt sich aber im Spätsommer, nachdem die Nuss hinabgefallen ist, ein Loch in die inzwischen hart gewordene Wand und vergräbt sich im Boden. Dort findet später die Verpuppung statt.

Larve nach Verlassen der Nuss

Weibchen

Paarung

Grünrüssler

Phyllobius sp. (Rüsselkäfer)

L 5–10 mm   April–Juli

Vorkommen *In Laubwäldern und Gebüschen überall häufig.*

> ***Rüssel kurz***
> ***grüne oder bronzefarbene Schuppen***
> ***meist auf Laubbäumen und Sträuchern***

Die leuchtend grün oder bronzefarben beschuppten Rüsselkäfer dieser Gattung besitzen einen ziemlich kurzen und dicken Rüssel. Bei uns kommen etwa 15 verschiedene Arten vor, die sich nur schwer unterscheiden lassen. Die Käfer fressen an den Blättern verschiedener Laubbäume, seltener an Nadelbäumen. Die Larven entwickeln sich im Erdboden an Baumwurzeln, einige Arten an den Wurzeln von krautigen Pflanzen. Sie können bei stärkerem Auftreten gelegentlich Jungbäume zum Absterben bringen.

am Blattrand fressender Käfer

Birkenblattroller

Deporaus betulae (Blattroller)
L 3–5 mm April–Juli

fertige Blattrolle

Dieser ziemlich kleine schwarze Käfer besitzt einen gerade vorgestreckten Rüssel, der etwa so lang ist wie der übrige Kopf. Er entwickelt sich meist an Birken, seltener auch an anderen Laubhölzern wie Erlen oder Haselsträuchern. Das Weibchen nagt am Blattgrund zunächst eine stärker s-förmige, dann auf der anderen Blattseite eine flacher geschwungene Schnittfigur. Zusätzlich nagt es die Mittelrippe an und rollt die abgetrennte Blattspitze zu einer zigarrenartigen Tüte zusammen. In dieser in der äußeren Schicht rasch austrocknenden, innen aber länger feucht bleibenden und später meist zu Boden fallenden Blatttüte entwickeln sich 1–6 Larven.

Vorkommen *An Wald- und Wegrändern mit Birken fast überall häufig.*

> ***glänzend schwarz***
> ***Rüssel so lang wie der Kopf***
> ***stellt an Birken Blattwickel her***

deutliche Punktreihen

kurzer, fast gerader Rüssel

Käfer nagt an Mittelrippe

Haselblattroller

Apoderus coryli (Blattroller)
L 6–8 mm Mai–September

Porträt des Haselblattrollers

Dieser leicht kenntliche Käfer besitzt einen ziemlich langen Hinterkopf, ein rotes Halsschild und ebenso gefärbte Flügeldecken. Das Weibchen stellt an Haselblättern, seltener an solchen von Erle oder Birke, zunächst am Blattgrund eine flache Schnittkurve bis etwas über die Mittelrippe her (durchtrennt diese also vollständig) und rollt dann die Blattspitze zu einem länglichen Tönnchen zusammen. In den länger feucht bleibenden inneren Schichten der am Blatt hängen bleibenden Rolle entwickelt sich meist nur eine Larve, selten 2.

Vorkommen *In Laubwäldern und an Waldrändern mit Haselsträuchern nicht selten.*

> ***Hinterkopf stark verlängert***
> ***Halsschild und Flügeldecken rot***
> ***an Haselsträuchern***

Beim Eichenblattroller (*Attelabus nitens*) ist das Halsschild fast so breit wie die beiden Flügeldecken zusammen, und der Hinterkopf ist nicht deutlich verlängert.

Halsschild halb so breit wie Flügeldecken

Hinterkopf stark verlängert

fertige Blattrolle

Fächerflügler

Stylops melittae (Fächerflügler)

Spw♂ 6–10 mm L♀ 4–7 mm Februar–April

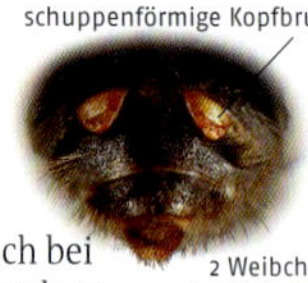

Vorkommen *An offenen Stellen mit Nistkolonien von Sandbienen, ziemlich selten.*
Bild oben: Paarung auf dem Hinterleib der Biene

- **Männchen mit fächerförmigen Flügeln**
- **Weibchen madenartig**
- **entwickelt sich in Sandbienen**

Bei diesem äußerst merkwürdigen, parasitisch bei Wildbienen lebenden Insekt besitzt das Männchen fächerförmige Hinterflügel und schmale, zu Keulen reduzierte Vorderflügel. Das madenartige, ungeflügelte Weibchen bleibt zeitlebens im Hinterleib einer Sandbiene; nur sein braunes Kopfbruststück schaut zwischen den Hinterleibsringen der Wirtsbiene hervor. Nach der Paarung, zu der das Männchen den Hinterleib der Biene anfliegt, produziert das Weibchen in seinem stark angeschwollenen Hinterleib einige Tausend Larven, die von der Biene auf eine Blüte gebracht werden, dort auf eine andere Biene umsteigen und auf diese Weise in ein neues Bienennest geraten.

Männchen

frei präpariertes **Weibchen**

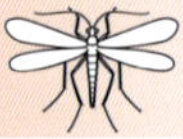

Gemeine Skorpionsfliege

Panorpa communis (Schnabelfliegen)

Spw 25–30 mm Mai–August

Skorpionsfliege frisst an Spinnenbeute

Vorkommen *In Wäldern, auf Wiesen und an Wegrändern überall häufig.*
Bild oben: Weibchen

- **Kopf schnabelartig verlängert**
- **Flügel dunkel gefleckt**
- **Männchen mit hochgebogener Hinterleibszange**

Die Skorpionsfliege hat zwei fast gleichartige, dunkel gefleckte Flügelpaare und einen schnabelartig verlängerten Kopf, an dessen Spitze die beißenden Mundwerkzeuge sitzen. Beim Männchen fällt an der Hinterleibsspitze eine hochgebogene, rote Greifzange auf, die etwas an einen Skorpionstachel erinnert. Diese Zange ist allerdings keine Waffe, sondern dient dem Ergreifen eines Weibchens zur Paarung. Die Art ernährt sich vor allem von toten Insekten, die sie regelmäßig auch aus Spinnennetzen stielt. Die raupenähnliche Larve lebt im Boden und frisst hier u. a. tote Insekten, aber auch Pflanzenteile.

Männchen

Porträt der Skorpionsfliege

Winterhaft

Boreus hyemalis (Schnabelfliegen)

L 3,5 mm Oktober–März

Schneefloh in Schreckhaltung nach einem Sprung

Dieses kleine, flugunfähige Insekt ist überwiegend schwarz gefärbt und besitzt einen deutlichen Metallglanz. Während beim Männchen die hakenförmig gekrümmten Flügelstummel auffallen, besitzt das Weibchen einen ziemlich langen Legebohrer. Beide haben wie alle Schnabelfliegen einen schnabelartig verlängerten Kopf. Die winteraktiven Tiere sind bei milder Witterung regelmäßig auf der Schneeoberfläche zu beobachten. Sie ernähren sich offenbar von Moosen und Pflanzenresten. Bei einer Störung können sie weit springen und bleiben danach eine Weile in Schreckhaltung liegen. Zur Paarung ergreift das Männchen ein Weibchen, das es dann auf seinem Rücken herumträgt.

Vorkommen *An Waldrändern im Winter stellenweise nicht selten, aber nur auf Schnee leicht zu finden. Bild oben: Paarung*

- > ***Männchen mit sichelförmigen Flügelstummeln***
- > ***Weibchen mit Legeröhre***
- > ***Oft auf Schnee***

Mückenhaft

Bittacus italicus (Schnabelfliegen)

Spw 35–40 mm Juli–September

Diese interessante Schnabelfliege ähnelt auf den ersten Blick einer Kohlschnake, besitzt aber zwei Paar Flügel und eine nach Orange tendierende Grundfärbung. Sie hängt sich mit ihren langen Vorderbeinen an Grashalmen oder Zweigen auf und lässt die übrigen Beine nach unten baumeln. Die Füße der Vorderbeine können hierzu wie Schlingen um Halme gewickelt werden. Kommt eine Fliege oder ein anderes Insekt vorbeigeflogen, wird dieses blitzschnell mit den Hinterbeinen ergriffen und zum Verspeisen an die Mundwerkzeuge geführt.

Vorkommen *An warmen, halbschattigen, meist etwas feuchten Stellen, besonders in Auwäldern; sehr selten im südlichen Mitteleuropa, in Südeuropa häufiger. Bild oben: Mückenhaft frisst Fliege*

- > ***wie eine Kohlschnake mit 4 Flügeln***
- > ***Färbung hellorangebraun***
- > ***fängt mit den Hinterbeinen Fluginsekten***

Porträt eines Mückenhaftes

lauernder Mückenhaft

Kohlschnake

Tipula sp. (Schnaken)

Spw 25–50 mm April–Oktober

Porträt der Kohlschnake

***Vorkommen** In Wäldern und offenem Gelände überall häufig.*

> ***ziemlich groß***
> ***mit sehr langen dünnen Beinen***
> ***Larve mit „Teufelsfratze"***

Bei der absolut harmlosen Kohlschnake sind, wie bei allen Zweiflüglern, die Hinterflügel zu winzigen „Schwingkölbchen" umgestaltet, die für die Koordination der Flügelbewegungen zuständig sind. Die oft recht großen, ausgesprochen langbeinigen Tiere werden abends oft von erleuchteten Fenstern angelockt und sorgen dann nicht selten für Aufregung. Dabei besitzen sie keine funktionsfähigen Mundwerkzeuge, können also weder stechen noch Nahrung aufnehmen. Die grauen, fußlosen Larven, entwickeln sich im Erdboden und fressen Falllaub und Pflanzenwurzeln. Sie besitzen am Hinterende zwei runde Atemöffnungen und mehrere ringsum angeordnete Fortsätze, die ihrem Anblick von hinten das Aussehen einer „Teufelsfratze" verleihen.

Larve der Kohlschnake

Hinterende der Larve mit „Teufelsfratze"

Holzschnake

Tanyptera atrata (Schnaken)

Spw 30–40 mm Juni–Juli

***Vorkommen** In feuchten Laubwäldern, nicht häufig.*
Bild oben: Weibchen bei der Eiablage

> ***Männchen gelb oder schwarz***
> ***Weibchen mit langer spitzer Legeröhre***
> ***entwickelt sich in morschem Holz***

Die beiden Geschlechter sind deutlich verschieden. Das Männchen besitzt deutlich gekämmte Fühler und einen gelben oder schwarzen Hinterleib. Beim Weibchen ist dieser in der vorderen Hälfte leuchtend rot, in der hinteren schwarz gefärbt und läuft hinten in eine lange, zugespitzte Legeröhre aus. Hierdurch macht das Weibchen einen etwas gefährlichen Eindruck, ist aber vollkommen harmlos. Es benutzt diese Legeröhre, um seine Eier in morsches Holz, den Entwicklungsort der Larven, abzulegen.

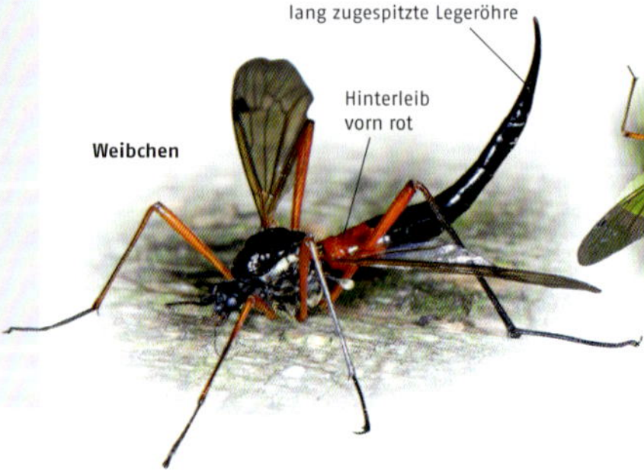

Schneeschnake

Chionea belgica (Stelzmücken)
L 4–5 mm Dezember–Februar

Paarung

Bei diesem winteraktiven Zweiflügler sind die Vorderflügel vollkommen zurückgebildet, die Schwingkölbchen dagegen normal entwickelt. Die langen dünnen Beine verleihen dem Tier ein ausgesprochen spinnenartiges Aussehen. Beim Weibchen ist außerdem am Hinterende ein zugespitzter Legebohrer zu erkennen. Die Schneeschnake läuft an milden Wintertagen oft über die Schneeoberfläche; nicht selten sieht man hier auch beide Geschlechter in Paarung. Sie nimmt ausgewachsen offenbar keine Nahrung mehr zu sich.

Vorkommen *In Wäldern und an Waldrändern, vor allem im Bergland nicht selten.*

- ***flügellos, Schwingkölbchen vorhanden***
- ***Weibchen mit Legebohrer***
- ***oft auf Schnee***

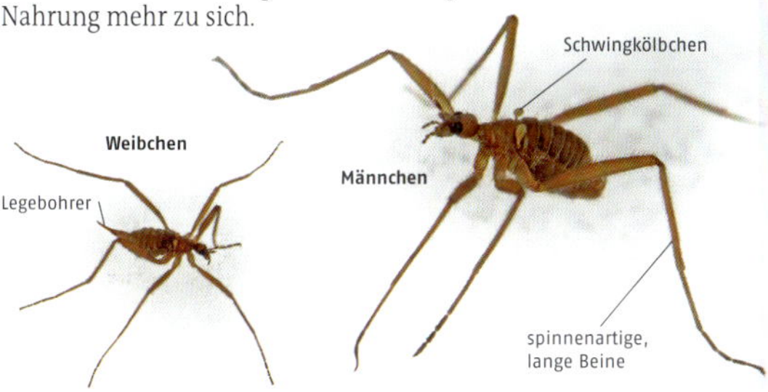

Lidmücke

Liponeura sp. (Lidmücken)
Sp 15–20 mm Juni–Oktober

4 Puppen, auf Stein festgeklebt

Diese hochinteressante Mücke besitzt auffallend lange Beine und von zahlreichen Falten durchzogene Flügel. Sie ernährt sich von anderen kleinen Insekten, die sie fängt und mit ihrem spitzen Saugrüssel aussaugt. Ihre Larve besitzt 6 bauchseitige Saugnäpfe, die es ihr gestatten, sich selbst bei stärkster Strömung an glatten Steinen sicher festzuhalten. Zur Fortbewegung wird immer nur ein Saugnapf kurz angehoben und etwas vorgeschoben, worauf die übrigen folgen. Die Nahrung besteht aus Algen, die auf den Steinen wachsen. Die abgeplatteten Puppen sind flach auf Steinen festgeklebt.

Vorkommen *An turbulenten, sehr sauberen Bergbächen. Ziemlich selten, doch an den Fundorten meist in großer Zahl.*

- ***Flügel mit dichtem Netz aus Falten***
- ***Larve mit 6 Saugnäpfen***
- ***in sauberen, turbulenten Bergbächen***

Larve, über Glasscheibe kriechend

Gemeine Stechmücke

Culex pipiens (Stechmücken)
L 4–6 mm ganzjährig

Eischiffchen

Das Weibchen besitzt eine abgerundete Hinterleibsspitze. In der Sitzhaltung befindet sich der Hinterleib annähernd parallel zur Unterlage. Das Weibchen überwintert gern in Kellern oder Höhlen. Die Eier werden, zu vielen aneinander geklebt, als schwimmendes Schiffchen ablegt. Die Larven hängen mit ihrem abstehenden Atemrohr meist am Wasserspiegel und ernähren sich von herbeigestrudelten Schwebteilchen, tauchen bei Störungen aber mit schlängelnden Bewegungen ab. Die Puppen können sich ebenfalls durch Schlagen mit dem Hinterleib ziemlich flink fortbewegen.

Vorkommen *Besonders in Gärten und Wohnungen, aber auch in feuchten Wäldern und in Gewässernähe überall häufig.*
Bild oben: Schlüpfendes Männchen

> ***Hinterleib parallel zur Unterlage***
> ***Hinterleibsspitze abgerundet***
> ***Larve mit langem Atemrohr***

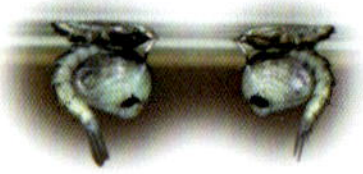
2 Puppen am Wasserspiegel

Weibchen

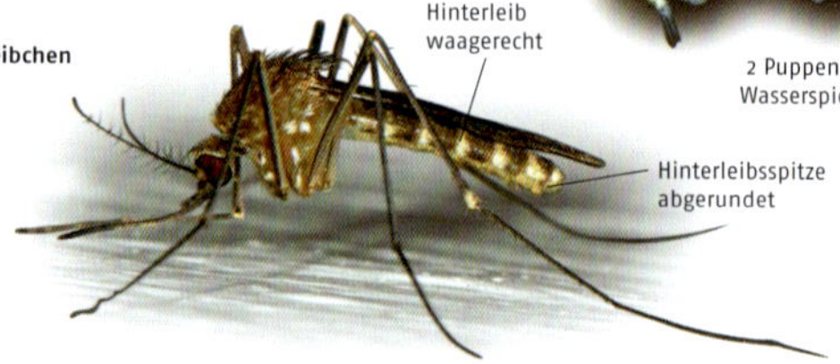

2 Larven am Wasserspiegel

Fiebermücke

Anopheles maculipennis (Stechmücken)
L 6–8 mm April–Oktober

Die Fiebermücke ist am besten an ihrer Sitzhaltung zu erkennen: Ihr ganzer, fast gerade gehaltener Körper bildet dabei mit der Unterlage einen deutlichen Winkel. Ihre Lippentaster sind deutlich länger als bei anderen Stechmücken.
In den Tropen ist die Art als Überträger der Malaria sehr gefürchtet; in Europa ist der Erreger dieser Krankheit dagegen weitgehend ausgerottet. Die Larve besitzt keine Atemröhre und schwimmt die meiste Zeit in waagerechter Haltung direkt unter dem Wasserspiegel und strudelt mit ihren Mundteilen Schwebeteilchen herbei.

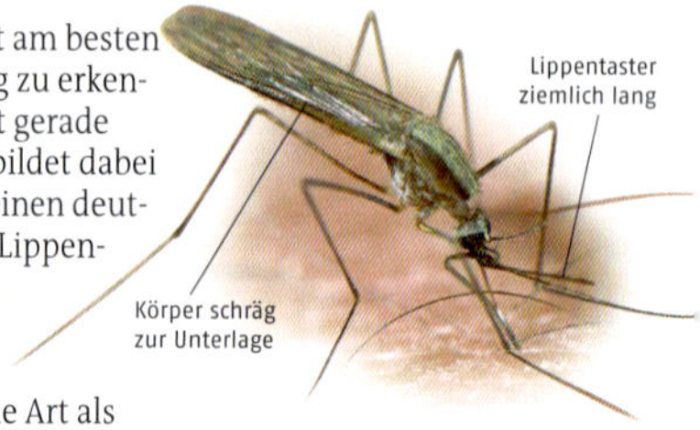

Vorkommen *In feuchtem Gelände, vor allem in Sümpfen und Auwäldern, im Allgemeinen nicht selten, aber in Mitteleuropa deutlich seltener als andere Stechmücken.*

> ***Körper im Sitzen schräg zur Unterlage***
> ***Lippentaster lang***
> ***Larve ohne Atemrohr***

Larve der Fiebermücke

Bei den Stechmückenweibchen der Gattung *Aedes* ist das Hinterleibsende zugespitzt. Die schwer unterscheidbaren Arten gehören überall zu den häufigsten Steckmücken.

Büschelmücke

Chaoborus sp. (Büschelmücken)

L 6–7 mm   Mai–August

Die Mücken dieser Gattung besitzen verkümmerte Mundwerkzeuge und können daher keine Nahrung aufnehmen. Die Männchen besitzen büschelig gefiederte, die Weibchen fadenförmige Fühler. Die Eier werden in scheibenförmigen, von Gallerte eingehüllten Gelegen an der Wasseroberfläche abgelegt. Die Larve ist lang gestreckt und völlig durchsichtig. Sie kann durch 2 Paare luftgefüllter Blasen, deren Größe sie verändern kann, ihr Gewicht exakt dem Wassergewicht anpassen und so schwerelos waagerecht dahinschweben. Sie ergreift mit ihren hakenförmigen Antennen vor allem Kleinkrebse und verzehrt diese. Auch die gestreckte Puppe schwebt scheinbar schwerelos, allerdings in senkrechter Haltung.

schwebende Puppe

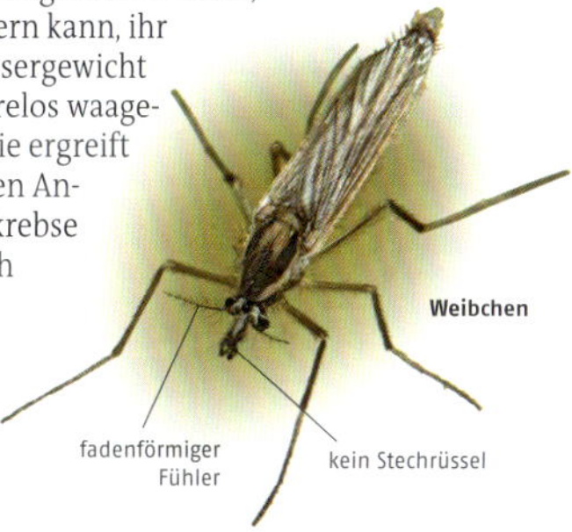

Weibchen

Vorkommen *In meist klaren Gewässern, fast überall häufig.*
Bild oben: Männchen

> ***Mücke mit verkümmerten Mundwerkzeugen***
> ***Larve glasartig durchsichtig***
> ***Larve frisst Kleinkrebse***

frei im Wasser schwebende Larve

Kriebelmücke

Simulium sp. (Kriebelmücken)

L 3–6 mm   Mai–August

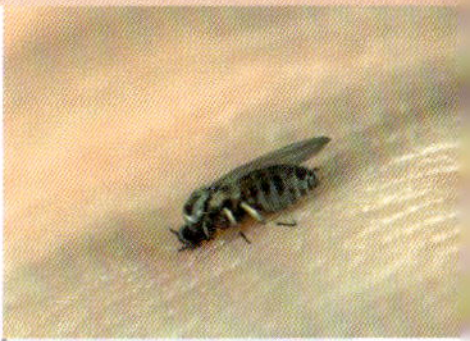

Diese etwas untersetzte, bucklig wirkende Mücke erinnert eher an eine Fliege. Das Weibchen besitzt einen kurzen, kräftigen Stechrüssel. Durch den ziemlich dicken Rüssel ist der Stich recht schmerzhaft; der beim Stich abgegebene Speichel kann starke Schwellungen hervorrufen. Die Larve entwickelt sich in Fließgewässern, meist in etwas verunreinigten. Sie besitzt neben der Oberlippe fächerförmige, gestielte Anhänge, die sie in die Strömung hält. Die sich daran sammelnden Schwebteile dienen ihr als Nahrung. Die Puppe sitzt in einem tütenförmigen, zur Strömung offenen Gehäuse.

Vorkommen *Vorwiegend in der Nähe von Fließgewässern, auch von stärker verunreinigten, überall ziemlich häufig.*

> ***Körper untersetzt***
> ***Stechrüssel kurz und dick***
> ***Saugstelle schwillt oft stark an***

blutsaugendes **Weibchen**

2 Puppen in tütenförmigem Gehäuse

Larve der Kriebelmücke

Zuckmücke

Chironomus sp. (Zuckmücken)
L 10–14 mm ganzjährig

Vorkommen *An Gewässern aller Art überall häufig; regelmäßig auch abends an erleuchteten Fensterscheiben.*
Bild oben: Weibchen

> ***Flügel enden vor Hinterleibsspitze***
> ***Männchen mit fein gefiederten Fühlern***
> ***Männchen tanzen in dichten Schwärmen***

Zuckmückenlarve

Bei dieser relativ großen Mücke werden die Flügelspitzen deutlich von der Hinterleibsspitze überragt. Das Männchen besitzt kurze, breit gefiederte Fühler, das Weibchen normal fadenförmige. Die Tiere entwickeln sich oft massenhaft in mäßig verunreinigten Gewässern. Die Männchen, die wie die Weibchen keine Nahrung aufnehmen können, tanzen an warmen Sommerabenden oft in dichten, säulenförmigen Schwärmen über ihrem Entwicklungsgewässer. Die Larven fallen durch ihre rote Färbung sofort auf. Sie leben am Gewässergrund in gewundenen, mit feinen Schlammteilen bedeckten Gespinströhren und stellen eine wichtige Fischnahrung dar.

Männchen

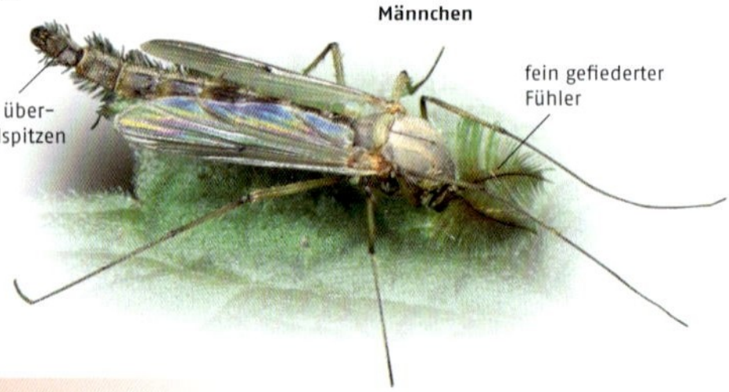

Schmetterlingsmücke

Pericoma sp. (Schmetterlingsmücken)
L 1,5–2,5 mm Mai–Oktober

Vorkommen *An Gewässerufern und in Wäldern überall häufig, gern auch in öffentlichen Sanitäranlagen.*

> ***stark pelzig behaart***
> ***Flügel mit hellen Haarflecken***
> ***Flügel im Sitzen schräg abgespreizt***

Diese sehr kleine Mücke besitzt ausgesprochen breite, fleckig behaarte Flügel, die in der Sitzhaltung schräg abgespreizt werden und dabei miteinander etwa einen rechten Winkel bilden. Auch der ganze Körper ist auffallend pelzig behaart. Die Larven entwickeln sich in unterschiedlichen Gewässertypen, an überrieselten Felsen oder an feuchten Baumstämmen. Vertreter nahe verwandter Gattungen entwickeln sich sogar in Fäkalien („Abortfliegen") und sind z. B. in ungepflegten Sanitäranlagen regelmäßig anzutreffen.

Haarmücke

Bibio sp. (Haarmücken)

L 8–10 mm   März–Mai

Porträt des **Männchens**

Diese stark behaarte Mücke erinnert durch ihre untersetzte Gestalt und die kurzen Fühler sehr an eine Fliege und ist deshalb auch als „Märzfliege" bekannt. Die Augen des Männchens sind auffallend groß und halbkugelig, die des Weibchens sehr viel kleiner. Mehrere schwer unterscheidbare Arten; bei einigen besitzen die Weibchen dunkle Flügel. Die ziemlich flugträgen Tiere treten im Frühjahr oft in großer Zahl auf. Ihre Larven entwickeln sich im Boden und können bei sehr starkem Auftreten durch Wurzelfraß unangenehm in Erscheinung treten. Andererseits beteiligen sie sich am Abbau von Falllaub und anderen pflanzlichen Abfällen und machen sich dadurch nützlich.

***Vorkommen** An Waldrändern, in offenem Gelände und in Gärten überall häufig, in manchen Jahren massenhaft.*
Bild oben: Paarung

> ***fliegenähnlich und stark behaart***
> ***Männchen mit großen Augen***
> ***Weibchen oft mit dunklen Flügeln***

Männchen

Weibchen

Buchengallmücke

Mikiola fagi (Gallmücken)

L 4–5 mm   März–Mai

reife Gallen auf Buchenblatt

Diese langbeinige Mücke fällt durch ihren leuchtend roten Hinterleib auf. Man könnte sie für eine Steckmücke nach einer Blutmahlzeit halten; sie besitzt aber keinen funktionsfähigen Stechrüssel. Sie entwickelt sich in bis 12 mm hohen, nach oben zugespitzten Gallen auf der Oberseite von Buchenblättern. Diese zunächst grünen, später meist roten und sehr hartwandigen Gebilde fallen bei der Reife ab oder fallen später mit dem Blatt zu Boden. Hier überwintert die Larve oder Puppe im Innenraum der Galle und verlässt diese im zeitigen Frühjahr als fertige Mücke, indem sie mit dem Kopf eine dünne Membran am Fuß der Galle durchstößt.

***Vorkommen** An Waldrändern mit Buchen in jahrweise sehr unterschiedlicher Häufigkeit.*

> ***Mücke mit rotem Hinterleib***
> ***Galle glatt, nach oben zugespitzt***
> ***auf der Oberseite von Buchenblättern***

überwinternde Puppe in der Galle

Chamaeleonfliege

Stratiomys chamaeleon (Waffenfliegen)
L 12–16 mm   Juni–September

***Vorkommen** Auf feuchten Wiesen und in der Nähe stehender Kleingewässer meist nicht selten.*

> **Hinterleib sehr breit mit gelben Flecken**
> **Schildchen mit 2 Dornen**
> **Larve schwimmt an der Wasseroberfläche**

Larve der Chamaeleonfliege

Diese deutlich abgeflachte, leuchtend gelb und schwarz gemusterte Fliege besitzt einen stark verbreiterten Hinterleib, der mit seinen gelb gefleckten Seitenrändern deutlich über die Flügelseiten hinausragt. Das gelbe, halbmondförmige Schildchen trägt am Hinterrand 2 schräg nach hinten gerichtete Dornen (daher der Familienname „Waffenfliegen", obwohl diese Tiere völlig harmlos sind). Die spindelförmige Larve schwimmt dicht unter dem Wasserspiegel und strudelt mit ihren Mundwerkzeugen feine Schwebteilchen als Nahrung herbei.

Die ziemlich seltene, deutlich kleinere Waffenfliege *Odontomyia hydroleon* besitzt einen leuchtend hellgrün gezeichneten Hinterleib und einen bronzefarbig glänzenden Brustabschnitt.

Bremse

Hybomitra tropica (Bremsen)
L 13–15 mm   Mai–August

***Vorkommen** An Waldrändern und in offenem Gelände häufig.*

> **Augen mit geraden roten Streifen**
> **Augen beim Weibchen schmal getrennt**
> **sticht vor allem Weidevieh**

Bremsenlarve

Diese relativ große Bremse besitzt grün und rot schillernde, mit waagerechten roten oder violetten Streifen verzierte Augen, die beim Männchen in ganzer Länge aneinanderstoßen und beim Weibchen nur durch einen schmalen Zwischenraum voneinander getrennt sind. Während die Männchen wie bei allen Arten dieser Familie nicht stechen können und lediglich Blüten besuchen, sind die Weibchen Blutsauger. Sie fallen vor allem über Weidevieh her, saugen aber gelegentlich (wie hier abgebildet) auch beim Menschen Blut. Die fußlose, weißliche Larve entwickelt sich an feuchten Bodenstellen.

saugendes **Weibchen** im Porträt

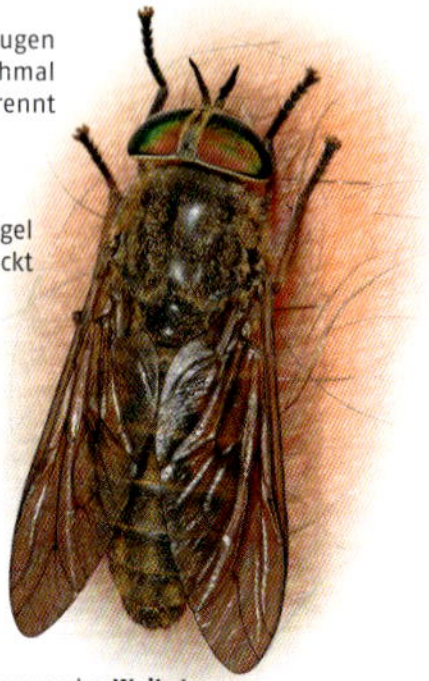

blutsaugendes **Weibchen**

Regenbremse

Haematopota pluvialis (Bremsen)
L 8–12 mm

Die Regenbremse besitzt sehr bunte, in allen Regenbogenfarben schillernde Augen, die mit dunkelvioletten, geschlängelten Binden gezeichnet sind. Wegen dieser Vielfarbigkeit ist sie auch als „Regenbogenbremse“ bekannt. Ihr anderer Name bezieht sich auf die Eigenart, dass sie bei sehr schwülem, Regen ankündigendem Wetter besonders stechlustig ist. Bei solchen Wettersituationen kann ein Aufenthalt etwa auf einer Sumpfwiese zu einer wahren Tortur werden. Hat sie sich erst einmal festgesetzt und zu saugen begonnen, ist sie allerdings recht leicht zu erschlagen, was ihren weiteren Namen „Blindfliege“ zur Folge hatte.

***Vorkommen** Vorzugsweise in etwas feuchtem, offenem Gelände; überall häufig und wohl die häufigste mitteleuropäische Bremsenart.*

- ***Augen sehr bunt, mit geschlängelten Binden***
- ***Flügel fein gefleckt***
- ***kann bei schwülem Wetter sehr lästig werden***

Weibchen beim Blutsaugen

saugendes **Weibchen** im Porträt

Goldaugenbremse

Chrysops relictus (Bremsen)
L 9–11 mm Mai–September

Die Goldaugenbremse besitzt leuchtend grüne Augen mit einem dunklen Muster aus rundlichen violetten Flecken. Die Flügel tragen etwa in der Mitte eine breite, etwas gebogene schwarze Querbinde. Im Sitzen werden sie schräg (deltaförmig) abgespreizt. Sie sticht den Menschen viel seltener als die Regenbremse, scheint diesem gegenüber also andere Opfer zu bevorzugen. Sie sticht auch lieber im Kopfbereich als in anderen Körperpartien.

***Vorkommen** An Waldrändern und in offenem Gelände überall ziemlich häufig.*

- ***Augen grün mit violetten Flecken***
- ***Flügel mit schwarzer Bindenzeichnung***
- ***Flügel im Sitzen schräg abgespreizt***

saugendes **Weibchen** im Porträt

Männchen

blutsaugendes **Weibchen**

Ibisfliege

Atherix ibis (Ibisfliegen)

L 9–11 mm Mai–Juli

Eiablage an einer Brücke

__Vorkommen__ An sauberen, schnell fließenden Gewässern mit steinigem oder kiesigem Grund; vor allem im Bergland gebietsweise ziemlich häufig.

- ***Flügel dunkel gefleckt***
- ***Eiablage wie in einem Bienenschwarm***
- ***an sauberen Fließgewässern***

Diese relativ breit gebaute, bremsenähnliche Fliege besitzt dunkel gefleckte Flügel, die sie im Sitzen schräg abspreizt. Ihr Hinterleib trägt dunkle Querbinden. Die Eier werden von zahlreichen Weibchen gemeinsam an Brücken oder Zweigen, die über das Wasser ragen, abgelegt. Die Tiere bilden dabei einen dicken Klumpen, der an einen Bienenschwarm erinnert und sich aus den kurz darauf sterbenden Fliegen und ihren Eiern zusammensetzt. Die schlüpfenden Larven fressen zunächst an den Fliegenkadavern und lassen sich anschließend ins Wasser hinabfallen, wo sie ihre Entwicklung als Wasserbewohner fortsetzen.

Weibchen

Larve der Ibisfliege

Männchen

Wurmlöwe

Vermileo vermileo (Wurmlöwen)

L 5–12 mm Mai–Juli

Porträt des Wurmlöwen

__Vorkommen__ An warmen, halbschattigen bis schattigen Stellen; im Mittelmeergebiet weit verbreitet, nach Norden bis in die südlichen Alpentäler.

- ***sehr schmaler Körperbau***
- ***auf der Brust 3 schwarze Streifen***
- ***Larve baut Fangtrichter***

Diese hochinteressante, gelb und schwarz gezeichnete Fliege besitzt einen sehr schlanken Körperbau mit hoch aufgewölbtem Brustabschnitt. Dieser trägt oben drei schwarze Längsstreifen. Seine Larve, der eigentliche „Wurmlöwe" baut ganz ähnliche Fangtrichter wie der bekannte Ameisenlöwe. Er bevorzugt aber eher schattige Bereiche, etwa am Fuß von Mauern oder Hauswänden. Der Sand wird mit dem ringförmig eingekrümmten Vorderende hochgeschleudert, sodass ein etwa 2–3 cm großer Trichter entsteht, der im Vergleich zum Ameisenlöwentrichter unten eher rund, ähnlich einem Eierbecher, geformt ist. Der Wurmlöwe fängt darin ebenfalls vorzugsweise Ameisen.

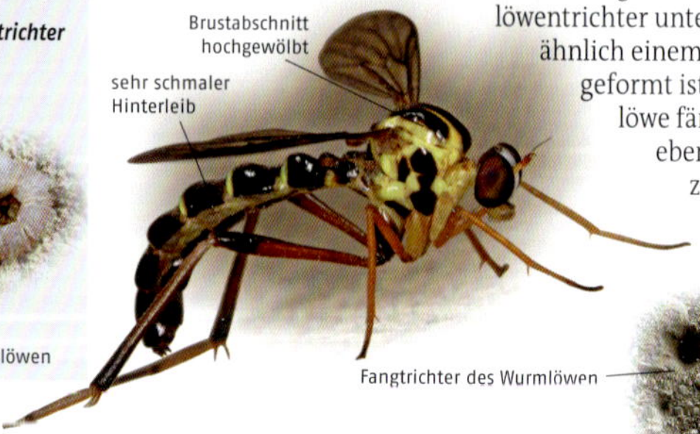

Larve des Wurmlöwen

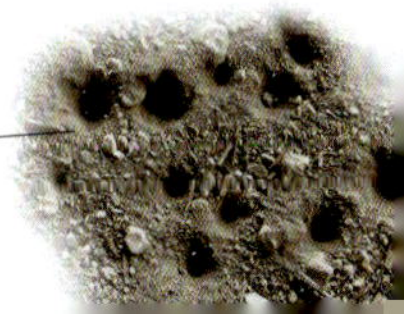

Fangtrichter des Wurmlöwen

Großer Wollschweber

Bombylius major (Wollschweber)
L 9–12 mm April–Juni

Hummelschweber, an Blüte saugend

Diese pelzig braun behaarte Fliege besitzt einen fast körperlangen, in der Ruhelage gerade nach vorn gestreckten Saugrüssel. Die Flügel tragen am Vorderrand eine breite dunkelbraune, hinten gezackte Binde. Das hummelähnliche Insekt saugt mit seinem Rüssel Nektar aus Blüten, indem es sich im Schwirrflug leicht mit den Beinen abstützt, ohne sich hinzusetzen. Das Weibchen wirft ebenfalls im Schwirrflug vor Nestern von Wildbienen seine zuvor mit Staub eingepuderten Eier ab. Die Larven wandern in die Bienennester ein, häuten sich dort zu trägen Maden und fressen zunächst die Futtervorräte, anschließend die Bienenmaden.

Vorkommen *An sonnigen Waldrändern und in lichten Wäldern nicht selten, regelmäßig auch in Gärten.*

- ***hummelartig braun behaart***
- ***fast körperlanger Saugrüssel***
- ***entwickelt sich in Wildbienennestern***

Trauerschweber

Hemipenthes morio (Wollschweber)
L 6–12 mm Mai–August

Dieser tiefschwarz gefärbte Vertreter der Wollschweber besitzt einen kurzen, von oben nicht sichtbaren Rüssel. Seine Flügel sind in der basalen Hälfte ebenfalls schwarz. Die Grenze zwischen dem schwarzen und dem durchsichtigen Teil verläuft schräg über den Flügel und ist deutlich ausgezackt. Wegen seines kurzen Rüssels setzt sich Trauerschweber zur Nahrungsaufnahme auf den Blüten ab. Seine Larven unterscheiden sich in ihrer Lebensweise deutlich von denen des Großen Wollschwebers: Sie entwickeln sich als Parasiten in Larven von Raupenfliegen, die ihrerseits in Schmetterlingsraupen parasitieren. Solche Parasiten zweiter Ordnung werden als Hyperparasiten bezeichnet.

Vorkommen *An sonnigen Waldrändern und auf Trockenrasen, gebietsweise und in manchen Jahren ziemlich häufig.*

- ***schwarze Gesamtfärbung***
- ***kurzer Rüssel***
- ***Hyperparasit bei Raupenfliegen***

Der ebenfalls als Trauerschweber bezeichnete *Anthrax anthrax* lebt als Parasit in den Nestern von Wildbienen. Er hat auf dem Hinterleib schmale weiße Querflecken und in größerer Ausdehnung verdunkelte Flügel.

Gelbe Raubfliege

Laphria flava (Raubfliegen)

L 17–25 mm Juli–September

dichte pelzige Behaarung

Vorkommen *An sonnigen Waldrändern, an Waldwegen und besonders auf Holzlagerplätzen ziemlich häufig.*

> ***Körper hummelartig gelb und braun behaart***
> ***kurzer, sehr kräftiger Saugrüssel***
> ***fängt andere Insekten***

Diese auffallend große und kräftige Raubfliege ist pelzig gelb und braun behaart und erinnert dadurch sehr an eine Hummel. Die etwas gefährlich wirkende Fliege lauert besonders gern auf Holzklaftern und sonstigen Holzteilen. Sie startet von ihrer Sitzwarte oft zu kurzen Rundflügen, kehrt anschließend aber fast immer zum gleichen Platz zurück. Von Zeit zu Zeit greift sie sich im Flug ein vorbeifliegendes anderes Insekt, um es anschließend auf ihrem Sitzplatz mit dem kräftigen, nach vorn gerichteten Saugrüssel auszusaugen. Zu ihren Beuteobjekten zählen vor allem verschiedene Käfer und Fliegen, die nahezu ihre eigene Größe besitzen können.

kräftiger, nach vorn gerichteter Saugrüssel

Raubfliege mit erbeutetem Schnellkäfer

Tanzfliege

Empis tesselata (Tanzfliegen)

L 11–13 mm Mai–August

Vorkommen *An Waldrändern und Gebüschen meist ziemlich häufig.*

> ***mit langem Saugrüssel***
> ***Männchen mit dunklen und breiteren Flügeln***
> ***Paarung mit „Brautgeschenk"***

Diese mittelgroße, ziemlich schlanke und nur schwach behaarte Fliege besitzt einen auffallend langen, gerade nach unten gerichteten Saugrüssel. Man kann sie oft beim Blütenbesuch beobachten. Zur Paarungszeit fängt das Männchen ein Beuteinsekt, tötet es mit seinem Rüssel und tanzt damit in der Luft auf und ab. Sobald ein Weibchen erscheint, bietet es diesem die Beute an, landet an einem Zweig und vollzieht mit der durch das „Brautgeschenk" abgelenkten Partnerin die Paarung. Andere Arten dieser Familie übergeben z. T. ein in Gespinstfäden eingewickeltes Beutetier oder sogar einen leeren Gespinstballon an das Weibchen.

Paarung mit Kohlschnake als „Brautgeschenk"

nach unten gerichteter Saugrüssel

Männchen mit Haarmücke als „Brautgeschenk"

Dickkopffliege

Conops flavipes (Dickkopffliegen)

L 9–13 mm Mai–August

Diese auch als Blasenkopffliege bekannte Fliege fällt durch ihren kugeligen, ziemlich großen Kopf auf. Der Hinterleib des wespenartig gezeichneten Tiers ist an der Basis sehr schmal und zum Ende keulenförmig verdickt. Der lange Saugrüssel ist schräg nach oben gerichtet. Die Fliege ist oft beim Blütenbesuch zu beobachten. Ihre Larven entwickeln sich parasitisch in den Larven von verschiedenen Wespen, Wildbienen und Hummeln.

Paarung

Vorkommen *An Waldrändern und in offenem Gelände ziemlich häufig, wohl die häufigste Art der Familie.*

- > ***Kopf ziemlich groß und kugelig***
- > ***Hinterleib am Ende keulenförmig***
- > ***Entwicklung parasitisch bei Wespen und Bienen***

Hainschwebfliege

Episyrphus balteatus (Schwebfliegen)

L 10–11 mm ganzjährig

Fliege im Rüttelflug

Diese relativ schmale Schwebfliege besitzt einen kupferig glänzenden Brustabschnitt mit 3 grauen Längsbinden. Der gelbe Hinterleib trägt auf den Segmenten 2 bis 4 schwarze Hinterrandbinden, auf dem 2. außerdem ein schwarzes Kreuz. Die Art kann, wie die meisten Schwebfliegen, im Flug „auf der Stelle stehen". Sie besucht regelmäßig Blüten, vor allem Doldenblüten. Die Fliege überwintert ausgewachsen, fliegt manchmal mitten im Winter umher und wandert oft über größere Strecken. Die weißliche, etwas durchscheinende Larve ergreift mit ihren Mundhaken Blattläuse und saugt sie aus. Daher wird sie auch zur biologischen Bekämpfung von Blattläusen gezüchtet.

Vorkommen *In fast allen Lebensräumen sehr häufig.*

- > ***Segment 2 mit schwarzem Kreuz***
- > ***wandert oft über größere Strecken***
- > ***wichtiger Gegenspieler von Blattläusen***

3 Fliegen auf Rosenblüte

Späte Großstirnschwebfliege

Scaeva pyrastri (Schwebfliegen)

L 14–15 mm April–September

Vorkommen *An Waldrändern und in offenem Gelände überall häufig.*

- **Grundfärbung schwarz**
- **eine gerade und 2 gebogene, unterbrochene Binden**
- **Larve frisst Blattläuse**

Diese markant gezeichnete Schwebfliegenart besitzt einen schwarzen Brustabschnitt mit grünlichem Metallglanz. Der schwarze Hinterleib trägt auf dem 2. Segment eine gerade, auf dem 3. und 4. jeweils eine gebogene, in der Mitte unterbrochene Querbinde. Die Fliege besucht regelmäßig blühende Pflanzen, besonders Doldengewächse und Korbblütler. Die Larve ist grün, selten rosa gefärbt mit weißen Längsstreifen über der Körpermitte. Sie gehören zu den eifrigsten Blattlausvertilgern.

Larve der Großstirnschwebfliege

Gemeine Schnauzenschwebfliege

Rhingia campestris (Schwebfliegen)

L 8–11 mm April–September

Vorkommen *An Waldrändern und auf Wiesen häufig, besonders in der Nähe von Stallungen und Viehkoppeln.*

- **Kopf mit nasenartiger Verlängerung**
- **Hinterleib rotbraun**
- **entwickelt sich in Kuhfladen**

Die Stirn dieser sehr markanten Schwebfliege ist zwischen den Augen in eine lange „Nase“ vorgezogen. Darunter verbirgt sich ein etwa körperlanger Saugrüssel. Der rotbraune Hinterleib trägt dunkle Zeichnungen. Die Art ist ein regelmäßiger Blütenbesucher. Sie zeigt dabei eine besondere Vorliebe für die Blütenfarben Blau und Violett. Dank des langen Rüssels kann sie – anders als die meisten Fliegen – auch viele langröhrige Blüten als Nektarquelle nutzen, etwa solche von Lippenblütlern. Die Larven entwickeln sich in Kuhfladen.

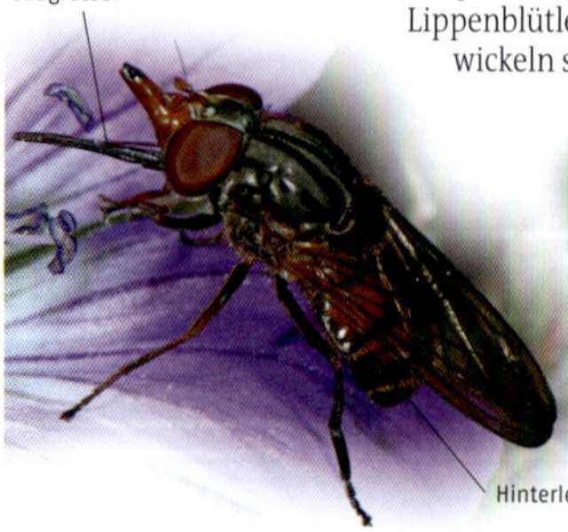

Hummel-Waldschwebfliege

Volucella bombylans (Schwebfliegen)

L 11–15 mm   Mai–August

Diese Schwebfliege ähnelt durch ihre dichte, pelzige Behaarung stark einer Hummel. Die Färbung des Hinterleibs kann zwischen Schwarz mit roter Spitze oder Gelb und Schwarz mit weißer Spitze variieren, kann also ganz dem Färbungsmuster verschiedener Hummelarten entsprechen. Die Larven entwickeln sich in unterirdisch angelegten Hummelnestern von abgestorbenen Larven und anderen Abfallstoffen. Die verschieden gefärbten Tiere bevorzugen aber zur Eiablage nicht die Nester der ihnen der Färbung nach entsprechenden Hummelarten.

***Vorkommen** Auf Waldwiesen und an Waldrändern gebietsweise nicht selten.*

- > ***hummelartig pelzig behaart***
- > ***Hinterleibsspitze rot oder weiß***
- > ***Larven in Hummelnestern***

Bei der nur schwach behaarten Gemeinen Waldschwebfliege (*Volucella pellucens*) ist das 2. Hinterleibssegment weiß gefärbt.

Mistbiene

Eristalis tenax (Schwebfliegen)

L 14–16 mm   ganzjährig

Diese ausgesprochen bienenähnliche Fliege besitzt eine dunkelbraune Färbung mit 2 großen gelbroten Flecken an den Seiten des 2. Hinterleibssegments. Als einzige heimische Schwebfliege besitzt sie mit „Mistbiene" einen fest verankerten Volksnamen. Dieser beruht auf ihrer Vorliebe für anrüchige Wasseransammlungen, besonders in Jauchegruben und am Rand von Misthaufen, als Entwicklungsort für ihre Larven. Die als „Rattenschwanzlarve" bekannte Made besitzt am Hinterende ein teleskopartig dehnbares Atemrohr, das sie bis zu einer Länge von etwa 10 cm ausfahren kann. So kann sie sich auch in der schmutzigsten Brühe mit frischer Atemluft versorgen.

***Vorkommen** In fast allen Lebensräumen sehr häufig, wohl die häufigste heimische Schwebfliege.*

- > ***ausgesprochen bienenähnlich***
- > ***Segment 2 gelbrot gefleckt***
- > ***Larve als „Rattenschwanzlarve" in Pfützen***

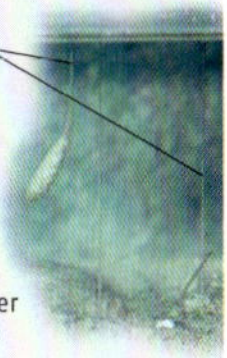

„Rattenschwanzlarven" der Mistbiene

Langbeinfliege

Dolichopus sp. (Langbeinfliegen)

L 5–7 mm Mai–September

Vorkommen *An schattigen Gewässerufern, überall ziemlich häufig.*

- > ***oben leuchtend grün, unterseits grau gefärbt***
- > ***Augen rot und grün schillernd***
- > ***an schattigen Ufern***

Diese kleine, oberseits metallisch grün gefärbte Fliege besitzt leuchtend rot und grün schillernde Augen. Die Körperunterseite ist dagegen matt hellgrau. Die auffallend langen Beine werden im Sitzen ziemlich steil aufgestellt, sodass das Tier ausgesprochen hochbeinig erscheint. Oft kann man die Fliegen scharenweise auf Blättern von Uferpflanzen beobachten, wo sie auf kleine Insekten lauern, die mit dem Rüssel ergriffen und ausgesaugt werden. Manchmal laufen sie auch, ebenfalls in hochbeiniger Haltung, frei über den Wasserspiegel. Die Larven entwickeln sich im Erdboden.

Bei der Grünen Langbeinfliege *Poecilobothrus nobilitatus* tragen die Männchen an der Flügelspitze einen weißen Fleck. Sie führen mit winkenden Flügelbewegungen Balztänze vor den Weibchen auf.

Distelbohrfliege

Urophora cardui (Bohrfliegen)

L 5–6 mm Juni–Juli

Porträt des **Männchens**

Vorkommen *Vorwiegend an etwas feuchten, schattigen Orten; ziemlich häufig. Bild oben: Männchen*

- > ***Flügel mit schwarzem Schleifenmuster***
- > ***Augen sehr bunt***
- > ***Larven in Distelgallen***

Diese recht bunt gefärbte Fliege besitzt in allen Regenbogenfarben schillernde Augen, dazu rote Fühler und auf den Flügeln eine scharf abgesetzte Omega-artige Schleifenzeichnung. Das Weibchen ist an seinem langen, glänzend schwarzen Legebohrer zu erkennen. Die Entwicklung erfolgt in einer eiförmigen, bis 5 cm langen und 2 cm dicken Galle am Haupt- oder einem Seitentrieb der Ackerkratzdistel. Die zunächst grüne und fleischige Galle wird später zunehmend bräunlich und holzartig fest; sie enthält im Innern mehrere, jeweils mit einer Larve bzw. Puppe besetzte Kammern.

Weibchen

Schilf-Halmfliege

Lipara lucens (Halmfliegen)

L 6–7 mm

Das Weibchen dieser ziemlich düster gefärbten, etwas bucklig wirkenden Fliege trägt auf dem Rücken des Brustabschnitts helle Längsstreifen, die dem Männchen fehlen. Die Augen sind rot mit einem deutlichen Grünschiller. Die Entwicklung erfolgt in einer zigarrenartigen, 10–15 cm langen Sprossspitzengalle am Schilfrohr. Im vergallten Bereich sind die Sprossabschnitte gestaucht und die Blattspreiten etwas verkleinert. Im Innern findet sich eine längliche Kammer mit der Fliegenmade. Die nach dem Schlüpfen der Halmfliege noch jahrelang sichtbare Galle dient anschließend verschiedenen Wildbienen und Wespen als willkommener Nistplatz.

Zigarrengalle an Schilf

Vorkommen *In größeren Beständen des Schilfrohrs fast überall häufig, vor allem an etwas trockeneren Standorten der Pflanze. Bild oben: Männchen*

> ***Männchen ganz schwarz***
> ***Weibchen mit hellen Bruststreifen***
> ***Entwicklung in Schilfgallen***

Larve in der Galle

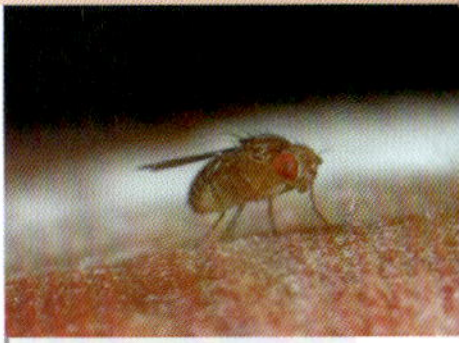

Kleine Essigfliege

Drosophila melanogaster (Taufliegen)

L 2–3 mm   ganzjährig

Diese sehr kleine, gelbbraun gefärbte Fliege besitzt leuchtend rote Augen. Die Hinterleibsringe sind am Hinterrand schwarz gefärbt, zur Hinterleibsspitze hin in zunehmender Breite. Das im Haushalt ungemein lästige Tier hat es andererseits zu einem sehr berühmten Labortier gebracht, das sich durch seine kurze Generationenfolge (unter günstigen Bedingungen nur 10 Tage), die Neigung zu Mutationen und die geringe Chromosomenzahl (nur 4 Paare) besonders gut für Vererbungsversuche eignet. Die Larve entwickelt sich z. B. in gärendem Obst oder in Resten von Bier, Wein oder Essig.

Vorkommen *Überall sehr häufig, besonders in Wohnungen an älterem Obst.*

> ***gelbbraun mit roten Augen***
> ***Hinterleib nach hinten verdunkelt***
> ***Larve oft in gärendem Obst***
> ***auch als Fruchtfliege bezeichnet***

Porträt der Essigfliege

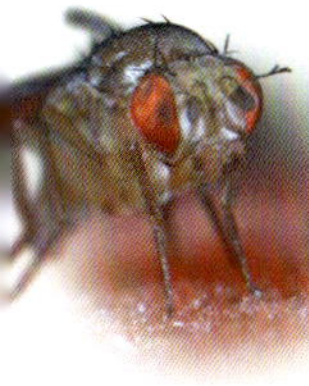

Gemeine Stubenfliege

Musca domestica (Echte Fliegen)
L 6–8 mm ganzjährig

Vorkommen *Überall sehr häufig, vor allem in Wohnungen und Gärten.*

> ***dunkelgrau mit gelbbraunem Hinterleib***
> ***kann Krankheitskeime übertragen***
> ***Larve oft in Stallmist***

Diese allgemein bekannte Fliege ist dunkelgrau gefärbt, mit einem gelbbraunen, oben und an der Spitze schwarz gezeichneten Hinterleib. Sie zeigt kaum Scheu und setzt sich ohne Zögern auf alle möglichen Speisen und Vorräte. Dabei kann sie durch ihren Kontakt mit den Füßen zahlreiche Krankheitskeime übertragen. Sie ernährt sich nicht nur von flüssigen, sondern auch von löslichen Stoffen wie Zucker, den sie unter Speichelzugabe mit ihrem stempelförmigen Rüssel aufnimmt. Die weißlichen Larven sind typische fußlose Maden, die sich oft in Stallmist entwickeln. Sie verpuppen sich in der letzten Larvenhaut, die zum Tönnchen verhärtet.

2 Tönnchenpuppen der Stubenfliege

Larve der Stubenfliege

Wadenstecher

Stomoxys calcitrans (Echte Fliegen)
L 6–8 mm April–Oktober

Vorkommen *Besonders in der Nähe von Pferdeställen und -koppeln, überall häufig.*

> ***sehr ähnlich der Stubenfliege***
> ***waagerechter Stechrüssel***
> ***unangenehmer Blutsauger***

Der Wadenstecher ähnelt auf den ersten Blick sehr einer Stubenfliege, ist aber an zwei Merkmalen leicht zu erkennen: Er besitzt einen dünnen, gerade nach vorn gerichteten Stechrüssel und hält seine Flügel im Sitzen immer schräg abgespreizt, also deltaförmig. Außerdem sitzt er an Wänden meist Kopf oben (die Stubenfliege umgekehrt). Er sticht vor allem Weidevieh, insbesondere Pferde, gelegentlich aber auch den Menschen, und zwar bevorzugt in die Beine (Name!). Der Stich ist recht schmerzhaft. Die Larve entwickelt sich wie die der Stubenfliege in verrottenden Pflanzenteilen oder in Stallmist.

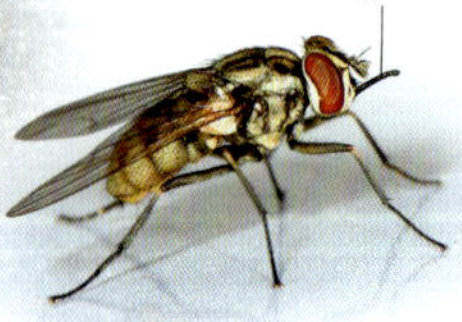

Dungfliege

Scatophaga stercoraria (Dungfliegen)

L 5–10 mm   April–Oktober

Diese dicht pelzig behaarte Fliege ist als Männchen goldgelb, als Weibchen mehr grünlich gelb gefärbt. Sie besucht regelmäßig Blüten, ernährt sich aber auch von kleineren Insekten, die sie mit ihrem spitzen Rüssel aussaugt. Die Paare treffen sich auf frischen, vielfach noch warmen Kuhfladen. Hier legt das Weibchen seine etwa 1 mm langen, mit schmalen Seitenflügeln versehenen Eier auf der Oberfläche ab. Die etwa 10 mm langen Maden entwickeln sich im Kuhfladen, der schließlich in trockenem Zustand von ihnen völlig durchlöchert sein kann.

Vorkommen *Vor allem in der Nähe von Rinderweiden, doch auch an anderen Orten überall häufig.*

> ***goldgelb oder grünlich gelb behaart***
> ***sitzt oft auf Kuhfladen***
> ***Entwicklung im Kuhmist***

Männchen

Weibchen frisst Beuteinsekt

Eier auf Kuhfladen

Graue Fleischfliege

Sarcophaga carnaria (Fleischfliegen)

L 13–15 mm   April–Oktober

Diese ziemlich große graue Fliege trägt helle Würfelflecke auf ihrem Hinterleib und helle Längsstreifen oben auf dem Brustabschnitt. Über die Entwicklung der Larven gibt es widersprüchliche Angaben. Nach neueren Erkenntnissen erfolgt sie offenbar in Regenwürmern, vor deren Röhrenmündungen die Eiablage stattfindet. Die Larven dringen in den Regenwurm ein, töten ihn und sind bereits nach wenigen Tagen ausgewachsen. Nach älteren Literaturangaben soll sich die Art dagegen an Fleisch und Aas entwickeln, daher auch der deutsche Name.

Vorkommen *Überall sehr häufig, auch im Siedlungsbereich.*

> ***deutlich größer als Stubenfliege***
> ***Hinterleib mit hellen Würfelflecken***
> ***Larvenentwicklung offenbar in Regenwürmern***

Blaue Schmeißfliege

Calliphora vicina (Schmeißfliegen)
L 8–12 mm März–November

***Vorkommen** Im Siedlungsbereich überall sehr häufig, auch in allen denkbaren anderen Lebensräumen.*

- ***graublau bis schwarzblau gefärbt***
- ***Hinterleib mit dunklen Schillerflecken***
- ***Entwicklung meist in Fleisch***

Diese metallisch graublau bis schwarzblau gefärbte, etwas rundlich wirkende und stark behaarte Fliege trägt auf dem Hinterleib dunkle Schillerflecken. Man kann sie oft bei der Nektaraufnahme auf Blüten, besonders auf Dolden, beobachten, ebenso aber auch an Aas und Exkrementen. Hierdurch kann es zur Übertragung gefährlicher Krankheitskeime kommen. Beim ebenfalls regelmäßigen Besuch an stark riechenden Pilzen, etwa Stinkmorcheln, werden die mit dem Pilzschleim aufgenommenen und unverdaut wieder ausgeschiedenen Sporen diese Pilze weiterverbreitet. Die Larven entwickeln sich meist in rohem oder gekochtem Fleisch, ebenso in Kadavern.

Schmeißfliege bei Nahrungsaufnahme

Goldfliege

Lucilia caesar (Schmeißfliegen)
L 7–11 mm Mai–Oktober

***Vorkommen** In vielen verschiedenen Lebensräumen überall häufig, doch weniger im Wohnbereich als einige andere Fliegen.*

- ***Färbung grüngolden glänzend***
- ***weniger behaart als Schmeißfliege***
- ***Entwicklung manchmal in Wunden***

Diese durchschnittlich etwas kleinere Verwandte der Schmeißfliege besitzt einen leuchtend grüngolden glänzenden Körper mit weniger, dichter Behaarung. Sie ist wie diese regelmäßig beim Blütenbesuch zu beobachten, ebenso aber auch an Aas und Exkrementen. Die Larven entwickeln sich in verschiedenen faulenden Stoffen, gelegentlich aber auch als Wundparasiten beim Menschen. Die Larven einer nahe verwandten Art wurden auch schon zur Wundheilung verwendet. Sie fressen in offenen Wunden abgestorbenes Gewebe, verhindern dadurch Entzündungen und tragen so wesentlich zu einer besseren Wundheilung bei.

Igelfliege

Tachina fera (Schmarotzerfliegen)

L 9–16 mm April–Oktober

Diese markante Schmarotzerfliege besitzt einen auffallend breiten und vor allem am Hinterende stark bestachelten Körper (Name!). Die Hinterseite des Kopfes und der Hinterleib sind gelbrot; Letzterer trägt in der Mitte eine breite, schwarze Längsbinde. Die Fliege entwickelt sich wie viele Arten dieser auch als Raupenfliegen bekannten Fliegenfamilie als Larve in vielen verschiedenen Schmetterlingsraupen, u. a. in solchen der Nonne, des Schwammspinners und des Kohlweißlings. Sie erweist sich damit als wertvoller natürlicher Gegenspieler von Schmetterlingsarten, die sich im Waldbau oder auf landwirtschaftlichen Nutzflächen unangenehm bemerkbar machen können.

Vorkommen *Auf Waldlichtungen und an Waldrändern ziemlich häufig.*

> ***Hinterleib gelbrot mit Längsbinde***

> ***igelartige Bestachelung des Hinterendes***

> ***Entwicklung in Raupen***

Hirschlausfliege

Lipoptena cervi (Lausfliegen)

L 5–6 mm ganzjährig

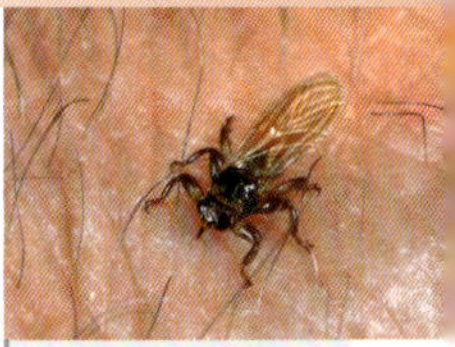

Saugende Hirschlausfliege im Porträt

Diese markante Fliegenart besitzt einen stark abgeflachten, glänzend dunkelbraunen Körper. Sie lebt als Blutsauger an Rehen und Hirschen, schwärmt an sonnigen Herbsttagen (September und Oktober) und sucht nach einem geeigneten Wirt. Ist dieser gefunden, krallt sich die Fliege im Haarpelz fest und bricht die Flügel an vorbereiteten Sollbruchstellen ab. Das Weibchen bringt bereits fertig entwickelte Larven zur Welt, die sich kurz nach der Geburt verpuppen. Beim Schwarmflug landen einzelne Hirschlausfliegen auch immer wieder beim Menschen und können auch hier Blut saugen (siehe Bilder).

Vorkommen *In Wäldern und besonders an sonnigen Waldrändern; fast überall häufig.*

> ***Körper stark abgeflacht***

> ***glänzend dunkelbraun***

> ***saugt Blut meist bei Rehen und Hirschen***

Die mit 6–8 mm etwas größere Pferdelausfliege (*Hippobosca equina*) besitzt einen breiteren, kontrastreich hell gezeichneten Körper und behält zeitlebens ihre Flügel.

Vogelfloh

Ceratophyllus sp. (Flöhe)

L 2–3 mm   ganzjährig

***Vorkommen** In Nistkästen und an anderen Aufenthaltsorten von Vögeln regelmäßig zu finden.*

> ***Körper seitlich zusammengedrückt***
> ***kann weit springen***
> ***saugt auch beim Menschen***

Der sehr kleine, glänzend dunkelbraune Vogelfloh besitzt einen seitlich stark zusammengedrückten Körper. Er kann mit Hilfe seiner Hinterbeine sehr weite Sprünge vollführen. Er holt sich seine Blutmahlzeit normalerweise bei Vögeln, saugt aber auch beim Menschen. Vogelflöhe kann man regelmäßig bei der Reinigung von Vogelnistkästen entdecken und sollte dann aufpassen, dass sie nicht auf einen überspringen. Die fußlosen, weißlichen Larven leben z. B. in den Vogelnestern und ernähren sich hier von Abfallstoffen.

Flohlarven

saugender Vogelfloh von vorn

Braunwurzblattwespe

Tenthredo scrophulariae (Blattwespen)

L 11–14 mm   Mai–August

***Vorkommen** An Waldwegen und Waldrändern ziemlich häufig.*

> ***wespenähnliche Zeichnung***
> ***ohne Wespentaille***
> ***Larve an Braunwurz***

Diese Wespe erinnert durch ihre gelb-schwarze Körperzeichnung stark an eine wehrhafte Faltenwespe, doch fehlt die für diese typische Wespentaille, also eine tiefe Einschnürung im vorderen Teil des Hinterleibs. Ihre Fühler und Beine sind fast einfarbig gelb. Wie alle Blattwespen kann sie nicht stechen, besitzt aber durch ihre Wespenähnlichkeit einen wirksamen Schutz vor Feinden (Mimikry). Die Larve ist weiß mit schwarzen Punkten und ähnelt sehr einer Schmetterlingsraupe. Im Unterschied zu dieser fehlen bei ihr nur am 1. Hinterleibssegment die Bauchbeine (bei Raupen sind hier 2 Segmente beinfrei). Sie frisst vorzugsweise an Braunwurz.

Larve der Braunwurzblattwespe

Blattwespe

Craesus septentrionalis (Blattwespen)
L 7–11 mm April–August

Diese schwarz gefärbte Blattwespe trägt auf dem Hinterleib eine breite rote Querbinde. Besonders charakteristisch sind die zur Spitze blattartig verbreiterten Hinterschienen sowie das ebenso breite 1. Fußglied der Hinterbeine. Die raupenähnlichen Larven haben einen grünen, vorn und hinten gelblichen Körper mit einer schwarzen Punktreihe an jeder Seite. Sie fressen gesellig an Blättern, meist von Birken, und nehmen bei einer Störung wie auf Kommando alle gemeinsam eine s-förmige Schreckhaltung ein. Meist entwickeln sich 2 Generationen im Jahr.

verbreiterte Hinterschiene

verbreitertes 1. Hinterfußglied

breite rote Hinterleibsbinde

Vorkommen *An Waldrändern und in offenem Gelände mit Birken ziemlich häufig.*

> ***schwarz mit roter Hinterleibsbinde***
> ***1. Hinterfußglied verbreitert***
> ***Larven gesellig an Birke***

Larvengruppe in Schreckhaltung

Große Birkenblattwespe

Cimbex femoratus (Keulenblattwespen)
L 17–23 mm Mai–August

Exemplar mit rotem Hinterleib

Diese auffallend große Wespe besitzt einen ziemlich breiten, deutlich abgeflachten Körper ohne Wespentaille. Der Hinterleib ist oft teilweise rot oder gelb gefärbt. Die gekeulten Fühlerspitzen sind zum Ende deutlich aufgehellt. Die Wespe nagt oft Ringfurchen in Birkenzweige und trinkt den austretenden Saft. Die bis 40 mm lange, grüne Larve hat eine dunkle Rückenlinie und einen gelben Kopf. Sie frisst ausschließlich an Birke und nimmt bei Beunruhigung eine eng spiralig aufgewundene Form an. Sie verpuppt sich in einem eiförmigen, etwa 2 cm großen Kokon an einem Zweig.

Vorkommen *An Waldrändern mit Birken, ziemlich selten.*

> ***sehr groß, Fühler gekeult***
> ***schwarz, Hinterleib oft rot oder gelblich***
> ***Larve an Birke***

Die mit 9–11 mm deutlich kleinere Keulenblattwespe (*Abia fasciata*) trägt eine breite weiße Binde an der Hinterleibsbasis und eine schwarze Flügelbinde. Sie entwickelt sich an verschiedenen Sträuchern, z. B. an Geißblatt.

helle Fühlerkeule

keine Wespentaille

schwarze Flügelspitze

Larve der Großen Birkenblattwespe

Rotgelbe Kiefern-Buschhornblattwespe

Neodiprion sertifer (Buschhornblattwespen)

L 6–9 mm   Juli–Oktober

***Vorkommen** In Kieferbeständen in manchen Jahren häufig.*

> ***Männchen schwarz mit Kammfühlern***
> ***Weibchen rötlich***
> ***Larven gesellig an Kiefern***

Junglarven an Kiefernzweig

Während das Männchen tiefschwarz gefärbt ist und lang gekämmte Fühler besitzt, ist das Weibchen rötlich mit einfachen Fühlern. Das Weibchen legt seine Eier mit dem Legebohrer reihenweise in Kiefernnadeln ab, wo sie überwintern. Die Larven sind graugrün bis schwärzlich mit helleren Längsstreifen. Sie fressen sehr gesellig an jüngeren Kieferntrieben und können bei Massenvermehrung ganze Bäume kahl fressen. Derartige Schäden treten aber nur selten auf.

Larven der Kiefern-Buschhornblattwespe

Weibchen

Männchen

Riesenholzwespe

Urocerus gigas (Holzwespen)

L 15–40 mm   Juni–August

***Vorkommen** In Nadelwäldern nicht selten, regelmäßig vor allem an Holzlagerplätzen.*

> ***erinnert an eine Hornisse***
> ***langer Legebohrer unter dem Hinterleib***
> ***Entwicklung meist in Fichtenholz***

Männchen

Diese eindrucksvolle Wespe gehört zu den größten heimischen Hautflüglern. Der Hinterleib ist beim Männchen rot, beim Weibchen überwiegend gelb gefärbt. Hinter dem Auge befindet sich ein gelber Fleck. Der nicht ganz körperlange Legebohrer des Weibchens entspringt unten an der Hinterleibsbasis. Trotz des hornissenartigen Erscheinungsbildes ist die Art vollkommen ungefährlich. Die Eiablage erfolgt mithilfe des Legebohrers in Nadelholz, vor allem Fichten, gern in liegende Stämme. Die weißliche Larve frisst sich durchs Holz und benötigt für ihre Entwicklung mehrere Jahre.

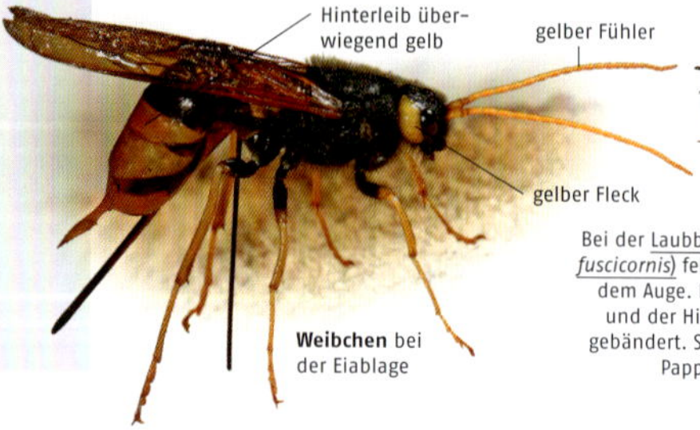

Weibchen bei der Eiablage

Bei der Laubbaum-Holzwespe (*Tremex fuscicornis*) fehlt der gelbe Fleck hinter dem Auge. Ihre Fühler sind schwarz, und der Hinterleib ist schwarz-gelb gebändert. Sie entwickelt sich z. B. in Pappeln, Weiden und Birken.

Riesenschlupfwespe

Rhyssa persuasoria (Schlupfwespen)

L 18–35 mm Juli–August

Diese große Schlupfwespenart besitzt einen weiß gefleckten, schwarzen Körper und rote Beine. Der Legebohrer des Weibchens ist etwas mehr als körperlang. Die Wespe legt ihre Eier an im Holz lebenden Holzwespenlarven, insbesondere solchen der Riesenholzwespe, ab. Hierzu treibt sie ihren Legebohrer tief, oft bis zu seinem Ansatz, ins Holz hinein. Die beiden Klappen der Bohrerscheide bleiben mit ihrem Ende am Bohrer und werden bei seinem Eindringen ins Holz in Schlingen zurückgeschoben.

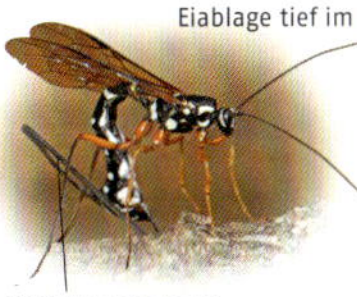

Vorkommen *In Nadelwäldern nicht selten, besonders auf Holzlagerplätzen.*
Bild oben: Ansetzen des Legebohrers

- > ***schwarz mit weißen Flecken***
- > ***Bohrer gut körperlang***
- > ***Entwicklung an Holzwespenlarven***

Köcherfliegenschlupfwespe

Agriotypus armatus (Schlupfwespen)

L 6–10 mm April–Mai

Diese kleine schwarze Schlupfwespe besitzt einen lang gestielten Hinterleib, dunkel gefleckte Flügel und am Schildchen einen spitzen Dorn. Das Weibchen begibt sich nach der Paarung unter Wasser und legt ihre Eier an Köcherfliegenlarven mit Steinköcher ab. Die Larve spinnt nach dem Verzehren der Wirtslarve ein etwa 1 mm breites Seidenband, das seitlich am Köcher austritt und Puppe und später die geschlüpfte Wespe mit Luft versorgt. Die Wespe überwintert im Köcher und geht erst im kommenden Frühjahr an Land.

Vorkommen *An sauberen Bächen im Allgemeinen nicht selten, besonders im Bergland.*

- > ***schwarz mit dunkel gefleckten Flügeln***
- > ***Schildchen mit spitzem Dorn***
- > ***Larve an Köcherfliegenlarven***

Köcherfliegengehäuse mit Seidenbändern

Gemeine Eichengallwespe

Cynips quercusfolii (Gallwespen)

L 3–4 mm November–Juni

Galläpfel der eingeschlechtlichen Generation

***Vorkommen** An Eichen fast überall anzutreffen, doch jahrweise in sehr unterschiedlicher Häufigkeit.*
Bild oben: Wespe der zweigeschlechtlichen Generation

- > ***Hinterleib seitlich zusammengedrückt***
- > ***Gallapfel der ersten Generation***
- > ***Knospengalle der zweiten Generation***

Die sehr unscheinbare Wespe ist schwarzbraun mit seitlich zusammengedrücktem Körper. Sie erscheint abwechselnd in einer zweigeschlechtlichen und einer eingeschlechtlichen, nur aus Weibchen bestehenden Generation. Letztere schlüpft im Winter aus den bekannten, bis 2 cm großen Eichengalläpfeln, die im Herbst mit den Blättern zu Boden fallen. Die Weibchen dieser Generation legen ihre unbefruchteten Eier in schlafende Knospen an den Eichenstämmen. Daraus entstehen nur 2–3 mm große, dunkel violette Gallen, in denen sich die andere, aus beiden Geschlechtern bestehende Generation entwickelt.

Weibchen der eingeschlechtlichen Generation

Knospengallen der zweigeschlechtlichen Generation

geöffneter Gallapfel mit Gallwespenpuppe

Rosengallwespe

Diplolepis rosae (Gallwespen)

L 3–4 mm Mai–Juni

***Vorkommen** An Wald- und Wegrändern und in offenem Gelände mit Wildrosen überall häufig.*

- > ***Hinterleib vorn rot***
- > ***haarige, kugelige Gallen an Wildrosen***
- > ***zahlreiche Larvenkammern***

Der Hinterleib dieser Gallwespe ist im vorderen Teil rot, hinten schwarz gefärbt. In Mitteleuropa kommen nur Weibchen vor, in Südeuropa gelegentlich auch Männchen. Die Eiablage erfolgt in austreibende Blattknospen von Wildrosen. Bis zum Sommer bildet sich daraus die als „Schlafapfel“ oder „Bedeguar“ bekannte, bis 5 cm große, manchmal sogar noch größere Galle. Sie besteht aus einem Klumpen rundlicher, miteinander verwachsener Gallenkörper, die im Innern zahlreiche Larvenkammern enthalten und außen mit langen, verzweigten Fäden besetzt sind. Die Farbe kann zwischen Grün, Gelb und Rot variieren.

Schlafapfel an Rosenzweig

Geöffneter Schlafapfel mit Larvenkammern

Schlafapfelgallwespe bei der Eiablage

Schneckenhaus-Goldwespe

Chrysura trimaculata (Goldwespen)

L 8–10 mm März–Juni

Vorkommen *An sonnigen Waldrändern und auf Trockenrasen stellenweise nicht selten.*
Bild oben: Goldwespe auf Schneckenhaus

- > **vorn metallisch grün, hinten rotgolden**
- > **Hinterleib hinten unbezahnt**
- > **Larve in Nestern von Schneckenhausbienen**

Goldwespenei (links) neben Bienenei

Bei dieser Goldwespe sind Kopf und Brustabschnitt metallisch grün, der Hinterleib rotgolden gefärbt. Im Unterschied zu einigen ähnlichen Arten fehlen an seinem Hinterrand zahnartige Fortsätze und Ausbuchtungen. Sie entwickelt sich als Parasit in den Nestern von Schneckenhausbienen (S. 185). Die Wespe nutzt einen Augenblick der Abwesenheit der Biene, um ihr Ei in deren in einem leeren Schneckenhaus angelegten Nest zu deponieren. Wird sie dabei von der zurückgekehrten Nestgründerin überrascht, rollt sie sich zu einer Kugel zusammen und kann nicht von der Biene angegriffen werden.

Die Blaue Goldwespe *(Trichrysis cyanea)* ist am ganzen Körper grün und blau metallisch glänzend. Sie entwickelt sich in den Nestern holzbrütender Grabwespen.

Larve an Bienenlarve saugend

Große Ameisenwespe

Mutilla europaea (Ameisenwespen)

L 10–17 mm Mai–August

Vorkommen *Vorwiegend in sonnigem, offenem Gelände, gelegentlich auch in Gärten; überall nur vereinzelt.*

- > **Männchen mit, Weibchen ohne Flügel**
- > **Hinterleib mit weißen Binden**
- > **Larve in Hummelnestern**

geflügeltes **Männchen**

Dieser dicht behaarte Hautflügler ist als Männchen normal geflügelt, als Weibchen aber völlig flügellos. Der Brustabschnitt ist rot, beim Männchen am Rand oder ganz schwarz. Der schwarze Hinterleib trägt 3 weiße, z. T. unterbrochene Querbinden. Das Weibchen dringt zur Eiablage in unterirdisch angelegte Hummelnester ein. Dort entwickeln sich die Larven als Parasiten der Hummelbrut. Das Weibchen besitzt einen sehr kräftigen, deutlich gebogenen Giftstachel und ein ziemlich starkes Gift. Bei einer Bedrohung beginnt es sozusagen als letzte Warnung laut zu zirpen, indem es die Hinterleibsringe zusammenzieht und wieder streckt.

Weibchen

Die verwandte Ameisenwespe *(Dasylabris maura)* trägt auf dem Hinterleib meist 4 weiße Flecke und entwickelt sich parasitisch in Nestern von Grabwespen.

Rote Waldameise

Formica rufa (Ameisen)
L 4–11 mm   ganzjährig

Gift spritzende Arbeiterin

zwischen den Beinen vorgestrecker Hinterleib

Vorkommen *Vorwiegend in Nadelwäldern, in den meisten Gegenden nicht selten.*
Bild oben: Arbeiterinnen mit Beute

> ***rot und schwarzbraun gefärbt***
> ***bis über 1 m hohe Nestkuppeln***
> ***versprüht Gift aus der Hinterleibsspitze***

Bei der Roten Waldameise sind Kopf und Brustabschnitt teilweise rot, der Hinterleib schwarzbraun gefärbt. Der Hinterleibsstiel ist wie bei allen Vertretern der Schuppenameisen (hierzu zählen außer *Formica* die Gattungen *Camponotus* und *Lasius*) eine aufrecht stehende, flache Schuppe. Die Arbeiterinnen bauen vorwiegend aus Fichtennadeln bis über 1 m hohe Kuppelnester, die unterirdisch nochmals etwa den gleichen Raum einnehmen. Die Art ernährt sich vorwiegend von tierischer Beute, die mit vereinten Kräften ins Nest getragen wird. Zur Abwehr wird das Sekret der Giftdrüse aus der Hinterleibsspitze versprüht.

geflügeltes Geschlechtstier mit Arbeiterinnen

aufrechte Stielschuppe

Jungkönigin nach Abwerfen der Flügel

Rossameise

Camponotus ligniperdus (Ameisen)
L 6–18 mm   ganzjährig

Arbeiterinnen mit Puppenkokons

Vorkommen *Vor allem an sonnigen Waldrändern, gebietsweise ziemlich häufig.*
Bild oben: Geflügeltes Weibchen

> ***größte heimische Ameisenart***
> ***rotbraun und schwarz***
> ***Nest in Bäumen oder unter Steinen***

Der Brustabschnitt und der vordere Teil des Hinterleibs sind bei dieser größten heimischen Ameise rotbraun, der übrige Körper schwarz gefärbt. Die Nester werden in Bäumen oder unter Steinen angelegt. Sie ernährt sich vorwiegend von den Ausscheidungen der Blattläuse. Die Schwärmzeit der Geschlechtstiere liegt zwischen Mai und Juli. Nach der Paarung wirft die Jungkönigin ihre Flügel ab und beginnt, ganz auf sich allein gestellt, in einer verschlossenen Erdhöhle oder im Holz die erste Larvengeneration heranzuziehen. Sie zehrt dabei von Reserven aus der sich zurückbildenden Flugmuskulatur.

Jungkönigin mit der ersten Brut

junge Larven

hochgewölbter Brustabschnitt

geflügeltes **Männchen**

Gelbe Wegameise

Lasius flavus (Ameisen)

L 2–9 mm ganzjährig

Kolonie mit Nesthügeln

Die Arbeiterinnen dieser kleinen Art sind blassgelblich, die Geschlechtstiere dunkler gefärbt. Sie baut sehr charakteristische, bis etwa einen halben Meter hohe Erdhügel, die meist dicht bewachsen sind. Manchmal sind ganze Wiesen dicht an dicht mit diesen Nestern bedeckt. Die Tiere ernähren sich überwiegend von Ausscheidungen der von ihnen betreuten Wurzelläuse und sind daher kaum im Freien zu beobachten. Die Puppen sind wie bei den meisten Schuppenameisen in Kokons eingehüllt, die der Geschlechtstiere entsprechend ihrer Größe in besonders große Puppenkokons.

Vorkommen *Vorwiegend in trockenem, grasigem Gelände, überall ziemlich häufig.*

> **Färbung bernsteingelb**
> **Hinterleibsstiel eine aufrechte Schuppe**
> **Nest mit einem grasbewachsenen Erdhügel**

Kokons größer als Arbeiterinnen

Arbeiterinnen mit Geschlechtstierkokons

Arbeiterinnen mit Larven und Arbeiterinnenkokons

Kokons so groß wie Arbeiterinnen

Rasenameise

Tetramorium caespitum (Ameisen)

L 2,5–8 mm ganzjährig

Puppen so groß wie Arbeiterinnen

Arbeiterinnen mit Arbeiterinnenpuppen

Diese recht kleine, dunkelbraune Art besitzt wie alle Knotenameisen (Gattungen *Tetramorium, Myrmica* und *Messor*) einen aus zwei rundlichen Knoten zusammengesetzten und damit ziemlich langen Hinterleibsstiel. Am Brustabschnitt sind zahnartige Hinterecken ausgebildet. Die Tiere nisten meist unter Steinen oder bauen unauffällige kleine Erdhügel. Wie bei allen Knotenameisen sind die Puppen freigliedrig und nicht in einen Kokon eingehüllt. Die Geschlechtstierpuppen erscheinen gegenüber den kleinen Arbeiterinnen geradezu riesig.

Vorkommen *In trockenem, sonnigem Gelände ziemlich häufig.*

> **dunkelbraun gefärbte Knotenameise**
> **Brust hinten mit 2 Höckern**
> **Puppen ohne Kokon**

Arbeiterinnen mit Geschlechtstierlarven

Larven größer als Arbeiterinnen

Puppen größer als Arbeiterinnen

Arbeiterinnen mit Geschlechtstierpuppen

Rote Knotenameise

Myrmica sp. (Ameisen)
L 3,5–6,5 mm ganzjährig

Arbeiterinnen in Blattlauskolonie

Vorkommen *In Wäldern und offenem, nicht zu trockenem Gelände, überall häufig.*

- > ***rotgelb gefärbt***
- > ***2 Dorne am Brustabschnitt***
- > ***kann unangenehm stechen***

Diese rot gefärbte, mit mehreren schwer unterscheidbaren Arten vertretene Knotenameise ist durch eine hellrötliche Färbung ausgezeichnet. Kopf und Hinterleib können dunkler gefärbt sein. Am Brustabschnitt befinden sich hinten 2 lange spitze Dorne. Das Nest wird als Erdhügel oder unter Steinen, Holzstücken oder auch in Hohlräumen im Totholz angelegt. Es enthält meist mehrere Königinnen. Die Arbeiterinnen besuchen regelmäßig Blattlauskolonien. Bei Störungen können sie, wie manch andere Knotenameisen auch, auf sehr unangenehme Weise von ihrem Giftstachel Gebrauch machen.

Arbeiterinnen mit Larven

2 knotenförmige Stielglieder

Ernteameise

Messor sp. (Ameisen)
L 4–15 mm ganzjährig

Arbeiterinnen mit Ameisenbrut

Vorkommen *An warmen, trockenen Stellen; im Mittelmeergebiet fast überall häufig, in Deutschland am Oberrhein eingeschleppt. Bild oben: Samentransport in Ameisenstraße*

- > ***ziemlich große, schwarze Knotenameise***
- > ***große Exemplare mit auffallend großem Kopf***
- > ***ernährt sich von Pflanzensamen***

Bei dieser dunkelbraun bis schwarz gefärbten Knotenameise gibt es starke Größenunterschiede zwischen den einzelnen Arbeiterinnen. Die größten Exemplare besitzen dabei auch die relativ zu ihrer Körpergröße größten Köpfe. Da es zwischen „großköpfigen Riesen" und „kleinköpfigen Zwergen" aber auch alle Übergänge gibt, kann man hier nicht von Arbeitern und Soldaten als verschiedenen „Kasten" sprechen. Die Tiere ernähren sich hauptsächlich von Samen, die auf sehr auffälligen Ameisenstraßen ins Nest getragen werden. Dort werden sie von der Hülle befreit, durchgekaut und eingespeichelt, wobei die Stärke in Zucker umgewandelt wird.

2 knotenförmige Stielglieder

Arbeiterin beim Samentransport

Nestkammern mit Pflanzensamen

Gemeine Wespe

Vespula vulgaris (Faltenwespen)
L 11–19 mm April–Oktober

Nest der Gemeinen Wespe

Bei der Gemeinen Wespe läuft über das Kopfschild ein senkrechter, schwarzer Streifen, der unten zu einem „T" erweitert ist. Die Art baut ihr mehr oder weniger deutlich gelbbraun gefärbtes Nest entweder unterirdisch in alten Mäusenestern oder oberirdisch in versteckten Hohlräumen. Unter günstigen Umständen kann es 0,5 bis 1 m Durchmesser erreichen und dann bis etwa 7000 Wespen beherbergen. Die Gemeine Wespe kann im Sommer in den Auslagen von Bäckereien und an Kaffeetafeln sehr lästig werden. Die Brut wird aber ausschließlich mit Fleischnahrung, insbesondere mit Insekten, gefüttert, sodass die Art durchaus auch nützlich sein kann.

Vorkommen Überall sehr häufig, besonders auch im Siedlungsraum. Bild oben: Arbeiterin leckt Honigtau bei Blattläusen

- > ***Kopfschildzeichnung ein umgedrehtes „T"***
- > ***kann sehr lästig werden***
- > ***Nest gelblich und bis 1 m groß***

Brutwabe der Gemeinen Wespe

Porträt einer Arbeiterin

Larven in ihren Brutzellen

Deutsche Wespe

Vespula germanica (Faltenwespen)
L 13–19 mm April–Oktober

geöffnetes Nest der Deutschen Wespe

Die Deutsche Wespe ähnelt in fast allen Aspekten sehr der Gemeinen Wespe, hat aber meistens drei kleine schwarze Punkte auf dem Kopfschild. Außerdem ist der gelbe Streifen an der Brustseite unten in eine dreieckige Spitze ausgezogen. Das Nest ist zudem eher grau gefärbt und in der Regel deutlich breiter als hoch. Ihre Nester sind aber, wie bei anderen Wespen auch, stets einjährig und werden grundsätzlich im nächsten Jahr nicht wieder benutzt. Wie die Gemeine Wespe tritt auch diese Art regelmäßig als Lästling auf, ganz im Gegensatz zu allen übrigen, hier jedoch nicht vorgestellten Vertretern der Staaten bildenden Faltenwespen.

Vorkommen Überall sehr häufig, auch im Siedlungsbereich. Bild oben: Porträt einer Arbeiterin

- > ***sehr ähnlich der Gemeinen Wespe***
- > ***Kopfschild mit 3 schwarzen Punkten***
- > ***Nest meist breiter als hoch***

Jungkönigin im Winterschlaf

Hornisse

Vespa crabro (Faltenwespen)
L 18–35 mm April–Oktober

Porträt einer Königin

Vorkommen *Vorwiegend in lockeren Wäldern, auch im Siedlungsbereich; in den meisten Gebieten nicht selten.*
Bild oben: Blick von unten ins Nest

> ***Kopf und Brust mit roten Zeichnungen***
> ***Kopfschild ganz gelb***
> ***Nest oft in hohlen Bäumen***

Diese größte heimische Faltenwespe ist an ihren roten Zeichnungen auf dem Kopf und Brustabschnitt gut von anderen Staaten bildenden Faltenwespen zu unterscheiden. Zudem sind bei ihr die Wangen (der seitlich hinter den Augen liegende Teil des Kopfes) deutlich verbreitert und der Kopfschild einfarbig gelb. Das an versteckten Orten (z. B. in Baumhöhlen) angelegte Nest kann bis 70 cm hoch und 40 cm breit werden. Anders als die beiden hier vorgestellten Vespula-Arten sind die Tiere eher furchtsam und greifen niemals an, außer wenn sie im unmittelbaren Nestbereich gestört werden.

geöffnetes Hornissennest

Arbeiterin bei der Arbeit an der Nesthülle

Haus-Feldwespe

Polistes dominula (Faltenwespen)
L 10–15 mm April–September

junge Königin auf ihrem Nest

Vorkommen *In offenem Gelände, besonders auch im Siedlungsbereich; im südlichen Mitteleuropa überall häufig, im Norden seltener.*

> ***zierliche Körperform***
> ***Fühlergeißel ganz gelb***
> ***nur eine gestielte Wabe***

Diese auffallend zierliche Faltenwespe besitzt einen meist einheitlich gelbes Kopfschild und eine ganz gelbe Fühlergeißel (der hinter dem Knick liegende Endteil des Fühlers). Beim Männchen sind die Fühlerspitzen eng eingerollt. Die Art baut offene Papiernester mit nur einer Wabe, die mit einem Stiel am Untergrund (z. B. einem Stein) befestigt ist. Dieses Nest wird (anders als bei einigen nahe verwandten Arten) meist an versteckten Stellen errichtet, gern z. B. unter Dachziegeln oder in Felsnischen. Die offene Wabenfläche zeigt meist zur Seite oder schräg nach unten.

Porträt einer Königin

älteres Nest mit Arbeiterinnen

Schornsteinwespe

Odynerus spinipes (Faltenwespen)

L 10–13 mm   Mai–Juli

Diese einzeln lebende Faltenwespe ist schwarz mit nicht sehr ausgedehnten gelben Zeichnungen. Das Männchen hat spiralig eingerollte Fühlerspitzen. Die Wespe gräbt meist an einer Steilfläche einen horizontalen Gang, der mit mehreren Brutzellen endet. Sie befeuchtet den Boden mit Wasser und klebt das Aushubmaterial ringförmig um den Eingang, sodass sich schließlich eine etwa 1 cm dicke und bis zu 5 cm lange, nach unten gebogene Röhre bildet. Teilweise wird das Material auch im Flug davongetragen. Die Brutzellen werden mit grünen Rüsselkäferlarven und jeweils einem Ei bestückt.

***Vorkommen** An offenen sandigen oder lehmigen Stellen, besonders in Sandgruben; gebietsweise nicht selten.*
Bild oben: Männchen

- ***schlank mit gelben Hinterleibsbinden***
- ***vor dem Nesteingang nach unten gebogene Röhre***
- ***Larvennahrung Rüsselkäferlarven***

Weibchen schafft Aushubmaterial davon

schmale gelbe Hinterleibsbinden

Rüsselkäferlarve

Weibchen mit Beute

Pillenwespe

Eumenes sp. (Faltenwespen)

L 12–17 mm   Mai–September

offene Brutzelle an Heidekraut

Die ebenfalls zu den einzeln lebenden Faltenwespen zählende Pillenwespe ist an ihrem ziemlich langen, am Ende keulenförmigen Hinterleibsstiel gut zu erkennen. Sie baut an Pflanzenstängeln, Steinen oder Mauern aus Lehm pillenförmige Brutzellen, die zunächst eine kragenförmige Öffnung besitzen und dadurch an kleine Amphoren erinnern. Durch die sehr enge Eingangsöffnung, die die Wespe nicht mehr passieren kann, wird mit der verschmälerten Hinterleibsspitze zunächst ein gestieltes Ei an die Innenwand gelegt. Danach werden dünne Raupen hineingeschoben und dann die Pille mit dem Material des Mündungskragens verschlossen.

***Vorkommen** An trockenen, offenen Stellen fast überall, doch immer in geringer Individuendichte.*

- ***erstes Hinterleibssegment schmal stielförmig***
- ***Brutzelle eine runde „Pille"***
- ***Schmetterlingsraupen als Larvennahrung***

in Längsrichtung gefalteter Flügel

schmaler Hinterleibsstiel

Pillenwespe sammelt Baumaterial

Pillenwespe mit Lehmkugel

Frühlings-Wegwespe

Anoplius viaticus (Wegwespen)
L 8–14 mm   Juli–September und April–Juni

Vorkommen *In offenem, sandigem Gelände ziemlich häufig.*

- **> *Hinterleib vorn rot***
- **> *jagt Wolfsspinnen***
- **> *Beutetransport stets rückwärts***

Diese ausgesprochen flinke und langbeinige Wespe besitzt einen vorn roten Hinterleib und dunkle Flügel. Sie jagt Wolfsspinnen, die oft größer sind als sie selbst, lähmt sie durch einen Stich ins Nervensystem und schleppt sie im Rückwärtsgang zu ihrem Nistplatz auf einer offenen Sandfläche. Hier deponiert sie die Beute, gräbt einen schräg hinabführenden Gang und zieht die Spinne hinab. Nachdem sie ein Ei abgelegt hat, scharrt sie den Gang wieder zu. Die Wespe der Nachfolgegeneration schlüpft noch im Sommer und paart sich. Nur die weiblichen Tiere überwintern und machen sich im nachfolgenden Frühjahr auf die Spinnenjagd.

Wespe mit erbeuteter Wolfsspinne

Hinterleib vorn rot

scharrt abwechselnd mit beiden Vorderbeinen

Tönnchen-Wegwespe

Auplopus carbonarius (Wegwespen)
L 7–10 mm   Juni–August

Vorkommen *In offenem Gelände, auch im Siedlungsbereich, ziemlich häufig.*

- **> *schwarz mit dunklen Flügeln***
- **> *baut Lehmtönnchen***
- **> *Spinnentransport meist vorwärts***

Diese einfarbig schwarze Wegwespe besitzt einen ausgesprochen schmalen Körperbau, dunkle Flügel und sehr lange Beine. Sie baut im Unterschied zu fast allen übrigen Wegwespenarten zunächst ein oben offenes, etwa 1 cm großes Lehmtönnchen und macht sich erst dann auf die Spinnenjagd. Sie fängt Spinnen unterschiedlicher Familienzugehörigkeit, lähmt sie durch einen gezielten Stich und beißt ihnen danach überraschender Weise alle oder zumindest einige Beine ab. Dann packt sie die Beute bei den Spinnwarzen und trägt sie im Vorwärtsgang zum Nest. Nur an schwierigen Wegstellen legt sie auch einmal den Rückwärtsgang ein. Sie fängt wie alle Wegwespen pro Nachkommen immer nur eine Spinne.

Brutzelle mit Spinne und Wespenlarve

fasst Spinne bei den Spinnwarzen

Spinnenbeine vor Transport amputiert

Brutzellen der Tönnchenwegwespe

Dreiphasen-Sandwespe

Ammophila pubescens (Grabwespen)

L 13–19 mm Juni–September

Diese ausgesprochen schmale und lang gestreckte Grabwespe hat einen vorn roten, hinten schwarzen, sehr lang und dünn gestielten Hinterleib. Sie trägt zunächst 1–2 Raupen ins Nest und legt ein Ei. Nachdem die Larve geschlüpft ist, füttert sie diese noch zweimal mit Raupen, die sie meist im Flug herbeiträgt. Nach jedem Öffnen des Nestes wird dieses immer wieder mit denselben Steinchen (1 größeres und 2–3 kleinere) verschlossen. Nach der letzten Fütterung wird zusätzlich Sand über die Nestöffnung gescharrt, sodass nichts mehr den Nestort verrät.

Vorkommen *In Sandgebieten stellenweise nicht selten, z. B. im norddeutschen Flachland.*

> ***sehr schmaler, lang gestielter Hinterleib***
> ***Hinterleib vorn rot, hinten schwarz***
> ***fängt Raupen***

Wespe mit erbeuteter Raupe

Wespe vor dem Nesteingang

Larve mit eingetragener Beute

Heuschrecken-Sandwespe

Sphex funerarius (Grabwespen)

L 16–23 mm Juli–September

Diese ziemlich kräftig gebaute Grabwespe entspricht in der Färbung der Dreiphasen-Sandwespe, hat aber einen nur ganz kurz gestielten Hinterleib. Sie macht Jagd auf Laubheuschrecken und Grillen und überwältigt dabei oft Beutetiere, die deutlich größer sind als sie selbst. Sie fliegt dann in der Regel mit ihrer Beute zum Nest. Nur wenn diese zu schwer ist, um im Flug transportiert zu werden, erfolgt der Transport am Boden. Das Nest besteht aus einem schräg in den Erdboden hinabführenden Gang, der sich am Ende in mehrere Kammern verzweigt. Diese werden jeweils mit mehreren Heuschrecken gefüllt, die dann je einer Wespenlarve als Nahrung dienen.

Vorkommen *An sehr warmen, sandigen Stellen; in Deutschland selten und nur im Süden, im Mittelmeergebiet häufig.*

> ***kräftiger Körperbau***
> ***Hinterleib nicht gestielt***
> ***fängt Laubheuschrecken und Grillen***

grabende Heuschreckensandwespe

Wespe mit erbeuteter Sichelschrecke

Orientalische Mauerwespe

Sceliphron curvatum (Grabwespen)

L 16–20 mm Juni–August

3 Brutzellen der Orientalischen Mauerwespe

Vorkommen *Fast nur im Siedlungsbereich; ursprünglich in Südostasien heimisch, aber seit 1979 auch aus Österreich bekannt, von dort inzwischen bis nach Süddeutschland vorgedrungen.*

> ***schwarz mit gelben und roten Zeichnungen***
> ***baut Lehmtöpfe im Innern von Gebäuden***
> ***fängt Spinnen***

Diese schlanke Grabwespe ist schwarz mit gelben, am lang gestielten Hinterleib und an den Beinen auch roten Zeichnungen. Sie sammelt an feuchten Stellen Lehm und baut daraus etwa 2 cm große, meist aufrecht stehende Töpfe, die sie mit Spinnen sehr verschiedener Artzugehörigkeit und Größe füllt, und fügt dann pro Lehmtopf jeweils ein Ei hinzu. Je nach Größe der einzelnen Beutetiere kann eine derartige Brutzelle bis zu 40 Spinnen enthalten. Da die Lehmtöpfe nicht wetterfest sind, werden sie nur im Innern von Gebäuden hergestellt, oft an den merkwürdigsten Stellen, etwa hinter Bilderrahmen oder an Buchrücken.

Mauerwespe mit Baumaterial

Der Mauerspinnentöter (*Sceliphron spirifex*) besitzt gelbe Beine und einen langen gelben Hinterleibsstiel. Er ist im Mittelmeerraum ziemlich häufig und geht vereinzelt bis ins südlichste Mitteleuropa.

Bienenwolf

Philanthus triangulum (Grabwespen)

L 8–17 mm Juni–September

Bienenwolf fliegt mit Beute zum Nest

Vorkommen *Vorwiegend auf offenen Sandböden, in den meisten Gebieten nicht selten.*
Bild oben: Bienenwolf mit erbeuteter Honigbiene

> ***ziemlich großer Kopf***
> ***Kopf mit 3-spitziger gelber Zeichnung***
> ***erbeutet Honigbienen***

Diese großköpfige, gelb gezeichnete Grabwespe wird ebenso wie der auf S. 112 vorgestellte Buntkäfer als Bienenwolf bezeichnet, was gelegentlich zu Verwechslungen führt. Er ist ebenfalls auf Bienen, und zwar fast ausschließlich auf Honigbienen, spezialisiert. Er überrumpelt diese beim Blütenbesuch und sticht sie sogleich in die Bauchseite, sodass sie fast augenblicklich gelähmt sind. Anschließend drückt er sie von der Hinterleibsspitze aus zusammen, sodass ein Honigtropfen aus der Mundöffnung austritt, den er als Nahrung nutzt. Anschließend trägt er die Beute als Larvennahrung in sein Nest, das meist als horizontaler Gang in einer Steilwand angelegt ist.

Porträt des Bienenwolfs

Geschnäbelte Kreiselwespe

Bembix rostrata (Grabwespen)

L 15–22 mm Juli–September

Diese lebhafte gelb-schwarze Wespe gehört zu den größten Grabwespenarten. Die Oberlippe ist in einen schmalen Schnabel verlängert, der normalerweise zurückgeklappt und daher nicht sichtbar ist, beim Graben aber vorgeklappt und dann wohl als zusätzliche Stütze verwendet werden kann. Sie fängt zur Versorgung ihrer Brut unterschiedlichste Arten von Fliegen und füttert damit die bereits geschlüpften Larven. Um in das stets in lockerem Sand angelegte Nest zu kommen, muss sie jedes Mal den Eingang freischarren, um ihn anschließend wieder zu verschließen.

Wespe scharrt Nestöffnung frei

scharrt gleichzeitig mit beiden Vorderbeinen

gelb-schwarz gebänderter, langer Hinterleib

beutebeladene Kreiselwespe scharrt Nest frei

erbeutete Fliege

Vorkommen *Auf lockeren, offenen Sandflächen, vor allem auf Dünen an der Küste und im Binnenland; ziemlich selten.*

> ***gelb-schwarz mit grünen Augen***
> ***Oberlippe schnabelförmig***
> ***Larven werden mit Fliegen gefüttert***

Sandknotenwespe

Cerceris arenaria (Grabwespen)

L 11–15 mm Mai–September

Diese gelb-schwarz gezeichnete Grabwespe besitzt als besonderes Merkmal Hinterleibsringe, die an den Segmentgrenzen jeweils deutlich eingeschnürt sind, sodass der Hinterleib bei jedem Ring leicht knotig verdickt erscheint. Sie fängt ausschließlich bestimmte Arten von Rüsselkäfern und damit besonders hart gepanzerte Beutetiere, die sie aber durch einen gezielten Stich in eine Gelenkhaut überwältigt. Diese trägt sie fliegend zum Nest und stürzt sich dabei aus dem Flug heraus mit einer Art Kopfsprung in die senkrecht in ein kleines Erdhäufchen mündende Nestöffnung.

Vorkommen *Auf offenen Sandflächen, besonders in Sandgruben; ziemlich häufig.*

> ***Hinterleibssegmente ringförmig eingeschnürt***
> ***Hinterleib mit gelben Binden***
> ***fängt Rüsselkäfer***

beutebeladene Wespe fliegt Nest an

Flügel schräg aufgestellt

eingeschnürte Hinterleibsringe

Sandknotenwespe mit erbeutetem Rüsselkäfer

Rüsselkäfer

Maskenbiene

Hylaeus sp. (Bienen)

L 5–7 mm Mai–September

Vorkommen *An Waldrändern und in offenem Gelände ziemlich häufig, auch in Gärten.*

- > **ähnelt einer Grabwespe**
- > **Gesicht mit gelblicher „Maske"**
- > **sammelt Pollen und Nektar im Kropf**

Diese kleine, unscheinbare Biene erinnert durch ihre glatte, unbehaarte Körperoberfläche mehr an eine Grabwespe. Ihr schwarzer Körper trägt nur wenige, hellgelbliche Zeichnungen. Sie besucht vor allem Doldenblüten und sammelt Pollen im Kropf gemeinsam mit dem gleichzeitig aufgenommenen Nektar. Sie nistet in hohlen Pflanzenstängeln oder in den leeren Nistgängen anderer Insekten. Die Trennwände zwischen den hintereinander angelegten Brutzellen und die Seitenwände werden aus dem pergamentartig aushärtenden Speicheldrüsensekret der Biene hergestellt.

Porträt einer Maskenbiene

Gemeine Seidenbiene

Colletes daviesanus (Bienen)

L 8–9 mm Juni–August

Männchen

Vorkommen *In offenem Gelände fast überall häufig, auch im Siedlungsbereich.*

- > **Kopf und Brust hellbraun behaart**
- > **Hinterleib mit weißen Binden**
- > **Wände der Brutzellen pergamentartig**

Diese kleine Wildbiene trägt auf dem hinteren Teil ihrer Hinterleibsringe hellgraue Filzbinden. Sie besucht ausschließlich Blüten von Korbblütlern, z. B. Rainfarn und Schafgarbe. Die Nester werden vorzugsweise an stärker verfestigten Abbruchkanten, etwa am Rand von Sandgruben, angelegt. Die annähernd waagerecht verlaufenden Nistgänge werden innen mit dem pergamentartig aushärtenden Speicheldrüsensekret ausgekleidet. An günstigen Stellen liegen oft zahlreiche Nesteingänge dicht beieinander. Ihre Nester wurden auch schon in recht hartem Material gefunden, etwa in aus Sandsteinen gebauten Hauswänden.

pollenbeladenes **Weibchen** am Nesteingang

Weibchen beim Pollensammeln

Weiden-Sandbiene

Andrena vaga (Bienen)
L 10–14 mm März–Mai

Porträt des **Männchens**

säbelförmiger Oberkiefer

Diese schwarz gefärbte Biene ist an Kopf und Brustabschnitt dicht weißgrau behaart. Das Männchen besitzt auffallend schmale, säbelförmige Oberkiefer. Die Art nistet oft in großen Kolonien, manchmal mit mehreren Tausend Individuen. Sie gräbt einen oft über einen halben Meter tief hinabreichenden Hauptgang, von dem Seitengänge mit den Brutzellen abzweigen. Der Aushub wird über dem Eingang zu einem etwa 5 cm hohen Haufen aufgetürmt. Die Biene sammelt Pollen und Nektar ausschließlich an Weiden. Der Pollen wird wie bei den meisten Bienen mit den Beinen transportiert.

***Vorkommen** Vorwiegend auf offenen Sandböden, z. B. in Sandgruben; in den meisten Gebieten nicht selten.*

- > ***Kopf und Brust weißgrau behaart***
- > ***oft mehrere tausend Nester auf engem Raum***
- > ***besucht nur Weidenblüten***

Weibchen auf Weidenkätzchen

hellgrauer Haarpelz

glänzend schwarzer Hinterleib

Erdaushub mit Nesteingang

Winzige Furchenbiene

Lasioglossum pauxillum (Bienen)
L 5–6 mm März–September

Hinterende eines **Weibchens**

unbehaarte Furche

Diese sehr kleine, unscheinbare Bienenart trägt an den Seiten der Hinterleibssegmente 2 und 3 kleine weißliche Haarflecke. Als Furchenbiene besitzt das Weibchen oben auf dem letzten Segment eine unbehaarte Längsfurche. Die Art gehört zu den primitiven Staaten bildenden Bienen. Das überwinternde Weibchen gründet im Frühjahr ein neues Nest mit 3–25 Brutzellen. Die daraus schlüpfenden, besonders kleinen Arbeiterinnen betreuen das weitere Brutgeschäft und errichten nach und nach über dem Nesteingang einen bis zu 5 cm hohen Kamin.

***Vorkommen** Auf lehmigen Böden, z. B. auf Tockenrasen; ziemlich häufig.*
Bild oben: Männchen

- > ***weißliche Haarflecke am Hinterleib***
- > ***bildet kleine Staaten***
- > ***über dem Nesteingang ein Kamin***

Weibchen am Nesteingang

3 Nesteingänge mit „Schornsteinen"

Totholz-Blattschneiderbiene

Megachile willughbiella (Bienen)

L 12–16 mm Juni–September

Vorkommen *An Waldrändern, in offenem Gelände und in Gärten ziemlich häufig.*
Bild oben: Männchen

> ***Hinterleib etwas abgeflacht***
> ***Bauchbürste vorn rot, hinten schwarz***
> ***baut Brutzellen aus Blattstücken***

Diese interessante Wildbiene besitzt einen etwas abgeflachten, mit nicht sehr deutlichen Haarbinden gezeichneten Hinterleib. Als Bauchsammlerbiene besitzt sie zum Pollentransport eine vorn rote, hinten schwarze bürstenartige Behaarung an der Unterseite des Hinterleibs. Sie schneidet mit ihren Kiefern ovale und kreisrunde Blattstücke aus Blättern holziger Pflanzen und baut daraus fingerhutartige Brutzellen in Gängen im Totholz. Die runden Stücke dienen dabei als Deckel, die unten umgebogenen ovalen als Seitenwände und Böden dieser Zellen.

Brutzelle in morschem Holz

Blattausschnitte in Rosenblatt

Weibchen mit ausgeschnittenem Blattstück

Mörtelbiene

Megachile parietina (Bienen)

L 14–18 mm Mai–Juli

Vorkommen *An sehr warmen, steinigen oder felsigen Orten; in Mitteleuropa selten, in Südeuropa häufiger.*
Bild oben: Männchen

> ***Männchen rotbraun behaart***
> ***Weibchen schwarz mit dunklen Flügeln***
> ***baut Zellen aus kleinen Steinchen***

Die Mörtelbiene ist als Weibchen tiefschwarz mit braunen, blau schillernden, als Männchen rotbraun mit durchsichtigen Flügeln. Diese nahe Verwandte der Blattschneiderbiene baut aus kleinen Steinchen an Steinen, Felsen oder Mauern zylindrische Brutzellen von etwa 2 cm Größe, die von oben mit Pollen und Nektar befüllt und mit einem Ei bestückt werden. Nach Fertigstellung von etwa 5 Brutzellen neben- und übereinander werden diese mit einer zusätzlichen, gemeinsamen Mörtelschicht überzogen. Das fertige, äußerst fest aushärtende Nest erinnert an einen zufällig dorthin geratenen Lehmklumpen.

Weibchen beim Sammeln von Baumaterial

Weibchen am Nest

Rote Mauerbiene

Osmia bicornis (Bienen)
L 8–12 mm März–Juni

Nest in Bambusrohr

Diese dunkelbraune, heller behaarte Biene besitzt auf dem ganzen Körper einen grünlichen Metallglanz. Das Weibchen trägt am Kopf zwei nach vorn gerichtete Hörner sowie eine gelbrote Sammelbürste an der Unterseite des Hinterleibs. Die sehr anpassungsfähige Art besiedelt alle möglichen Hohlräume; regelmäßig findet man ihre Nester in Nisthilfen für Wildbienen. In röhrenförmigen Hohlräumen baut sie lediglich Trennwände aus Lehm zwischen den einzelnen Brutzellen; in größeren Hohlräumen dagegen kann sie auch ringsum geschlossene Lehmzellen herstellen.

Vorkommen *Vor allem an sonnigen Waldrändern und im Siedlungsbereich, überall häufig. Bild oben: Weibchen mit pollenbeladener Bauchbürste*

> **dunkelbraun mit grünlichem Metallglanz**
> **Weibchen mit 2 Kopfhörnern**
> **besiedelt gern Nisthilfen**

Männchen

Weibchen beim Blütenbesuch

Larve in Brutzelle

Zweifarbige Schneckenhausbiene

Osmia bicolor (Biene)
L 9–11 mm März–Juni

Diese Bauchsammlerbiene besitzt als Weibchen einen schwarzen Vorderkörper und einen fuchsrot behaarten Hinterleib, während das Männchen viel unscheinbarer grau und braun behaart ist. Das Weibchen baut seine fast immer einzelligen Nester stets in leeren Schneckenhäusern. Nach dem Eintragen von Pollen und Nektar baut es einen massiven Verschlusspfropf aus kleinen Steinchen, die von zwei Wänden aus zerkauter Blattmasse gestützt werden. Am Schluss wird das Schneckenhaus mit einer Haube aus im Flug herbeigetragenen Grashalmen oder Kiefernnadeln bedeckt.

Vorkommen *An sonnigen Waldrändern und auf Trockenrasen; in den wärmeren Teilen Mitteleuropas und in Südeuropa fast überall ziemlich häufig. Bild oben: Männchen*

> **Weibchen schwarz mit rotem Hinterleib**
> **nistet in Schneckenhäusern**
> **deckt Nest mit Grashalmen ab**

Weibchen auf mit Blattstücken beklebtem Schneckenhaus

Biene tarnt Schneckenhaus

Schneckenhaus mit Bienennest

Große Wollbiene

Anthidium manicatum (Bienen)
L 11–18 mm Juni–September

Vorkommen *Vor allem an Waldwegen, in Kiesgruben und in Gärten ziemlich häufig. Bild oben: Weibchen mit Baumaterial*

- **> reich gelb gezeichnet**
- **> Männchen größer als Weibchen**
- **> Pflanzenwolle als Baumaterial**

Diese kräftig gebaute Bauchsammlerbiene erinnert durch ihre gelben Zeichnungen sehr an eine Wespe. Das Männchen ist größer als das Weibchen und trägt an den Seiten der letzten Hinterleibssegmente spitze, schräg nach außen gerichtete Dorne. Das Weibchen schabt die wollige Behaarung entsprechender Pflanzen ab und benutzt sie als Baumaterial für ihre in Hohlräumen angelegten Brutzellen, die an einen innen hohlen Wattebausch erinnern. Die Männchen patrouillieren auf der Suche nach Weibchen an den Beständen blühender Pflanzen auf und ab und greifen alle Geschlechtsgenossen, aber auch Angehörige anderer Bienenarten an. Sie können diesen mit ihren Hinterleibsdornen ernste Verletzungen zufügen.

Gemeine Pelzbiene

Anthophora plumipes (Bienen)
L 14–16 mm März–Juni

Vorkommen *An besonnten Steilflächen und alten Mauern ziemlich häufig. Bild oben: Weibchen beim Blütenbesuch*

- **> wie eine kleine Hummel**
- **> Weibchen oft schwarz**
- **> nistet in lehmigen Steilflächen**

Die Weibchen dieser ziemlich rundlichen, hummelartigen Wildbiene können schwarz oder braun behaart sein, haben aber immer eine rostrote Sammelbürste an den Hinterbeinen. Die stets braunen Männchen haben ein dünnes, stark verlängertes mittleres Beinpaar mit einem Haarpinsel an der Spitze. Die Weibchen bauen ihre Nester meist in senkrechten Wänden. Sie bestehen aus einem kurzen, bleistiftdicken Hauptgang, von dem mehrere Seitengänge mit hintereinander angeordneten Brutzellen abzweigen. An günstigen Stellen nistet die Art oft in großen Kolonien.

Mai-Langhornbiene

Eucera nigrescens (Bienen)

L 13–15 mm April–Juni

Männchen

Während das Männchen dieser pelzig behaarten Biene körperlange Fühler besitzt, sind beim Weibchen helle Binden auf den Hinterleibsringen das auffallendste Merkmal. Die Tiere besuchen ausschließlich Schmetterlingsblütler, mit besonderer Vorliebe Zaunwicken. Die Männchen erscheinen bereits 3–4 Wochen vor den Weibchen. In Erwartung ihrer Partnerinnen patrouillieren sie entlang der Trachtpflanzen ausdauernd auf und ab und landen jeweils nur kurzfristig zur Nektaraufnahme an den Blüten. Die Weibchen graben später ihre Neströhren ins Erdreich, meist an etwas versteckten Stellen und selten zu mehreren dicht beieinander.

Weibchen

Vorkommen *An sonnigen Wald- und Wegrändern stellenweise ziemlich häufig. Bild oben: Männchen*

- ***Männchen mit körperlangen Fühlern***
- ***Weibchen mit hellen Hinterleibsbinden***
- ***besucht nur Schmetterlingsblütler***

Blaue Holzbiene

Xylocopa violacea (Bienen)

L 20–28 mm August–September und April–Juli

Weibchen fliegt Nest an

Diese größte heimische Wildbienenart (sie übertrifft selbst große Hummelköniginnen) ist glänzend schwarz mit kurzer dunkelgrauer Behaarung. Auch die blau schillernden Flügel sind ganz dunkel gefärbt. Das Männchen besitzt aufgehellte, leicht gebogene Fühlerspitzen. Beide Geschlechter überwintern und paaren sich im Frühjahr. Das Weibchen nagt einen Nestgang in noch ziemlich festes Totholz und baut aus Nagespänen unter Zugabe ihres erhärtenden Speicheldrüsensekrets die Trennwände zwischen den reihenweise angeordneten Brutzellen.

Vorkommen *An sehr warmen, offenen Stellen, vor allem im Siedlungsbereich; in Gebieten mit Weinbauklima meist nicht selten.*

- ***größte heimische Wildbiene***
- ***schwarz mit Blauschiller, auch die Flügel***
- ***Nester in Totholz***

Weibchen

Männchen

Rothaarige Wespenbiene

Nomada lathburiana (Bienen)

L 11–12 mm April–Juni

Vorkommen *An offenen, sandigen Stellen im Allgemeinen nicht selten.*

- ***sehr wespenähnlich***
- ***gelb und rot gezeichnet***
- ***parasitiert bei der Weiden-Sandbiene***

Diese ausgesprochen wespenähnliche Biene hat einen gelb gezeichneten Brustabschnitt und einen gelb-schwarz gebänderten, vorn rot gefärbten Hinterleib. Rot sind auch die Fühler, die Augen und die Beine. Die Art ist sehr schwer von einigen anderen Wespenbienen zu unterscheiden. Sie entwickelt sich als Brutparasit vorzugsweise in den Nestern der Weiden-Sandbiene (S.183). Sie dringt zur Eiablage in das Bienennest ein. Ihre Larve tötet zunächst die Sandbienenlarve und verzehrt dann den für diese eingetragenen Nahrungsvorrat.

Ackerhummel

Bombus pascuorum (Bienen)

L 9–18 mm April–Oktober

Vorkommen *In nicht zu dicht bewaldetem sowie in offenem Gelände überall häufig.*

- ***ohne deutliche Haarbinden***
- ***gelbrot und graubraun behaart***
- ***nistet oft in alten Mäusenestern***

Diese relativ kleine Hummelart ist auf dem Brustrücken gelbrot, auf dem vorderen Teil des Hinterleibs grau und hinten wieder gelbrot behaart. Sie bildet wie alle Hummeln einjährige Staaten, die von einem überwinterten Weibchen begründet werden. Im Nest findet man später braun gefärbte, blasige Wachsgebilde, in denen jeweils mehrere Larven heranwachsen, helle, rundliche Puppenkokons und Gruppen von Honigtöpfen, die aus verlassenen Kokons hergestellt wurden. Die Eier werden zu mehreren in kleinen Wachsnäpfchen abgelegt, die später zu den Larvenkammern vergrößert werden.

Larven in geöffneter Larvenkammer

Nest der Ackerhummel

Dunkle Erdhummel

Bombus terrestris (Bienen)
L 11–22 mm April–Oktober

Diese ziemlich große Hummel trägt bei schwarzer Grundfärbung vorn auf dem Brustabschnitt eine gelbe Binde und eine weitere derartige Binde vorn auf dem Hinterleib sowie eine weiße Hinterleibsspitze. Sie ist schwer von einigen sehr ähnlichen Arten zu unterscheiden. Die Nester werden fast immer in unterirdischen Hohlräumen, oft in verlassenen Mäusenestern, angelegt. Von allen heimischen Hummelarten kann sie die größte Volksstärke erreichen; die Nester können bis zu etwa 600 Individuen beherbergen.

Vorkommen *In lockeren Wäldern und offenem Gelände fast überall häufig.*

> ***Brustabschnitt mit gelber Binde***
> ***Hinterleib mit gelber und weißer Binde***
> ***Nest fast immer unterirdisch***

Honigbiene

Apis mellifera (Bienen)
L 11–18 mm März–Oktober

Die Honigbiene trägt auf ihrem vorn meist heller gefärbten Hinterleib hellbraune Filzbinden. Ein Bienenvolk setzt sich aus der durch ihren längeren Hinterleib gut kenntlichen Königin und bis zu 80 000 Arbeiterinnen zusammen. Im Frühjahr entstehen Drohnen, die männlichen Bienen, deren einzige Aufgabe in der Befruchtung der gleichzeitig schlüpfenden neuen Königin besteht. Zu dieser Zeit verlässt die alte Königin mit einem Teil des Volkes den Bienenstock, um an anderer Stelle ein neues Bienenvolk zu begründen. Der dabei sich bildende Schwarm wird nach Möglichkeit vom Imker wieder eingefangen.

Bienen auf der Brutwabe

Vorkommen *Als Haustier des Menschen überall sehr häufig. Bild oben: Pollen sammelnde Arbeiterin*

> ***Hinterleib mit hellbraunen Filzbinden***
> ***Hinterbein mit „Körbchen"***
> ***Männchen mit großen Augen***

Bienenmade in Brutzelle

Blattköcherfliege

Glyphotaelius pellucidus (Köcherfliegen)
Spw 28–38 mm   Mai–August

__Vorkommen__ An schattigen Waldtümpeln und langsam fließenden Bächen ziemlich häufig.

> ***Flügelspitze bogig ausgeschnitten***
> ***Flügelmitte mit glasigem Fleck***
> ***Larvenköcher aus runden Blattstücken***

Larve mit Blattköcher

Diese Köcherfliege besitzt graubraune, dunkler gefleckte Flügel, die an der schrägen Spitze leicht bogenförmig ausgeschnitten sind. In der Flügelmitte befindet sich ein etwas transparenter, heller Fleck. Die Eier werden in einem rundlichen Gallerteklumpen auf Uferpflanzen abgelegt. Die schlüpfenden Larven lassen sich ins Wasser fallen und schneiden sich aus Falllaub, das sie in ihrem Wohngewässer finden, ovale oder kreisrunde Stücke heraus, aus denen sie sich einen flachen Blattköcher mit einer darin befindlichen Wohnröhre herstellen.

Braune Teichköcherfliege

Anabolia nervosa (Köcherfliegen)
Spw 27–34 mm   September–Oktober

__Vorkommen__ Am Ufer stehender und langsam fließender Gewässer, regelmäßig an Fischteichen, überall ziemlich häufig.

> ***Flügelspitze abgerundet***
> ***Flügel mit undeutlichen hellen Zeichnungen***
> ***Köcher außen mit langen Pflanzenteilen***

Larve mit Steinköcher und Belastungsstäben

Diese braun gefärbte Köcherfliege besitzt auf ihren Flügeln nur wenig auffallende hellere Zeichnungen, meist etwa in der Flügelmitte einen kurzen Schrägstreifen und daneben 2 kleine Punkte. Die Flügelspitze ist breit abgerundet. Die Larve baut sich aus kleinen Steinchen oder Holzstücken eine bis zu etwa 30 mm lange Röhre, an die sie seitlich bis zu 70 mm lange Zweigstücke oder Pflanzenstängel ansetzt, die vorn und hinten deutlich überstehen. Diese sperrigen Köcher bieten ihr insofern einen guten Schutz, als sie nicht von Fischen verschluckt werden können.

Landköcherfliege

Enoicyla reichenbachii (Köcherfliegen)
Spw♂ 12–16 mm L♀ 3–5 mm September–Oktober

Bei dieser Köcherfliege ist das Männchen normal geflügelt, das Weibchen dagegen mit stark verkürzten Flügeln ausgestattet, die nur etwa bis zur Hinterleibsmitte reichen. Die Larve lebt nicht im Wasser, sondern an etwas feuchten Stellen am Waldboden. Sie baut sich aus kleinen Holzstückchen einen leicht gebogenen, etwa 1 cm langen Köcher. Das Baumaterial wird dabei, wie bei allen Köcherfliegenlarven, durch Spinnfäden, die bei den Mundwerkzeugen abgeschieden werden, zusammengehalten. Sie ernährt sich z. B. von Falllaub und Moosen und steigt zur Nahrungsaufnahme auch gern an Baumstämmen empor.

Vorkommen *Im Uferbereich schattiger Bäche und in feuchten Wäldern; ziemlich selten, aber sicher oft nur übersehen.*
Bild oben: Männchen

> ***Männchen mit normalen Flügeln***
> ***Flügel des Weibchens bis zur Hinterleibsmitte***
> ***Larven entwickeln sich an Land***

Weibchen

Larve mit Köcher aus Bodenpartikeln

Siebnetz-Köcherfliege

Hydropsyche sp. (Köcherfliegen)
Spw 18–30 mm April–September

Fangnetz der Hydropsyche-Larve

Die Hydropsyche-Arten besitzen verhältnismäßig schmale, mit feinen Querstrichen gezeichnete Flügel. Auf den ersten 8–10 Fühlergliedern finden sich ebenfalls dunkle, schräg verlaufende Striche. Die dunklen Larven tragen auf der Bauchseite Büschel von Tracheenkiemen. Sie bauen sich an Steinen im Bachgrund fest gesponnene Wohnröhren aus verschieden großen Steinen. Vor deren Mündung spannen sie ein etwa 1 cm großes, rundes Fangnetz aus, das mit seinen groben Maschen an ein Teesieb erinnert. Darin fangen sich alle möglichen Schwebteile wie Pflanzenreste oder verdriftete Insektenlarven, die von Zeit zu Zeit abgesammelt und verzehrt werden.

Vorkommen *An Fließgewässern überall häufig, vor allem an etwas verunreinigten.*

> ***Larve in unregelmäßigem Steingehäuse***
> ***vor der Öffnung ein Siebnetz***
> ***frisst pflanzliche und tierische Reste***

netzbauende Larve

Langhornmotte

Adela reaumurella (Langhornmotten)

Spw 14–18 mm   Apri–Mai

in der Luft tanzende **Männchen**

***Vorkommen** Am Rand von Laubwäldern, insbesondere von Eichenwäldern, ziemlich häufig. Bild oben: Weibchen*

- ***Flügel grünmetallisch***
- ***Fühler des Männchens von gut 3-facher Flügellänge***
- ***Männchen tanzen an Waldrändern in der Luft***

Bei diesem Kleinschmetterling besitzen die Männchen Fühler von gut 3-facher, die Weibchen von 1,5-facher Vorderflügellänge. Während die Vorderflügel grüngolden leuchten, sind die Hinterflügel schwarz mit violettem Glanz. Die Männchen tanzen im Frühjahr im Sonnenschein vor Sträuchern und verschiedenen Laubbäumen, insbesondere Eichen, auf und ab, manchmal in größeren Schwärmen. Sobald ein Weibchen in den Schwarm eindringt, wird es von einem Männchen ergriffen, und das Paar sinkt zu Boden. Die gelbliche Raupe lebt in einem aus Blattstücken hergestellten Köcher in der Laubstreu.

Raupe der Langhornmotte in ihrem Köcher

Männchen

Bei der ebenfalls häufigen Langhornmotte (*Nemophora degeerella*) tragen die goldgelben, mit dunklen Streifen gezeichneten Flügel eine gelbe Querbinde.

Rosskastanien-Miniermotte

Cameraria ohridella (Miniermotten)

Spw 7–9 mm   April–September

***Vorkommen** An Wuchsorten von Rosskastanien; inzwischen bei uns fast überall häufig.*

- ***Flügel orange mit schwarz-weißen Schrägstreifen***
- ***Flügelspitze mit Haarfransen***
- ***bringt Kastanienblätter zum Absterben***

Dieser winzige Kleinschmetterling besitzt orange- bis ockerfarbene Vorderfügel mit weißen, schwarz gerandeten Schrägstreifen und an der Flügelspitze lange Fransen. Die bis 4 mm lange, ausgesprochen flache Raupe entwickelt sich in rundlichen, braun gefärbten Minen in den Blättern von Rosskastanien. Im Jahr bilden sich 3–4 Generationen. Bei Massenentwicklung kommt es zu vorzeitigem Laubverlust der befallenen Bäume. Die Art wurde erst 1986 vom Balkan beschrieben und hat sich von dort aus in geradezu rasanter Geschwindigkeit bis über ganz Mitteleuropa ausgebreitet.

Raupe der Kastanienminiermotte

Minen im Blatt der Rosskastanie

Weiße Federmotte

Pterophorus pentadactyla (Federmotten)
Spw 26–34 mm   Mai–September

Bei dieser schneeweißen, langbeinigen Federmotte sind die Vorderflügel bis fast zur Flügelbasis in 2, die Hinterflügel in 3 federartige Zipfel aufgespalten. Meist spreizt der Falter im Sitzen seine Vorderflügel rechtwinklig zur Seite und schiebt die Hinterflügel darunter. Die hellgrüne, lang weiß behaarte Raupe hat einen weißen, gelb gepunkteten Streifen entlang der Rückenmitte. Sie lebt ausschließlich an Winden, vorzugsweise an der Ackerwinde. Dabei befrisst sie zunächst nur die Blattunterseite, wodurch sich oberseits bräunliche Flecke bilden. Im Jahr entwickeln sich 1–2 Generationen.

***Vorkommen** Vor allem an Wegrändern und in Gärten; überall ziemlich häufig.*

> ***sehr zart und weiß gefärbt***
> ***Flügel federartig geteilt***
> ***Raupen an Winden***

Vorderflügel in 2 Zipfel gespalten

Hinterflügel in 3 Zipfel aufgeteilt

Bei dem Geißblatt-Federgeistchen (*Pterotopteryx dodecadactyla*) sind die Vorder- und Hinterflügel in jeweils 6 federartige Zipfel aufgespalten. Ihre Raupen entwickeln sich in Geißblattzweigen.

Raupe der Weißen Federmotte

Traubenkirschen-Gespinstmotte

Yponomeuta evonymella (Gepinstmotten)
Spw 22–26 mm   Juni–August

Der weiße Falter trägt auf seinen schmalen Flügeln 5 ziemlich regelmäßige Reihen feiner schwarzer Punkte. Seine bis 20 mm lange, hellgelblich, bräunlich oder dunkelgrau gefärbten, schwarzköpfigen Raupen tragen am Rücken 2 Reihen länglicher schwarzer Flecke. Sie entwickeln sich fast ausschließlich an der Traubenkirsche, manchmal in schier unglaublicher Menge an wenigen benachbarten Sträuchern. Diese sind dann von den Gespinsten der gemeinsam fressenden Raupen nicht selten vollkommen überzogen und erscheinen wie von weißen Tüchern eingehüllt. Die kahl gefressenen Sträucher erholen sich aber in aller Regel schnell wieder vom Blattverlust.

Raupengespinste an der Traubenkirsche

***Vorkommen** An Waldrändern und in bachbegleitenden Gehölztsreifen fast überall häufig, jahrweise massenhaft.*

> ***Flügel weiß mit 5 schwarzen Punktreihen***
> ***Raupen gesellig in Gespinsten***
> ***fast nur an Traubenkirschen***

schwarze Punktreihen auf dem Flügel

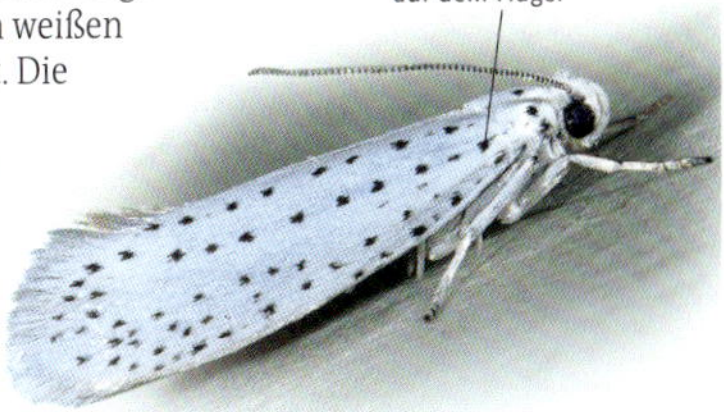

Raupen der Traubenkirschengespinstmotte

Buchsbaumzünsler

Cydalima perspectalis (Zünsler)
Spw 40–45 mm April-September

Eine Puppe hängt zwischen Buchsbaumblättern

Vorkommen *In Gärten, Parks und Friedhöfen, in denen Buchsbaum gepflanzt ist.*

> ***Raupen können Buchsbaumsträucher komplett kahlfressen***
> ***breitet sich zunehmend bei uns aus***
> ***aus Ostasien eingeschleppt***

Wer Buchsbaum in seinem Garten angepflanzt hat, fürchtet den Befall mit den bis zu 50 mm langen, grünlich-schwarz gefärbten Raupen: Sie leben meist zu mehreren auf einem Busch und fressen deren Blätter bis hin zum totalen Kahlfraß. Vermutlich gemeinsam mit dem Import von Baumschulware gelangte die Art erst Anfang des 21. Jahrhunderts aus Ostasien nach Mitteleuropa. Seither verbreitet sie sich rasant. Wer seinen Garten vogelfreundlich gestaltet, lockt die Hauptfressfeinde der Raupen an. Zur Bekämpfung eines Befalls eignet sich zudem das Absammeln der Büsche – Gift, das immer auch allen anderen Insekten schaden würde, sollte nicht zum Einsatz kommen.

Raupe des Buchsbaumzünslers

Pelzmotte

Tinea pellionella (Echte Motten)
Spw 11–17 mm Juni–August

Vorkommen *Ursprünglich in Tiernestern, heute vor allem in Wohnungen, überall ziemlich häufig.*

> ***Flügel dunkel mit schwarzem Punkt***
> ***Raupe mit Köcher aus Stofffasern***
> ***Raupe frisst Pelze, Federn und Pflanzenfasern***

Der ziemlich kleine Falter besitzt gelbbraune, metallisch glänzende Flügel mit einem auffallenden dunklen Punkt kurz vor der Flügelspitze. Seine weiß oder hellrötlich gefärbte, bis 9 mm lange Raupe lebt nicht an lebenden Pflanzen, sondern vorzugsweise an tierischen Produkten, insbesondere an Pelzen, Wolle, Federn und Teppichen. Daneben geht sie aber auch an aus Pflanzenfasern hergestellte Stoffe. Sie baut sich aus Teilen ihrer Nahrung einen transportablen, bis etwa 10 mm langen, beiderseits offenen Köcher, der in seiner Form an ein Brillenfutteral erinnert. Da die Art kaum zu Massenvermehrungen neigt, sind die angerichteten Schäden in der Regel weniger gravierend als bei der Kleidermotte.

Die nah verwandte Kleidermotte (*Tineola bisselliella*) ist einheitlich gelblich gefärbt. Ihre Raupen sind gefürchtete Schädlinge, die gern an Kleidungs- und Möbelstoffen fressen.

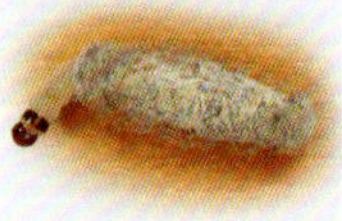

Raupe der Pelzmotte mit Wohnköcher

Kleiner Rauch-Sackträger

Psyche casta (Sackträger)

Spw♂ 10–14 mm L♀ 4–5 mm Mai–August

Während das Männchen normal entwickelte, einfarbig rauchbraune, metallisch glänzende Flügel besitzt, ist das hellbraune Weibchen völlig ungeflügelt. Die Raupe baut sich einen mit trockenen Halmstücken bedeckten, etwa 8–10 mm langen, transportablen Gespinstsack. Sie frisst an den Blättern verschiedener Laubbäume und Sträucher. Das madenartige Weibchen schlüpft später aus dem hinteren Ende des zur Verpuppung festgesponnenen Larvensacks und lockt hier durch Abgabe eines arteigenen Duftstoffes zur Paarung ein Männchen herbei. Danach legt es seinen gesamten Eivorrat in den Sack und stirbt wenig später.

Vorkommen *In Wäldern und offenem Gelände, auch im Siedlungsbereich überall häufig.*

- ***Männchen mit dunkelbraunen Flügeln***
- ***Weibchen flügellos, madenartig***
- ***Raupe mit Wohnsack aus Pflanzenteilen***

aus dem Raupensack geschlüpftes **Weibchen**

Raupe mit Sack aus Pflanzenteilen

Hornissen-Glasflügler

Sesia apiformis (Glasflügler)

Spw 30–45 mm Mai–August

Dieser außerordentlich wespenähnliche Falter besitzt einen schwarz-gelb gebänderten Hinterleib und weitgehend durchsichtige, kaum beschuppte Flügel. In Verbindung mit seiner Größe erinnert er damit stark an eine Hornisse und stellt so eines der klassischen Beispiele für Mimikry dar. Seine weiße oder gelbliche, fast unbehaarte Raupe lebt im Holz von Pappelstämmen, seltener auch in Weiden, und braucht mehrere Jahre für ihre Entwicklung. Sie verpuppt sich unmittelbar unter der Rindenoberfläche. Vor dem Schlupf des Falters schiebt sich die sehr bewegliche, mit mehreren Dornenkränzen bewehrte Puppe aus dem Baumstamm hervor.

Vorkommen *An offenen, etwas feuchten Stellen mit Pappelbeständen, in den meisten Gegenden nicht selten.*

- ***Flügel durchsichtig, kaum beschuppt***
- ***schwarz-gelbe Wespenzeichnung***
- ***Raupe in Pappelstämmen***

Beim deutlich kleineren Hornkleeglasflügler (*Bembecia ichneumoniformis*) haben die durchsichtigen Flügel ausgedehntere gelbrot beschuppte Bereiche (Spw ca. 20 mm). Die Raupen entwickeln sich im Wurzelstock von Hornklee.

Puppenhülle an Pappelstamm

Weidenbohrer

Cossus cossus (Holzbohrer)
Spw 65–80 mm Mai–August

Vorkommen *Meist in Gewässernähe an Weidenbeständen, doch z. B. auch in Gärten, nicht selten.*

> ***Flügel grau mit schwarzem Linienmuster***
> ***Raupe riecht nach Essig***
> ***Raupe im Stamm von Laubbäumen***

Dieser unscheinbar hellgrau und zimtbraun gefärbte, ziemlich große Falter trägt auf seinen Flügeln ein feines Muster netzartig miteinander verbundener schwarzer Querlinien. Seine bis 10 cm lange, rötlich gefärbte Raupe besitzt einen schwarzen Kopf und riecht intensiv nach Holzessig. Sie bohrt fingerdicke Fraßgänge im Holz verschiedener Laubbäume, insbesondere von Weiden, und benötigt für ihre Entwicklung 2–4 Jahre. Die Raupen verpuppen sich teilweise am Ende des Fraßgangs unmittelbar unter der Rindenoberfläche, andere verlassen den Stamm und laufen auf der Suche nach einem geeigneten Verpuppungsplatz weitere Strecken umher.

Raupe des Weidenbohrers

Raupenfraßgänge in Weidenstamm

Apfelwickler

Cydia pomonella (Wickler)
Spw 14–18 mm Mai–Oktober

Vorkommen *In Gärten und auf Obstwiesen überall häufig.*

> ***Flügel grau mit Wellenlinien***
> ***Flügelspitze mit goldglänzenden Flecken***
> ***Raupe in Äpfeln und Birnen***

Dieser Kleinschmetterling besitzt bleigraue, mit wellenförmigen dunkelgrauen Querlinien und sehr feinen hellen Punkten gezeichnete Flügel, die im Spitzendrittel einen dunkelbraunen Fleck mit goldglänzenden Zeichnungen tragen. Die hellrötliche, bis 15 mm lange Raupe hat einen braunen Kopf und ein ebenso gefärbtes Nackenschild. Sie entwickelt sich vor allem in Äpfeln und Birnen als die bekannte „Made im Apfel". Sie ernährt sich von den Samen und dem umgebenden Fruchtfleisch. Am Ende ihrer Entwicklung bohrt sie sich seitlich aus der Frucht hervor, um sich am Boden zu verpuppen. Im Jahr bilden sich 1–2 Generationen.

Raupe des Apfelwicklers

Waldreben-Fensterfleckchen

Thyris fenestrella (Fensterfleckchen)

Spw 12–15 mm Mai–August

Dieser kleine Falter besitzt braunschwarze, gelblich und hellrotbraun gemusterte Flügel mit jeweils zwei durchscheinenden Fensterflecken in der Flügelmitte. Die Vorderflügel sind am Vorderrand deutlich nach außen gebogen. Die rötlich oder olivgrün gefärbte und dunkel gepunktete, bis 10 mm lange Raupe entwickelt sich an der Gemeinen Waldrebe. Sie baut sich an der Blattunterseite ein Wohngehäuse, indem sie zunächst einen schmalen Blattstreifen, später dann ein ganzes Fiederblättchen zu einer Röhre zusammenrollt. In kühleren Gebieten bildet sich eine, in wärmeren 2 Generationen im Jahr.

Paarung

Vorkommen *Vorzugsweise an etwas feuchten, wärmebegünstigten Waldsäumen, besonders in Flusstälern; mehr im südlichen Mitteleuropa.*

> ***Flügel mit durchscheinenden Fensterflecken***
> ***Vorderflügel etwas nach außen gebogen***
> ***Raupe an Waldrebe***

transparentes Fenster

Vorderflügel am Rand gebogen

Blattrollen der Raupe an Waldrebe

Raupe des Fensterschwärmerchens

Federwidderchen

Heterogynis penella (Federwidderchen)

Spw 24–27 mm Juni–Juli

Das braunschwarz gefärbte, normal geflügelte Männchen besitzt deutlich gekämmte Fühler und lange Fransen am Flügelsaum. Das madenartige, sehr plumpe Weibchen dagegen besitzt weder Flügel noch richtige Beine. Es kann sich lediglich mit winzigen Beinstummeln am Kokon festklammern. In der Färbung entspricht es der gelben, grau gemusterten Raupe, die vorzugsweise am Behaarten Ginster frisst. Die Paarung der ungleichen Partner findet auf dem Kokon des Weibchens statt. Dieses zieht sich anschließend wieder in den Kokon zurück, legt dort seine Eier ab und stirbt.

Weibchen auf dem Kokon

Vorkommen *An sehr warmen, trockenen Stellen mit Steppenvegetation; in Deutschland ausgestorben, im Elsass und im Mittelmeergebiet stellenweise nicht selten.*
Bild oben: Paarung

> ***Männchen schwarzbraun und geflügelt***
> ***Weibchen gelb und raupenartig***
> ***Raupen meist an Ginster***

gefiederter Fühler

Männchen

Flügel braunschwarz

Raupe des Federwidderchens

Esparsetten-Widderchen

Zygaena carniolica (Widderchen)
Spw 25–32 mm Mai–August

Schlafgesellschaft auf Esparsetten-pflanze

***Vorkommen** Vor allem im Bergland an wärmebegünstigten Stellen auf Halbtrockenrasen; stellenweise noch häufig, doch vielerorts sehr selten geworden.*

> ***rote Flecke hell umringt***
> ***bildet oft Schlafgesellschaften***
> ***Raupe meist an Esparsette***

Das Esparsettenwidderchen trägt auf seinen dunklen Vorderflügeln ein Muster aus 5 oder 6 weißlich umringten roten Flecken. Gegen Abend versammeln sich oft mehrere Individuen an der Spitze etwas über die Umgebung hinausragender Pflanzen, um dort gemeinsam die Nacht zu verbringen. Derartige Schlafgesellschaften sind sonst nur noch vom Thymianwidderchen (s. u.) und vom hier nicht vorgestellten Bibernellwidderchen, aber von keiner weiteren Widderchenart bekannt. Die bis 20 mm lange gelblich grüne Raupe trägt oben auf jedem Segment 2 schwarze Fleckenpaare. Sie entwickelt sich an Esparsette, daneben auch an Hornklee.

Raupe des Esparsettenwidderchens

Thymian-Widderchen

Zygaena purpuralis (Widderchen)
Spw 28–35 mm Mai–August

***Vorkommen** Vor allem auf Kalktrockenrasen; in Süddeutschland stellenweise ziemlich häufig, im Norden selten.*

> ***Flügel mit 3 roten Streifen***
> ***mittlerer Streifen beilförmig erweitert***
> ***Raupe an Feldthymian***

Dieses Widderchen hat auf seinen Vorderflügeln 3 breite rote Längsstreifen, von denen das mittlere zur Spitze hin beilförmig erweitert ist. Es gibt aber auch Exemplare, bei denen diese Streifen mehr oder weniger miteinander verschmolzen sind. Die graugelb, olivgrün oder bräunlich gefärbte Raupe trägt auf jedem Segment vorn seitlich einen gelben, hinten darüber einen schwarzen Punkt. Sie lebt ausschließlich an Feldthymian, lässt sich aber auch mit Gartenthymian füttern. Die Raupen überwintern und verpuppen sich im Frühjahr in einem spindelförmigen, weißlichen bis hellbräunlichen Kokon an der Futterpflanze.

Raupe des Thymianwidderchens

Veränderliches Widderchen

Zygaena ephialtes (Widderchen)

Spw 30–40 mm   Juni–August

weiß gefleckte Farbvariante

Dieses Widderchen trägt auf seinen Vorderflügeln meist 6 rote oder gelbe Flecke sowie einen Hinterleibsring in gleicher Farbe. Bei einer vor allem Süden verbreiteten weiteren Farbform sind die 4 Spitzenflecke weiß, die basalen Flecke dagegen in der Farbe des Hinterleibsrings gefärbt. Die Art besitzt wie alle Widderchen in ihrer Körperflüssigkeit eine Blausäureverbindung, die die Tiere sehr giftig macht. Darauf weist ihre auffällige Warnfärbung hin. Die gelbe Raupe hat eine feine dunkle Rückenlinie und auf jedem Segment einen runden oder eckigen schwarzen Fleck.

Vorkommen *Außer auf Trockenrasen auch regelmäßig in Kiesgruben und an Straßenböschungen; vorwiegend in wärmebegünstigten Gebieten, im Norden selten. Bild oben: Gelb gefleckte Farbvariante*

> **Flügel, rot, weiß oder gelb gefleckt**
> **Hinterleibsring in Farbe der Flecke**
> **Raupe meist an Bunter Kronwicke**

Dem ebenfalls mit 6 roten Flügelflecken gezeichneten Gewöhnlichen Sechsfleckwidderchen (*Zygaena filipendulae*) fehlt die rote Hinterleibsbinde (auf dem Bild nicht erkennbar). Seine Raupe frisst an Hornklee.

Raupe des Veränderlichen Widderchens

Sonnenröschen-Grünwidderchen

Adscita geryon (Widderchen)

Spw ca. 20 mm   Juni–August

Dieses kleine Widderchen besitzt leuchtend goldgrüne Flügel und als Männchen deutlich gekämmte Fühler. Die bis 12 mm lange, deutlich behaarte Raupe hat eine hellgraue, dunkel eingefasste Rückenlinie, daneben jeweils eine weißliche oder gelbe Längsbinde und rötlich braun gefärbte Seitenflächen. Sie entwickelt sich an Sonnenröschen. Die Raupen fressen zunächst Minen in die Blätter; ab dem dritten Stadium gehen sie zum Schabefraß über. Später fressen sie das ganze Blatt. Nach der Überwinterung verpuppen sie sich in einem lockeren weißen Gespinst an der Futterpflanze.

Vorkommen *Im südlichen und mittleren Deutschland auf Trockenrasen stellenweise nicht selten, auch auf Grasheiden in den Alpen.*

> **Flügel grünmetallisch**
> **Männchen mit gekämmten Fühlern**
> **Raupe an Sonnenröschen**

Männchen und Weibchen auf Alpenaster

Raupe des Sonnenröschen-Grünwidderchens

Frühlings-Wollafter

Eriogaster lanestris (Glucken)

Spw 30–35 mm Februar–April

Vorkommen *Vor allem an Waldrändern und Alleen, fast überall selten geworden.*
Bild oben: Männchen

> **Flügel rostrot mit 2 weißen Flecken**
> **undeutliche Saumbinde**
> **Raupen in Gespinstnestern**

Beide Geschlechter besitzen rostrot gefärbte Flügel mit einem weißen Punkt in der Flügelmitte und einem weißen Fleck an der Flügelbasis, der beim Männchen meist dunkel gekernt ist. Vor dem Flügelsaum verläuft außerdem eine oft undeutliche helle Querbinde. Das Weibchen hat einen dichten schwarzgrauen Afterbusch („Wollafter"). Es legt seine Eier bereits im Vorfrühling an dünne Zweige und bedeckt sie mit seiner Afterwolle. Die schwarzen, mit rostroten Rückenflecken gezeichneten, lang weiß behaarten Raupen fressen an verschiedenen Laubhölzern und halten sich hier in bis 30 cm großen Gespinstnestern auf.

Raupe des Wollafters

Weibchen

Raupengespinst des Wollafters an Schlehe

Ringelspinner

Malacosoma neustria (Glucken)

Spw 23–39 mm Juni–August

Vorkommen *An Waldrändern, in Gebüschen und auf Obstwiesen, im Allgemeinen nicht häufig.*
Bild oben: Männchen

> **Flügel ockergelb bis dunkelbraun**
> **in der Mitte eine Querbinde**
> **Raupe sehr bunt**

Der variabel gefärbte Falter trägt auf seinen heller oder dunkler bräunlichen Flügeln eine hell eingefasste Querbinde, die oft dunkler ist als die Grundfarbe, dieser aber auch entsprechen kann. Das Weibchen legt seine Eier in einem dicht gepackten Ring um dünne Zweige der Futterpflanze (verschiedene Laubhölzer). Die bis 60 mm lange, sehr bunte Raupe hat eine blaugraue Grundfarbe, eine weißliche Rückenlinie und seitlich davon orangefarbige und schwarze Längsstreifen sowie auf der Kopfkapsel zwei schwarze Flecke. Sie galt früher als gefürchteter Obstbaumschädling, ist mittlerweile aber ziemlich selten geworden.

Raupengesellschaft des Ringelspinners

Eiring des Ringelspinners

Weibchen

Eichenspinner

Lasiocampa quercus (Glucken)
Spw 48–75 mm Juni–August

Beim sehr variabel gefärbten Eichenspinner ist das Männchen meist kastanienbraun mit jeweils einer gelben Flügelbinde und einem weißen Punkt im Vorderflügel. Das in der Regel viel hellere Weibchen ist mehr ockerfarben mit nur undeutlich abgesetzten, helleren Zeichnungen. Die bis 80 mm lange Raupe ist in der Jugend schwarz mit rautenförmigen, orangefarbigen Rückflecken, im letzten Stadium dann mit graubraunen Haarpolstern am Rücken ausgestattet. Sie frisst an sehr verschiedenen strauchigen Pflanzen wie etwa Schlehen und Brombeeren, kaum dagegen an Eichen.

Vorkommen *Vor allem in lichten Wäldern und in Mooren, regelmäßig auch in den Alpen; im Allgemeinen nicht selten.*
Bild oben: Männchen

> ***Flügel beim Männchen dunkelbraun***
> ***Weibchen viel heller***
> ***Raupe an verschiedenen Sträuchern***

Raupe des Eichenspinners

201

Kupferglucke

Gastropacha quercifolia (Glucken)
Spw 52–65 mm Juni–August

Die Kupferglucke besitzt meist rotbraun gefärbte Flügel mit einem deutlichen violetten Schimmer. Sie sind an der Spitze wellenförmig gezackt und mit feinen dunklen Wellenlinien gezeichnet. Im Sitzen schiebt sie meist den Rand des Hinterflügels seitlich unter dem Vorderflügel hervor und imitiert auf diese Weise geradezu perfekt ein trockenes Blatt. Sie stellt damit ein klassisches Beispiel für Mimese, die Nachahmung von Teilen der Umgebung zur eigenen Tarnung, dar. Die bis 100 mm lange, deutlich abgeflachte Raupe ist grau gefärbt und trägt seitlich lange Haarfransen. Sie lebt an verschiedenen Laubbäumen und Sträuchern, z. B. an Schlehen.

Vorkommen *Vor allem in Heckenlandschaften, fast überall selten geworden.*

> ***Flügel am Rand gewellt***
> ***Falter erinnert an trockenes Blatt***
> ***Raupe besonders an Schlehen***

Raupe der Kupferglucke

Kleines Nachtpfauenauge

Saturnia pavonia (Pfauenspinner)
Spw 60–85 mm   März–Mai

Porträt des **Männchens**

Vorkommen *Vorwiegend in Heide- und Trockenrasenlandschaften, fast überall häufig. Bild oben: Männchen*

- ***alle Flügel mit Augenfleck***
- ***Hinterflügel beim Männchen gelborange***
- ***Raupe meist an Rosengewächsen***

Das Kleine Nachtpfauenauge hat auf allen 4 Flügeln einen auffallenden Augenfleck. Beim Weibchen sind beide Flügelpaare grau, beim Männchen nur das vordere; seine Hinterflügel sind gelborange. Das ziemlich flugträge Weibchen lockt mit einem besonderen Duftstoff Männchen zur Paarung herbei. Diese können den Lockstoff mit ihren stark gekämmten Fühlern über eine Entfernung von mehreren Kilometern wahrnehmen. Die zunächst schwarze, später grüne und rosa oder gelb gepunktete Raupe frisst an vielen verschiedenen Pflanzen mit einer gewissen Vorliebe für Schlehen und Heidekraut. Sie verpuppt sich in einem eiförmigen Reusenkokon, der das Eindringen ungebetener Gäste verhindert.

Raupe des Kleinen Nachtpfauenauges

gekämmter Fühler

Männchen
Augenflecke in Vorder- und Hinterflügel
Hinterflügel orange

Weibchen
beide Flügel gleich gefärbt

Abendpfauenauge

Smerinthus ocellata (Schwärmer)
Spw 70–80 mm   Mai–Juli

Vorkommen *Meist an Gewässerufern und in feuchten Wäldern, ziemlich häufig.*

- ***Vorderflügel graubraun, dunkel marmoriert***
- ***Hinterflügel mit Augenfleck***
- ***Raupe meist an Pappeln und Weiden***

Das Abendpfauenauge besitzt als Vertreter der fluggewandten Schwärmer deutlich längere Vorder- als Hinterflügel und einen stromlinienförmigen Körper. Die Vorderflügel sind am Spitzenrand etwas gewellt und geben dem auf Baumrinde ruhenden Falter mit ihrer braunen Zeichnung eine gute Tarnung. Bei Beunruhigung spreizt er aber seine Vorderflügel und präsentiert die leuchtend roten, mit einem blauen Augenfleck gezeichneten Hinterflügel. Die grüne, mit gelben Schrägstreifen gezeichnete Raupe trägt am Hinterende ein blaues Horn. Sie entwickelt sich meist an Pappeln oder Weiden.

Raupe des Abendpfauenauges

Falter in Ruhehaltung

Falter in Drohhaltung

Flügelspitze leicht gewellt
Augenfleck im Hinterflügel

Windenschwärmer

Agrius convolvuli (Schwärmer)

Spw 80–120 mm   Juni–Oktober

Dieser sehr große Schwärmer besitzt unauffällig graubraun gefärbte, mit dunklen Strichen gezeichnete Vorderflügel und dunkel gebänderte Hinterflügel. Der Hinterleib ist rot, schwarz und weiß quer gestreift. Von allen europäischen Schwärmern besitzt er mit bis zu 16 cm den längsten Saugrüssel. Dieser erlaubt es ihm, auch aus sehr langröhrigen Blüten wie Tabak oder Stechapfel im Flug den Nektar zu saugen. Seine grüne oder braune, mit dunklen Schrägstreifen gezeichnete Raupe trägt ein gelbes oder schwarzes Horn und lebt an Windenarten.

Auf Kiefernrinde gut getarnter Windenschwärmer

Vorkommen *Vorwiegend in offenem Gelände; in Mitteleuropa in manchen Jahren nicht selten, in Südeuropa meist häufig.*

> **Flügel grau mit dunklem Muster**
> **Hinterleib rot, schwarz und weiß gestreift**
> **Raupe an Winden**

Puppe des Windenschwärmers

Falter mit leicht gespreizten Flügeln

Raupe des Windenschwärmers

Totenkopfschwärmer

Acherontia atropos (Schwärmer)

Spw 80–120 mm   Mai–Oktober

Nahaufnahme des „Totenkopfes"

Dieser ebenfalls recht große Schwärmer besitzt fast schwarze, weißlich gebänderte Vorderflügel und gelbe Hinterflügel. Auf dem Rücken des Brustabschnitts trägt er eine markante, totenkopfartige Zeichnung. Er fliegt in warmen Jahren von seiner afrikanischen und südeuropäischen Heimat aus bis nach Mitteleuropa, um dort vorzugsweise auf Kartoffeläckern seine Eier abzulegen. Die leuchtend gelb oder grün oder aber unscheinbar bräunlich gefärbten Raupen fressen an Kartoffelkraut, seltener an Liguster. Die oft noch im Herbst bei uns schlüpfenden Falter gehen in der Regel wenig später zugrunde.

Vorkommen *Vorwiegend auf Kartoffeläckern; in Mitteleuropa selten, in Südeuropa häufiger.*

> **totenkopfähnliche Zeichnung**
> **Wanderfalter**
> **Raupe meist an Kartoffelkraut**

Totenkopfschwärmer auf Bienenwabe

Raupe des Totenkopfschwärmers

Ligusterschwärmer

Sphinx ligustri (Schwärmer)

Spw 90–12 mm   Mai–August

Vorkommen *Früher regelmäßig im Siedlungsbereich an Ligusterhecken, heute in den meisten Gegenden selten geworden und eher an etwas feuchten Wald- und Wegrändern zu finden.*

- > ***Hinterflügel rosa mit schwarzen Binden***
- > ***Hinterleib schwarz und rosa gefleckt***
- > ***Raupe meist an Liguster***

Raupe des Ligusterschwärmers

Die Vorderflügel dieses auffallend großen Schwärmers sind rosabräunlich mit einer dunklen, zur Flügelspitze verschmälerten Längsbinde, die Hinterflügel rosa mit 3 schwarzen Binden. Der Hinterleib ist seitlich rosa und schwarz gemustert. Die leuchtend grüne Raupe trägt karminrote und weiße Schrägstreifen sowie am Hinterende ein gelb-schwarzes oder schwarzes Horn. Sie ruht meist mit etwas erhobenem Vorderende in einer „Sphinx"-artigen Körperhaltung und frisst vorzugsweise an Liguster, daneben aber auch an Eschen. Sie verpuppt sich im Erdboden in einer eiförmigen Höhle. Die Puppe überwintert.

Taubenschwänzchen

Macroglossum stellatarum (Schwärmer)

Spw 36–50 mm   ganzjährig

Vorkommen *In offenem Gelände aller Art, auch in Gärten jahrweise ziemlich häufig.*

- > ***Hinterflügel gelborange***
- > ***Hinterleib mit weißen Haarflecken***
- > ***erinnert an Kolibri***

Raupe des Taubenschwänzchens

Dieser ziemlich kleine Schwärmer hat graue Vorder- und gelborange Hinterflügel sowie weiße Haarflecke seitlich am Hinterleib. Der typische Wanderfalter fliegt in jahrweise unterschiedlicher Häufigkeit von seiner südeuropäischen Heimat zur Eiablage bis nach Mitteleuropa, z. T. bis ins südliche Skandinavien. Die bis 45 mm lange, grüne, seltener bräunliche Raupe hat helle Längsstreifen und ein blau-gelbes Horn. Sie frisst an Labkraut. Die Falter der bei uns geschlüpften Nachfolgegeneration wandern teilweise zurück oder versuchen hier zu überwintern. Dies gelingt aber nur in sehr milden Wintern.

Taubenschwänzchen beim Blütenbesuch

Hinterleibsspitze sieht aus wie ein Taubenschwanz

Wolfsmilchschwärmer

Hyles euphorbiae (Schwärmer)

Spw 55–75 mm Mai–August

Dieser elegante Schwärmer hat hellbraune Vorderflügel mit dunkleren Zeichnungen und rosafarbige Hinterflügel mit einer bogenförmigen schwarzen Binde. Bei Beunruhigung spreizt er seine Flügel weit auseinander, sodass die bunten Hinterflügel sichtbar werden, und krümmt den Hinterleib bauchwärts ein. Offenbar macht er dadurch auf körpereigene Inhaltsstoffe aufmerksam, die er während seiner Entwicklung mit der hochgiftigen Futterpflanze aufgenommen hat. Die im letzten Stadium auffällig rot, schwarz und weiß gezeichnete Raupe ernährt sich in Mitteleuropa nämlich fast ausschließlich von der Zypressenwolfsmilch.

Vorkommen *An warmen, trockenen Stellen, z. B. auf Trockenrasen und Sanddünen, nicht häufig.*

- ***Hinterflügel rot mit schwarzer Randlinie***
- ***zeigt auffallende Drohhaltung***
- ***Raupe an Zypressenwolfsmilch***

Falter in Drohhaltung

Falter in Ruhehaltung

Raupe des Wolfsmilchschwärmers

Kleiner Weinschwärmer

Deilephila porcellus (Schwärmer)

Spw 40–45 mm Mai–August

Dieser kleine Schwärmer hat olivgrüne Vorderflügel mit einem roten, nach innen zackig begrenzten Saum. Der Hinterleib ist ebenfalls olivgrün mit roten Ringen, aber ohne rote Mittelflecke. Der dämmerungs- und nachtaktive Falter ist wie die meisten Schwärmer ein eifriger Blütenbesucher, der seinen langen Rüssel im Schwirrflug in Blütenkelche versenkt. Seine bis 70 mm lange, grüne oder braune Raupe hat auf dem 2. und 3. Rumpfring jeweils ein Paar großer Augenflecke, die bei Störungen mit eingezogenem Kopf präsentiert werden, offensichtlich, um einen Angreifer abzuschrecken. Ihr Horn ist zu einem winzigen Höcker reduziert. Sie frisst an Labkraut.

Vorkommen *Meist in sonnigen, offenen Lebensräumen, etwa auf Trockenrasen, an Straßenböschungen und in Steinbrüchen; ziemlich häufig.*

- ***olivgrün mit rosa Zeichnungen***
- ***Raupe vorn mit Augenflecken***
- ***frisst an Labkraut***

Beim etwas größeren Mittleren Weinschwärmer (*Deilephila elpenor*) ist die Hinterleibsmitte rot gefleckt und die rote Flügelrandbinde nicht ausgebuchtet. Seine Raupe lebt vor allem an Weidenröschen und Fuchsien.

Raupe des Kleinen Weinschwärmers

Malvendickkopf

Carcharodus alceae (Dickkopffalter)
Spw 23–30 mm März–September

***Vorkommen** An warmen, offenen Stellen, z. B. in Kiesgruben und auf Trockenrasen; jahrweise nicht selten, in Südeuropa häufig.*

> ***Flügel mit bunten Würfelflecken***
> ***Raupe an Malvengewächsen***
> ***bis zu 5 Generationen im Jahr***

Raupe des Malvendickkopfs

Die Flügeloberseite dieses Dickkopffalters ist mit einem ziemlich bunten Muster aus würfelförmigen hell- und dunkelbraunen Flecken sowie kurzen, weißen Linien gezeichnet. Seine graue, schwarzköpfige Raupe hat hinter dem Kopf 3 leuchtend gelbe Flecke, die durch schwarze Steifen voneinander getrennt werden. Sie lebt ausschließlich an Malvengewächsen und baut sich ein Wohngehäuse, indem sie einen Teil eines Blatts nach oben umklappt und dann festspinnt. Unter günstigen Bedingungen können sich bis zu 5 Generationen im Jahr bilden.

Kleiner Würfel-Dickkopf

Pyrgus malvae (Dickkopffalter)
Spw 18–22 mm April–Juli

***Vorkommen** Auf trocken-warmen wie auf feuchten, niedrig bewachsenen Flächen, gebietsweise ziemlich häufig.*

> ***Flügel mit weißen Flecken***
> ***schwarz-weiß gescheckte Flügelfansen***
> ***Raupe an krautigen Rosengewächsen***

Raupe des Kleinen Würfeldickkopfs

Dieser Dickkopffalter besitzt eine dunkelbraune, mit weißen Würfelflecken gezeichnete Flügeloberseite. Er wird oft auch als Malvendickkopf bezeichnet (auch sein wissenschaftlicher Artname bedeutet dies), obwohl er gar nichts mit Malven zu tun hat. Seine gelbgrüne, braunköpfige Raupe lebt vielmehr ausschließlich an Rosengewächsen, etwa an Fingerkraut und Odermennig. Sie baut sich an der Futterpflanze aus dem hochgebogenen Blattrand ein Gehäuse, das sie im Lauf ihrer Entwicklung immer weiter vergrößert. Sie verpuppt sich später am Fuß der Pflanze in einem aus Blattresten und Gespinst hergestellten Kokon.

Gelbwürfeliger Dickkopffalter

Carterocephalus palaemon (Dickkopffalter)

Spw 22–28 mm April–Juli

Die Flügeloberseite ist dunkelbraun mit teilweise in dichten Reihen angeordneten, gelben Würfelflecken, die Unterseite der Hinterflügel gelbbraun mit dunkel umrandeten, weißgelben Flecken. Die bis 23 mm lange Raupe ist für eine Dickkopffalterraupe auffallend schlank, hellgrün mit dunkleren und weißlichen Längsstreifen, einem schwarzen Kopf und einem schwarzen Fleck am Hinterende. Sie frisst an verschiedenen Gräsern, deren Blätter sie nach unten einrollt, bis eine halb offene Röhre entsteht. Von diesem Versteck aus benagt sie das Blatt mit dreieckigen oder trapezförmigen Löchern, die bis zur Mittelrippe reichen.

Vorkommen *U. a. an halbschattigen Waldrändern, auf blütenreichen Wiesen und auf Halbtrockenrasen; gebietsweise nicht selten, besonders im Bergland*

- ***Flügel braun mit gelben Flecken***
- ***Raupe an Gräsern***
- ***hält sich in Blattrolle auf***

Raupe des Gelbwürfeligen Dickkopffalters

207

Rostfarbener Dickkopffalter

Ochlodes sylvanus (Dickkopffalter)

Spw 25–32 mm Juni–August

Dieser Dickkopffalter besitzt orangebraune Vorderflügel, die nahe der Spitze nicht besonders deutlich hell gefleckt sind. Auch die Hinterflügel tragen auf der Unterseite undeutliche helle Flecke. Das Männchen ist an einem schrägen dunklen Duftschuppenstreifen zu erkennen. Der Falter hält im Sitzen die Hinterflügel waagerecht und stellt die Vorderflügel darüber in einem Winkel von etwa 45° auf. Seine hellgrüne Raupe besitzt einen dunkelbraunen Kopf und frisst an verschiedenen Gräsern. Sie verspinnt Grasblätter zu einer Röhre, in der sie sich aufhält. Die Verpuppung erfolgt im Frühjahr in einem Gespinst zwischen Grasresten am Boden.

Vorkommen *Auf Wiesen und in lichten Wäldern ziemlich häufig.*
Bild oben: Weibchen

- ***Flügel orangebraun***
- ***Männchen mit Duftschuppenstreifen***
- ***Raupe an Gräsern***

Nektar saugendes **Männchen**

Raupe des Rostfarbigen Dickkopffalters

Apollofalter

Parnassius apollo (Ritterfalter)
Spw 65–75 mm Mai–September

Flügelunterseite

***Vorkommen** In den Alpen an steinigen oder felsigen Hängen; meist selten, außerhalb der Alpen sehr selten.*

- > ***Flügel an den Spitzen transparent***
- > ***Hinterflügel mit roten Augenflecken***
- > ***Raupe an Weißem Mauerpfeffer***

Dieser schöne, ziemlich große Falter besitzt weiße, schwarz gezeichnete Flügel mit transparenten Stellen, vor allem an den Vorderflügelspitzen. Auf der Oberseite der Hinterflügel befinden sich zwei rote Augenflecke, auf der Unterseite mehrere weitere. Die bis 50 mm lange schwarze Raupe trägt zwei Reihen unterschiedlich großer, orangefarbiger Flecke. Sie frisst fast ausschließlich am Weißen Mauerpfeffer. Die Verpuppung erfolgt in einem lockeren Gespinst am Erdboden. Die ehemals viel weiter verbreitete Art ist mittlerweile an ihren letzten außeralpinen Vorkommen akut vom Aussterben bedroht, hat aber in den Zentral- und Südalpen teilweise noch recht stabile Populationen.

Raupe des Apollofalters

Detail eines roten Augenflecks

Osterluzeifalter

Zerynthia polyxena (Ritterfalter)
Spw 45–55 mm April–Juli

***Vorkommen** An sonnigen, offenen Stellen; im östlichen Mittelmeergebiet stellenweise nicht selten, nach Norden vereinzelt bis in die Südalpen und ins östliche Österreich.*

- > ***Flügelaußenränder mit schwarzem Schleifenmuster***
- > ***Hinterflügel mit roten und blauen Flecken***
- > ***Raupe an Osterluzei***

Dieser verhältnismäßig kleine Ritterfalter besitzt ober- wie unterseits, ausgesprochen bunt, gelb, schwarz, rot und blau gezeichnete Flügel; besonders markant ist ein schwarz-gelbes Schleifenmuster entlang der Flügelränder. Die bis 35 mm lange, graue oder bräunliche Raupe trägt 6 Reihen orangefarbiger, bestachelter Hautzapfen und frisst ausschließlich an Osterluzei. Die Puppe gehört zu den Gürtelpuppen. Der Gürtelfaden umfasst aber nicht, wie etwa bei der Schwalbenschwanzpuppe, die Puppenmitte, sondern umschlingt zwei nach vorn gerichtete Dorne an der Kopfspitze.

Raupe des Osterluzeifalters

Flügelunterseite

Schwalbenschwanz

Papilio machaon (Ritterfalter)

Spw 50–75 mm April–September

Gürtelpuppe des Schwalbenschwanzes

Der große Falter besitzt kräftig gelbe, schwarz gezeichnete Flügel, auf den Hinterflügeln auch rote und blaue Zeichnungen, darunter einen vorn roten, hinten blauen Augenfleck sowie zwei leicht gebogene Schwänze. Die bis 45 mm lange, hellgrüne Raupe ist mit schwarzen, orangerot gepunkteten Querbinden gezeichnet. Sie frisst vorzugsweise an verschiedenen Doldengewächsen, etwa an Wilder Möhre und Bibernelle. Bei einer Störung lässt sie hinter dem Kopf eine zweizipflige, leuchtend gelbe Nackengabel hervortreten, der ein intensiver, unangenehmer Geruch entströmt. Die Puppe ist eine typische Gürtelpuppe. Im Jahr bilden sich 2–3 Generationen.

Vorkommen *In sonnigem, offenem Gelände, etwa an Wegrändern, auf Trockenrasen und auch in Gärten; in den meisten Gegenden nicht selten.*

> ***Flügel kräftig gelb, geschwänzt***
> ***Augenfleck vorn blau, hinten rot***
> ***Raupe an Doldengewächsen***

Schwanz am Hinterflügel leicht gebogen

Augenfleck vorn blau, hinten rot

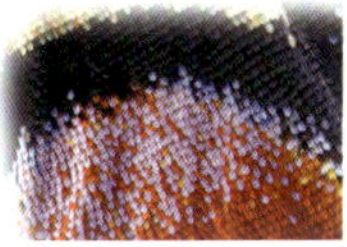

Detail des Augenflecks

Raupe des Schwalbenschwanzes

Segelfalter

Iphiclides podalirius (Ritterfalter)

Spw 50–70 mm April–August

Der Segelfalter unterscheidet sich vom ähnlichen Schwalbenschwanz durch die blasser gelb gefärbten Flügel mit regelmäßigem Streifenmuster, die vorn roten und hinten blauen Augenflecke sowie die längeren, ganz geraden Schwänze an den Hinterflügeln. Seine sehr plump gebaute Raupe ist vorn deutlich höher als hinten und grün oder gelblich mit feinen gelben Schrägstreifen und roten Punkten. Sie frisst in Mitteleuropa vorzugsweise an Schlehen, daneben aber auch an anderen strauchigen Rosengewächsen. In wärmeren Gebieten fliegen 2 Generationen im Jahr, in kühleren nur eine.

Vorkommen *An sehr warmen, offenen Stellen; in Mitteleuropa selten und stark zurückgehend, im Mittelmeergebiet häufig.*

> ***Grundfarbe blassgelb***
> ***Augenfleck vorn rot, hinten blau***
> ***Raupe an strauchigen Rosengewächsen***

Flügelstreifen parallel und gerade

Augenfleck vorn rot, hinten blau

Schwanz am Hinterflügel lang und gerade

Raupe des Segelfalters

Großer Kohlweißling

Pieris brassicae (Weißlinge)

Spw 50–65 mm   April–Oktober

Vorkommen *Vor allem auf Kulturflächen, auch auf Trockenrasen; früher sehr häufig, jetzt deutlich seltener geworden.*

- > **Vorderflügel mit breitem schwarzem Spitzensaum**
- > **Flügelunterseite gelblich weiß**
- > **Raupe an Kreuzblütlern**

Die Vorderflügel tragen oben an der Spitze jeweils einen breiten schwarzen Spitzenfleck, beim Weibchen außerdem 2 ziemlich große schwarze Punkte. Die Flügelunterseite ist gelblich ohne deutliche Zeichnungen. Die bis 40 mm langen, grünlich gelben, mit schwarzen Punkten und gelber Rückenlinie gezeichneten Raupen entwickeln sich vorwiegend an Kreuzblütlern wie Kohl oder Raps, sind aber auch regelmäßig an Kapuzinerkresse finden. Sie können in Kohlplantagen erhebliche Fraßschäden anrichten, zumal sich im Jahr meist 3 aufeinanderfolgende Faltergenerationen entwickeln.

Raupe des Großen Kohlweißlings

Weibchen

Beim Kleinen Kohlweißling (*Pieris rapae*) ist der schwarze Flügelspitzenfleck schmäler, und das Männchen (Bild) hat jeweils einen kleinen Punkt auf dem Flügel.

Baumweißling

Aporia crataegi (Weißlinge)

Spw 50–65 mm   Mai–Juli

Vorkommen *Vorwiegend in offenem, mit Gebüsch durchsetztem Gelände, z. B. auf verbuschten Trockenrasen und im Randbereich von Mooren; in vielen Gebieten selten geworden.*

- > **Flügel weiß mit schwarzem Adernetz**
- > **Raupe an holzigen Rosengewächsen**
- > **Jungraupe überwintert**

Überwinterungsnest in Ebereschenblatt

Dieser Falter ist durch sein sehr kontrastreich abgesetztes schwarzes Flügelgeäder leicht von anderen Weißlingen zu unterscheiden. Vom ähnlichen, hier nicht vorgestellten Schwarzen Apollo unterscheidet sich die Art u. a. durch die nicht transparenten Flügelspitzen. Die bis 45 mm lange, deutlich behaarte Raupe hat eine silbergraue Grundfärbung und einen schwarzen Rücken mit 2 orangefarbenen oder gelbbraunen Längsstreifen. Sie entwickelt sich meist an holzigen Rosengewächsen und überwintert als Jungraupe zu mehreren in einem trockenen, mit einem Gespinstfaden am Zweig befestigten Blatt.

Raupe des Baumweißlings

Eigelege auf Weißdornblatt

Paarung

Aurorafalter

Anthocaris cardamines (Weißlinge)
Spw 35–45 mm   März–Juni

Gürtelpuppe an Knoblauchsrauke

Dieser Weißling ist als Männchen durch seine oberseits leuchtend orangefarbigen Flügelspitzen unverkennbar. Beide Geschlechter besitzen zudem grün marmorierte Unterseiten der Hinterflügel. Die bis 30 mm lange Raupe hat einen blaugrünen Rücken und seitlich einen breiten weißen Streifen, der unten scharf begrenzt ist, oben aber allmählich in die grüne Rückenfärbung übergeht. Sie entwickelt sich an verschiedenen Kreuzblütlern, vorzugsweise an Knoblauchrauke und Wiesenschaumkraut. Die graubraune, sehr schlanke Gürtelpuppe ist am Kopfende in einen langen, zur Rückenseite gebogenen Dorn ausgezogen und an einem dürren Pflanzenstängel kaum zu entdecken.

***Vorkommen** Auf feuchten Wiesen und in lockeren, feuchten Wäldern weit verbreitet und fast überall ziemlich häufig.*

> ***Männchen mit orangefarbener Flügelspitze***
> ***Hinterflügel-Unterseite grün marmoriert***
> ***Raupe an Kreuzblütlern***

Männchen

orange Flügelspitze

Unterseite des **Männchens**

Hinterflügel-Unterseite grün marmoriert

Raupe des Aurorafalters

Goldene Acht

Colias hyale (Weißlinge)
Spw 35–45 mm   Mai–Oktober

Falter an Wiesensalbei

Die Flügeloberseite ist beim Männchen gelb, beim Weibchen weißlich gelb gefärbt. Auf der Unterseite der Vorderflügel findet sich eine rötliche Zeichnung in Form einer 8. Die Raupe ist einfarbig grün mit einer schmalen gelblichen Seitenlinie. Sie entwickelt sich an verschiedenen Schmetterlingsblütlern wie etwa Luzerne, Hornklee, Klee und Wickenarten. Während die Falter nicht sicher vom äußerst ähnlichen Hufeisenklee-Weißling (*Colias alfacariensis*) zu trennen sind, ist dessen mit 4 gelben Linien und schwarzen Punktreihen bunt gezeichnete Raupe stets gut von der der Goldenen Acht zu unterscheiden.

***Vorkommen** Z. B. auf Trockenrasen, Brachland, Wiesen und Luzernefeldern; allgemein verbreitet und fast überall ziemlich häufig.*

> ***rote 8 auf Unterseite des Hinterflügels***
> ***Flügeloberseite hellgelblich***
> ***Raupe besonders an Luzerne und Klee***

rote 8 auf Hinterflügel

roter Flügelsaum

durchscheinende Färbung der Flügeloberseite

Beim unterseits sehr ähnlichen Postillon (*Colias croceus*), einem in manchen Jahren häufigen Wanderfalter, ist die Oberseite des Männchens leuchtend orange. Diese Färbung scheint auch zur Unterseite durch.

Raupe der Goldenen Acht

Zitronenfalter

Gonepteryx rhamni (Weißlinge)

Spw 50–55 mm Juli–Oktober und Februar–Juli

Vorkommen *In lichten Wäldern, an Waldrändern und in offenem Gelände; überall ziemlich häufig.*
Bild oben: Weibchen

- ***Flügel mit blattartiger Form***
- ***Männchen gelb, Weibchen grünlich***
- ***Raupe an Faulbaum und Kreuzdorn***

Die Vorder- und Hinterflügel sind an der Spitze jeweils in einen kurzen Zipfel ausgezogen. Beim Männchen sind sie gelb, beim Weibchen hellgrünlich gefärbt. Die grüne, mit einer undeutlich abgesetzten weißen Seitenlinie gezeichnete Raupe frisst an Faulbaum und Kreuzdorn. Sie sitzt in den Fresspausen in Längsrichtung auf der Mittelrippe und ist dort dank ihrer Färbung kaum zu erkennen. Die meist im Juli schlüpfenden Falter überwintern frei in der Vegetation, meist dicht über dem Erdboden, und lassen sich dort einschneien. Erst im folgenden Frühjahr paaren sie sich und beginnen mit der Eiablage.

Raupe auf Faulbaumblatt

Männchen im Winterquartier

Kleiner Feuerfalter

Lycaena phlaeas (Bläulinge)

Spw 22–27 mm April–Oktober/November

Vorkommen *An lückig bewachsenen, offenen Stellen, besonders auf Sandboden; in den meisten Gebieten häufig, aber in Kalkgebieten selten.*
Bild oben: Weibchen

- ***Vorderflügel orange mit dunklen Flecken***
- ***Hinterflügel mit orangefarbener Randbinde***
- ***Raupe an Sauerampfer***

Bei dieser Bläulingsart sehen beide Geschlechter sehr ähnlich aus. Beide besitzen dunkelbraune Hinterflügel mit einer breiten orangefarbigen Randbinde und oft einer Reihe blauer Punkte. Die Falter fliegen in bis zu 4 Generationen nacheinander. Die Raupen entwickeln sich oft an ausgesprochen kümmerlichen Exemplaren des Kleinen Sauerampfers, daneben auch an anderen Ampferarten. Die Überwinterung erfolgt meist als Jungraupe. Die Verpuppung erfolgt zwischen zusammengesponnenen Blättern der Futterpflanze.

Flügelunterseite

Raupe oft auch ohne rote Zeichnungen

Nierenfleck-Zipfelfalter

Thecla betulae (Bläulinge)
Spw 32–37 mm Juni–Oktober

Die Hinterflügel dieses ziemlich großen Bläulings sind in einen schmalen, nach außen gebogenen Zipfel ausgezogen. Das Weibchen trägt auf der Oberseite der dunkelbraunen Vorderflügel jeweils einen großen orangefarbenen Fleck, der beim Männchen nur schwach angedeutet ist. Die Unterseite ist orange oder gelblich. Die asselförmige hellgrüne, mit gelben Schrägstreifen gezeichnete Raupe lebt an Schlehen und Zwetschgen. Sie schlüpft im zeitigen Frühjahr aus dem überwinternden, schneeweißen Ei und verwandelt sich später in eine frei am Boden liegende, braun gefärbte Puppe.

__Vorkommen__ An Waldrändern und in Heckenlandschaften, auch in Gärten allgemein verbreitet und in vielen Gegenden häufig.

- > ***Vorderflügel des Weibchens mit gelbrotem Fleck***
- > ***Flügelunterseite hellrostrot***
- > ***Raupe an Schlehe und Zwetschge***

Weibchen

oranger Nierenfleck

Zipfel am Hinterflügel

Flügel-unterseite

Männchen

Raupe des Nierenfleck-Zipfelfalters

Blauer Eichen-Zipfelfalter

Favonius quercus (Bläulinge)
Spw 28–33 mm Juni–August

Dieser Flügelzipfel tragende Bläuling hat als Männchen eine leuchtend blaue, schwarz gesäumte Flügeloberseite. Beim Weibchen beschränkt sich die Blaufärbung auf zwei längliche Flecke auf dem Vorderflügel. Die Unterseite ist hellgrau gefärbt. Die hellbraune Raupe trägt am Rücken dunklere und weißliche Schrägstreifen. Sie lebt ausschließich an Eichen. Sie schlüpft im zeitigen Frühjahr mit dem Blattaustrieb aus dem überwinternden Ei und befrisst zunächst nur die Eichenblüten. Erst wenn keine Blüten mehr zur Verfügung stehen, frisst sie an den Blättern. Die Verpuppung erfolgt am Boden zwischen Moosen oder in der Laubstreu.

*__Vorkommen__ An sonnigen Waldrändern und in lichten Eichenwäldern, auch an einzelnen Eichen in offenem Gelände; gebietsweise ziemlich häufig.
Bild oben: Weibchen*

- > ***Flügel oben blau, unten grau***
- > ***Hinterflügel mit kurzem Zipfel***
- > ***Raupe an Eichen***

Flügel-unterseite

Zipfel am Hinterflügel

schwarzer Flügelsaum

Männchen

Raupe an Eichenblüten

Hauhechel-Bläuling

Polyommatus icarus (Bläulinge)
Spw 25–30 mm Mai–Oktober

Weibchen

__Vorkommen__ In sonnigem, nicht zu feuchtem Gelände; in den meisten Gegenden der häufigste Bläuling.

- ***Unterseite mit schwarz gekerntem Spießfleck***
- ***Oberseite beim Männchen himmelblau***
- ***Raupe an Schmetterlingsblütlern***

Das Männchen dieses Bläulings hat eine strahlend hellblaue Flügeloberseite mit sehr schmalem, schwarzem Rand und einem einheitlich weißen Fransensaum. Das Weibchen ist hier dunkelbraun mit orangefarbenen Randflecken, kann aber auch mehr oder weniger blau getönt sein. In der Mitte der Hinterflügel-Unterseite befindet sich ein schwarzer Querstrich mit einer herz- oder spießförmigen, weißen Umrandung. Die hellgrüne, mit gelblichen Längsstreifen und weniger deutlichen, hellen Schrägstreifen gezeichnete Raupe lebt ausschließlich an Schmetterlingsblütlern, meist an Hornklee.

Raupe des Hauhechelbläulings

Männchen

Flügelunterseite des **Männchens**

Silbergrüner Bläuling

Lysandra coridon (Bläulinge)
Spw 30–35 mm Juli–September

__Vorkommen__ Auf Trockenrasen und trockenem, sonnigem Ödland, nur auf kalkhaltigem Untergrund; ziemlich häufig, nur im Norden seltener.
Bild oben: Paarung (links das Weibchen)

- ***Flügeloberseite beim Männchen silbrig blau***
- ***Raupe meist an Hufeisenklee***
- ***immer von Ameisen umgeben***

Die Flügeloberseite dieses Bläulings ist beim Männchen in einem sehr hellen, silbrig glänzenden Blauton gefärbt, der oft etwas ins Grünliche geht, beim Weibchen dunkelbraun mit roten Randflecken auf den Hinterflügeln. Auch auf der Flügelunterseite sind die Weibchen deutlich dunkler als die Männchen. Die bis 16 mm lange, hellgrüne Raupe trägt am Rücken und an den Seiten insgesamt 4 regelmäßige gelbe Fleckenreihen und frisst fast ausschließlich am Hufeisenklee. Sie ist stets von Ameisen umgeben, die von besonderen Duftdrüsen der Raupe angelockt und mit dem zuckerhaltigen Sekret der Honigdrüse für ihre Wächterdienste belohnt werden.

Raupe mit Ameisenbesuch

Schlafgesellschaft

Männchen

Lungenenzian-Ameisenbläuling

Phengaris alcon (Bläulinge)
Spw 32–36 mm Juni–August

Eier an Enzianblüten

Während sich die Art in der Färbung der Flügeloberseite nicht deutlich von anderen Bläulingen unterscheidet, ist die Flügelunterseite nur grau mit weiß umrandeten dunklen Flecken und damit ganz ohne jede Rotfärbung. Das Weibchen legt die Eier nur an die Blütenknospen von Lungen- oder Schwalbenwurz-Enzian. Die hellrötlichen oder gelblichen Raupen fressen hier zunächst die sich entwickelnden Samenanlagen und lassen sich schließlich zu Boden fallen. Hier locken sie ganz bestimmte Knotenameisen an, deren Nestduft sie imitieren, und lassen sich von diesen ins Nest tragen, wo sie wie die Ameisenlarven gefüttert werden.

Vorkommen *Auf Feuchtwiesen, Quellmooren und Feuchtheiden; überall ziemlich selten und an vielen Orten schon ganz verschwunden.*

- ***Unterseite grau mit hell umrandeten dunklen Flecken***
- ***Raupen zuerst in Enzianblüten***
- ***weitere Entwicklung im Ameisennest***

Weibchen bei der Eiablage

Flügeloberseite des **Männchens**

Junglarven in Enzianblüte

Graublauer Bläuling

Pseudophilotes baton (Bläulinge)
Spw 20–25 mm April–August

Dieser ziemlich kleine Bläuling hat als Männchen eine hellblau gefärbte Flügeloberseite mit schmalem schwarzem Rand und einem kurzen dunklen Strich in der Flügelmitte. Beim Weibchen sind die Flügel nur an der Basis blau bestäubt. Beide haben einen deutlich schwarz-weiß gescheckten Flügelsaum und auffallend große, schwarze Punkte auf der Flügelunterseite. Die bis 15 mm lange grüne Raupe ist sehr bunt mit 3 roten Längsbinden sowie roten und weißen Schrägstreifen gezeichnet. Sie lebt meist an Feldthymian, gelegentlich auch an anderen Lippenblütlern.

Vorkommen *Vorzugsweise im Bergland in offenem, steinigem oder felsigem Gelände, besonders auf besonnten Geröllhalden; überall ziemlich selten. Bild oben: Weibchen*

- ***Unterseite mit großen dunklen Punkten***
- ***schwarz-weiß gefleckte Flügelfransen***
- ***Raupe an Feldthymian***

Flügelunterseite

Männchen

Raupe an Thymian

Kaisermantel

Argynnis paphia (Edelfalter)

Spw 55–65 mm Juni–September

***Vorkommen** An Waldrändern und am Rand von Waldwegen, besonders gern auf etwas feuchten, blütenreichen Waldlichtungen; ziemlich häufig.*

> ***Unterseite grünlich mit Silberstreifen***
> ***Männchen mit 4 Duftschuppenstreifen***
> ***Raupe an Veilchen***

Die Flügeloberseite dieses recht großen Edelfalters ist leuchtend orangebraun mit schwarzbraunem Streifen- und Punktfleckmuster, beim Männchen auf den 4 hinteren Längsadern des Vorderflügels mit breiten Duftschuppenstreifen. Das Weibchen kann auch in einer grünlich grauen Farbform auftreten. Die grünliche Unterseite der Hinterflügel ist bei beiden Geschlechtern mit silbrig weißen Schrägstreifen gezeichnet. Die dunkelbraune, bis 38 mm lange Raupe trägt 2 gelbe Rückenstreifen und hinter dem Kopf ein verlängertes schwarzes Dornenpaar. Sie frisst an verschiedenen Veilchenarten.

Raupe des Kaisermantels

Kleiner Perlmuttfalter

Issoria lathonia (Edelfalter)

Spw 35–45 mm März–September

***Vorkommen** In offenem, wenig bewachsenem Gelände, etwa auf Trockenwiesen, Brachäckern und extensiv genutzten Kulturflächen; in den meisten Gegenden nicht selten.*

> ***Oberseite mit runden schwarzen Flecken***
> ***Unterseite mit großen weißen Perlmuttflecken***
> ***Raupe meist an Acker-Stiefmütterchen***

Dieser oberseits gelbrote Falter trägt auf seinen Flügeln ein ziemlich gleichmäßiges Muster aus rundlichen schwarzen Flecken. Die Unterseite der Hinterflügel ist mit zahlreichen auffallend großen weißen Perlmuttflecken gezeichnet. Die bis 35 mm lange, graubraune Raupe trägt ziemlich kurze braune Dorne mit weißer Spitze sowie am Rücken eine Doppelreihe kurzer weißer Striche. Sie frisst vorzugsweise am Ackerstiefmütterchen. Die Falter fliegen alljährlich in einer auffallend langen Zeitspanne und bringen dabei 2–3, manchmal offenbar sogar 4 Generationen im Jahr hervor.

Paarung

Raupe des Kleinen Perlmuttfalter

Violetter Silberfalter

Brenthis ino (Edelfalter)
Spw 32–40 mm Juni–August

Die oberseits gelbroten Flügel haben einen breiten schwarzen Außenrand und davor jeweils 2 Reihen schwarzer Punkte, wobei in der inneren Reihe der mittlere Punkt stets deutlich kleiner ist als die übrigen. Auf der Unterseite der Hinterflügel fällt ein violetter Streifen und am Vorderrand ein weißer Fleck besonders ins Auge. Die bis 25 mm lange Raupe ist weißlich mit braunen und grauen Längsstreifen und hellbraunen, weißspitzigen Dornen. Sie frisst meist am Echten Mädesüß, gelegentlich auch am Großen Wiesenknopf. Die Stürzpuppe ist hellbraun mit metallisch glänzenden Flecken.

Vorkommen *Vorwiegend auf Feuchtwiesen und an feuchten Waldsäumen mit ausgedehnten Mädesüßbeständen, seltener auch auf Trockenflächen; vielerorts selten geworden.*

> ***2 Punktreihen parallel zum Flügelrand***
> ***Unterseite mit violettem Streifen***
> ***Raupe an Mädesüß***

Raupe des Violetten Silberfalters

Roter Scheckenfalter

Melitaea didyma (Edelfalter)
Spw 30–40 mm Juni–August

Porträt des Roten Scheckenfalters

Das Männchen hat oberseits leuchtend rotorange gefärbte, mit schwarzen, in Reihen angeordneten Würfelflecken gezeichnete Flügel. Beim Weibchen sind die Vorderflügel meist graubraun bestäubt und unterscheiden sich damit deutlich von den Hinterflügeln. Die Unterseite der Hinterflügel ist bei beiden cremeweiß mit 2 orangefarbenen Querbinden und schwarzen Flecken. Die bis 28 mm lange weiße Raupe trägt 2 Reihen Dornen tragender orangefarbener Flecke und feine dunkle Linien. Sie frisst u. a. an Königskerze, Leinkraut und Ehrenpreis. Die Stürzpuppe hat ein ähnlich buntes Zeichnungsmuster wie die Raupe.

Vorkommen *An ausgesprochen warmen und trockenen, offenen Stellen, z. B. auf Felssteppen und Trockenrasen; im südlichen Mitteleuropa und im Mittelmeergebiet noch ziemlich häufig. Bild oben: Weibchen*

> ***Oberseite beim Männchen rotorange***
> ***beim Weibchen Vorderflügel meist grau***
> ***Raupe weiß mit orangefarbenen Flecken***

Raupe des Roten Scheckenfalters

Tagpfauenauge

Aglais io (Edelfalter)

Spw 50–55 mm   Februar–Oktober

***Vorkommen** Besonders in Waldnähe, aber auch im Siedlungsbereich und in vielen anderen Lebensräumen überall häufig.*

> ***Flügel rostrot mit Augenflecken***
> ***Unterseite grau und schwarz marmoriert***
> ***Raupe nur an Brennnessel***

Der allgemein bekannte Falter ist an seinen rostroten, mit jeweils einem bunten Augenfleck gezeichneten Flügeln gut zu erkennen. Die überwinterten Falter legen im Frühjahr ihre Eier an die Blattunterseite von Brennnesseln, der einzigen Futterpflanze der schwarzen, weiß gepunkteten Raupen. Sie verwandeln sich schließlich in graugrüne oder braune Stürzpuppen. Die daraus im Sommer schlüpfende neue Faltergeneration sucht sich entweder bis zum Herbst ein geschütztes Winterquartier (z. B. in einer Höhle oder einem Keller) oder pflanzt sich bereits im gleichen Jahr fort, sodass sich dann eine zweite Generation bildet.

Stürzpuppe des Tagpfauenauges

Eiablage an Brennnessel

3 Raupen an Brennnessel

Kleiner Fuchs

Aglais urticae (Edelfalter)

Spw 40–50 mm   Februar–Oktober

***Vorkommen** In offenen Lebensräumen überall häufig, neben dem Tagpfauenauge der häufigste Edelfalter.*

> ***Flügel am Rand mit blauen Flecken***
> ***Hinterflügel mit schwarzer Basalhälfte***
> ***Raupe nur an Brennnessel***

Der Kleine Fuchs hat eine orangebraune Grundfärbung mit gelber und schwarzer Fleckenzeichnung und einer blauen Fleckreihe am Flügelrand. Im Hinterflügel ist die gesamte Basalhälfte schwarz gefärbt. Die schwarzen Raupen tragen gelbe Längsstreifen und zahlreiche gelbe Punkte. Sie entwickeln sich ausschließlich an Brennnesseln. Die aus den Puppen dieser ersten Raupengeneration schlüpfenden Falter bringen meist noch eine zweite Raupengeneration hervor, deren daraus schlüpfende Falter dann überwintern. Nur in seltenen Fällen kann es schließlich noch zu einer dritten Generation im Jahr kommen.

Eiablage an Brennnessel

2 Raupen an Brennnessel

Admiral

Vanessa atalanta (Edelfalter)

Spw 50–60 mm April–Oktober

Raupenwohnung an Brennnessel

Dieser schöne Falter trägt auf seinen Vorderflügeln eine schräge rote Binde vor der schwarz-weiß gefleckten Flügelspitze. Seine bis 40 mm lange Raupe tritt in mehreren Farbformen auf: Neben gelblich grauen gibt es sehr dunkle Raupen, bei denen sich eine weißlich gelbe, seitliche Fleckenreihe besonders deutlich abhebt. Sie leben stets einzeln an Brennnesseln und bauen sich als Unterschlupf eine Blatttüte, indem sie den Blattstiel durchnagen, sodass die zusammengesponnene Spreite nach unten baumelt. Die Art ist ein typischer Wanderfalter, der jedes Jahr aus Südeuropa einfliegt, da er bei uns nur ausnahmsweise überwintern kann.

Vorkommen *Besonders an Waldrändern, auf Streuobstwiesen und in Gärten, doch auch in anderen Lebensräumen fast überall häufig.*

- ***Vorderflügel mit roter Binde***
- ***Raupe nur an Brennnessel***
- ***typischer Wanderfalter***

roter Vorderflügelstreifen

rote Randbinde mit schwarzen Punkten

Flügelunterseite

Raupe des Admirals

Distelfalter

Vanessa cardui (Edelfalter)

Spw 45–60 mm April–September

Der Distelfalter besitzt die gleiche Flügelspitzenzeichnung wie der Admiral, hat aber eine gelbbraun und orange gezeichnete Flügelwurzel. Seine Raupe ist hellgelblich bis grünlich braun gefärbt und variabel gezeichnet. Sie lebt vorzugsweise an Disteln, kann sich aber auch an verschiedenen anderen Pflanzen wie etwa Brennnesseln und Malven entwickeln. Sie lebt einzeln und hält sich meist in einem lockeren Gespinst verborgen. Seine eigentliche Heimat liegt in Afrika, von wo aus der Falter fast alljährlich zunächst bis nach Südeuropa und dann bis zu uns vorstößt. Im Herbst fliegen die Falter der Nachfolgegenerationen teilweise wieder zurück, da sie hier nicht überwintern können.

Vorkommen *In offenem, trockenem Gelände, z. B. auf Trockenwiesen und in Kiesgruben; jahrweise ziemlich häufig.*

- ***Flügel gelbbraun mit schwarzen Flecken***
- ***Raupe meist an Disteln***
- ***kann bei uns nicht überwintern***

Vorder- und Hinterflügel orange ohne Bindenzeichnung

Augenflecke im Hinterflügel

Flügelunterseite

Raupe an Kratzdistel

Großer Fuchs

Nymphalis polychloros (Edelfalter)
Spw 50–55 mm Juni–Oktober und Februar–Juni

Eigelege an Salweide

Vorkommen *Wärmeliebend, vor allem in lockeren Wäldern und an Waldrändern, auch in Gärten; in den meisten Gegenden eher selten. Bild oben: Falter auf Hand saugend*

> ***Hinterflügel vorn mit schwarzem Fleck***
> ***oft an blutenden Bäumen***
> ***Raupe meist an Salweide***

Dieser Edelfalter ähnelt dem Kleinen Fuchs, hat aber im Baselteil des Hinterflügels nur einen schwarzen Fleck am Vorderrand. Seine bis 45 mm lange Raupe ist dunkelgrau mit rostroter Rücken- und Seitenbinde sowie ebenso gefärbten Dornen. Sie entwickelt sich meist an der Salweide, kann aber auch an Zitterpappeln, diversen Obstbäumen und anderen Laubbäumen auftreten. Die Eier werden in Gelegen zu etwa 100–200 Stück spangenförmig, also in einem nicht geschlossenen Ring, um dünne Zweige der Futterpflanze abgelegt. Die Raupen eines Geleges fressen gemeinschaftlich an den Zweigen.

2 Raupen an Salweide

Flügelunterseite

Trauermantel

Nymphalis antiopa (Edelfalter)
Spw 55–75 mm Juli–Oktober und Februar–Juni

Vorkommen *Vorwiegend in lockeren, feuchten Laubwäldern (z. B. Auwäldern), doch auch in Obstgärten, in Alleen und in Steinbrüchen; fast überall selten geworden.*

> ***Flügel dunkelbraun mit gelbem Rand***
> ***ringsum blaue Fleckenreihe***
> ***Raupe an Birken und Weiden***

Der schöne Falter, einer der größten Tagfalter, hat oberseits dunkelbraune Flügel mit einem breiten gelben Saum und davor eine blaue Fleckenreihe. Seine bis 54 mm lange Raupe ist schwarz mit sehr feiner weißer Punktierung und einer roten Fleckenreihe am Rücken. Sie entwickelt sich an Birken oder verschiedenen breitblättrigen Weidenarten. Die Raupen eines Geleges (dieses ist ähnlich wie beim Großen Fuchs) bleiben bis zur letzten Häutung zusammen und entlauben gemeinsam einen Zweig nach dem anderen. Hierdurch verraten sie sich oft schon auf größere Entfernung. Erst danach trennen sie sich und bilden kleinere Gruppen.

Flügelunterseite

Raupe des Trauermantels

C-Falter

Polygonia c-album (Edelfalter)

Spw 42–50 mm Februar–Oktober

Der C-Falter ähnelt etwas dem Kleinen Fuchs, hat aber im Unterschied zu diesem ziemlich tief bogenförmig ausgeschnittene Flügelränder. Auf der Unterseite des Hinterflügels fällt ein weißer Fleck in Form eines „C“ besonders ins Auge. Die bis 30 mm lange Raupe ist sehr auffällig gefärbt: Die Grundfärbung ist orangebraun, der Rücken in der hinteren Hälfte aber schneeweiß gefärbt. Sie lebt vorzugsweise an Salweide und Brennnessel, daneben aber z. B. auch an Hopfen und Ulmen. Da das Weibchen die Eier stets einzeln ablegt, sind die Raupen auch grundsätzlich nur einzeln zu finden. Pro Jahr bilden sich meist 2 Generationen.

***Vorkommen** Vor allem in lockeren Wäldern, an Waldrändern und auf Streuobstwiesen; in den meisten Gegenden ziemlich häufig.*

> ***eingebuchtete Flügelränder***
> ***Unterseite mit weißem „C“***
> ***Raupe u. a. an Brennnessel und Salweide***

Flügelunterseite

weißes „C“

tief eingebuchteter Flügelrand

Raupe des C-Falters

Landkärtchen

Araschnia levana (Edelfalter)

Spw 28–40 mm April–September

Eigelege des Landkärtchens

Die Art fliegt jährlich in zwei sehr verschieden gefärbten Generationen. Die Frühlingsfalter sind oberseits orangebraun mit schwarzer und an den Vorderflügelspitzen auch weißer Zeichnung, die Sommerfalter dagegen schwarz mit weißer Bindenzeichnung und roten Fleckenreihen. Die Flügelunterseite erinnert mit ihrer feinen Linienzeichnung an eine Landkarte. Die schwarz oder braun gefärbten Raupen haben auch auf der Kopfkapsel ein schwarzes Dornenpaar und leben ausschließlich auf Brennnesseln. Überwinterungsstadium ist die Puppe. Manchmal entsteht im Spätsommer noch eine dritte Generation, die der zweiten ähnelt.

***Vorkommen** Vorwiegend an Wald- und Wegrändern, auch an etwas schattigen Stellen; fast überall ziemlich häufig.*

> ***Frühjahrsgeneration orangebraun***
> ***Sommergeneration schwarz***
> ***Raupe nur an Brennnessel***

weiße Flügelbinde

gelbrote Fleckenreihe

Sommerform

Frühlingsform

schwarze Würfelflecke

blaue Fleckenreihe

Dorn am Kopf

2 Raupen des Landkärtchens

Kleiner Eisvogel

Limenitis camilla (Edelfalter)
Spw 45–52 mm   Juni–August

Vorkommen *In feuchten Wäldern weit verbreitet und stellenweise häufig, vor allem in Auwäldern und im Bergland; im norddeutschen Flachland dagegen ziemlich selten.*

> ***Flügeloberseite mit weißer Fleckenbinde***
> ***Unterseite weiß mit roter Saumbinde***
> ***Raupe meist an Heckenkirsche***

Raupe des Kleinen Eisvogels

Dieser Falter hat oberseits schwarzbraune Flügel mit einer weißen Fleckenbinde. Die Unterseite ist rot und weiß gezeichnet mit 2 Reihen dunkler Punkte. Die grüne Raupe hat einen braunen Kopf, braune Rückendorne und eine weißliche Seitenlinie. Sie frisst vorzugsweise an der Roten Heckenkirsche und überwintert als Jungraupe in einem „Hibernarium". Dieses stellt sie aus einem Blatt der Futterpflanze her, indem sie dieses zunächst am Zweig festspinnt, dann den größten Teil der Blattspreite querüber abbeißt und schließlich die verbleibenden dreieckigen Blattreste zu einer röhrenförmigen Tüte übereinander klappt und zusammenspinnt.

Großer Eisvogel

Limenitis populi (Edelfalter)
Spw 65–80 mm   Juni–August

Vorkommen *Besonders in feuchten, etwas wärmebegünstigten Laubwäldern mit reichen Beständen der Zitterpappel; in Mitteleuropa fast überall sehr selten geworden.*

> ***Flügelzeichnung beim Männchen stark verdunkelt***
> ***Hinterflügel mit roter Fleckenreihe***
> ***Raupe meist an Zitterpappel***

Raupe des Großen Eisvogels

Das Weibchen ist der größte mitteleuropäische Tagfalter. Es hat wie sein kleinerer Verwandter dunkelbraune Flügel mit weißen Fleckenbinden, zusätzlich aber noch rote und blaue Fleckenreihen am Flügelrand. Das etwas kleinere Männchen unterscheidet sich deutlich durch seine dunkel übergossene Flügeloberseite. Die bis 50 mm lange Raupe ist hellgrün oder olivgrün mit dunkler und weißer Zeichnung sowie 2 fingerförmigen Zapfen hinter dem Kopf. Sie frisst meist an Zitterpappel, seltener an anderen Pappeln, und überwintert als Jungraupe in einem röhrenförmigen, in Längsrichtung am Zweig festgesponnenen Hibernarium.

Großer Schillerfalter

Apatura iris (Edelfalter)

Spw 55–65 mm Juni–Juli

Flügelunterseite

Dieser Edelfalter besitzt oberseits dunkelbraune, mit weißen Fleckenreihen gezeichnete Flügel. Nur die Hinterflügel tragen einen gelb umrandeten Augenfleck. Beim Männchen leuchtet die ganze Flügeloberseite je nach Lichteinfall kräftig blau. Diese Färbung entsteht durch Lichtbrechung an der Oberseite der Flügelschuppen, die für diesen an einen Regenbogen erinnernden Farbeffekt sorgt. Die grüne Raupe trägt vorn am Kopf zwei lange Hörner und lebt nur an breitblättrigen Weidenarten. Sie überwintert als Jungraupe völlig frei an einem Zweig ihrer Futterpflanze und vertraut dabei auf ihre gut angepasste Schutzfärbung.

Vorkommen *An schattigen, etwas feuchten Waldwegen, vor allem in Auwäldern im Bergland; meist nicht selten, in Norddeutschland nur vereinzelt.*

> ***Flügelbinden immer weiß***
> ***Vorderflügel ohne deutlichen schwarzen Fleck***
> ***Raupe an breitblättrigen Weidenarten***

Der etwa gleich große Kleine Schillerfalter *(Apatura ilia)* hat auf jeder Seite 2 Augenflecke und oft gelbrote statt weiße Flügelzeichnungen.

Männchen

Raupe auf Salweide

Erdbeerbaumfalter

Charaxes jasius (Edelfalter)

Spw 75–85 mm Mai–Juli und August–September

Stürzpuppe des Erdbeerbaumfalters

Dieser größte europäische Tagfalter erinnert durch seine außerordentlich bunte Färbung der Flügelunterseite sehr an die Farbenpracht tropischer Schmetterlinge. Die dunkelbraune, am Rand gelb und orange gefleckte Flügeloberseite nimmt sich demgegenüber schon fast bescheiden aus. Die Hinterflügel haben jeweils 2 schwanzartige Zipfel. Die bis 60 mm lange grüne Raupe trägt am Kopf 4 nach oben gerichtete braune Hörner. Sie frisst in ihrem westmediterranen Hauptverbreitungsgebiet ausschließlich am Westlichen Erdbeerbaum, im östlichen Mittelmeerraum wohl auch am Östlichen Erbeerbaum. Der Falter fliegt in 2 Generationen im Jahr.

Vorkommen *Vor allem in locker bewaldetem und mit Gebüsch bewachsenem Gelände, auch im Siedlungsbereich; im westlichen Mittelmeergebiet z. T. häufig, in Mitteleuropa fehlend.*
Bild oben: Falter an reifer Feigenfrucht

> ***Hinterflügel mit je 2 Schwänzen***
> ***Flügelunterseite extrem bunt***
> ***Raupe an Erdbeerbaum***

Flügelunterseite

Raupe des Erdbeerbaumfalters

Schachbrettfalter

Melanargia galathea (Edelfalter)
Spw 37–52 mm Juni–August

Vorkommen *Auf Wiesen und Waldlichtungen, in Sandgruben und vielen anderen mit Gräsern bewachsenen, nicht zu feuchten Standorten; fast überall ziemlich häufig.*

> ***Flügeloberseite mit Schachbrettmuster***
> ***Unterseite mit kleinen Augenflecken***
> ***Raupe an Gräsern***

Raupe des Schachbrettfalters

Dieser Falter besitzt auf der Flügeloberseite ein schwarz-weißes Schachbrettmuster, auf der viel kontrastärmeren Unterseite zusätzlich eine Reihe kleiner Augenflecke im Hinterflügel. Die bis 28 mm lange Raupe kann grün oder gelbbraun bis graubraun gefärbt sein. Sie besitzt einen dunklen Rückenstreifen und jeweils einen hellen und einen dunklen Seitenstreifen sowie am Hinterende 2 oben rötlich gestreifte Zipfel. Wie die Raupen aller Augenfalter (die auf dieser und den folgenden 4 Seiten vorgestellten Schmetterlinge, die inzwischen als Unterfamilie der Edelfalter aufgefasst werden) frisst sie ausschließlich an Gräsern.

Waldbrettspiel

Pararge aegeria (Edelfalter)
Spw 32–42 mm April–September

Vorkommen *In lockeren Wäldern und an Waldrändern; in den meisten Gegenden ziemlich häufig.*

> ***dunkelbraun mit weißgelben Flecken***
> ***Hinterflügel mit 3–4 Augenflecken***
> ***sitzt gern an kleinen Sonnenflecken im Wald***

Raupe des Waldbrettspiels

Die dunkelbraune Flügeloberseite ist hellgelblich gefleckt. Im Hinterflügel liegen 3–4 weiß gekernte Augenflecke, im Vorderflügel nur einer. Bei der in Südeuropa fliegenden Unterart dieses Falters ist die Fleckenzeichnung gelborange statt hellgelb. Die Männchen besitzen ein auffälliges Revierverhalten. Sie besetzen Sitzwarten, gern an Sonnenflecken im Gebüsch, und beobachten von dort aus die Umgebung, um sich mit vorbeikommenden Konkurrenten kurze „Luftkämpfe" zu liefern. Die ziemlich schlanke, hellgrüne Raupe hat einen dunklen, hell eingefassten Rückenstreifen und eine ziemlich kurze Behaarung.

Mauerfuchs

Lasiommata megera (Edelfalter)

Spw 35–45 mm April–Oktober

Die in der Grundfarbe orangebraune Flügeloberseite ist mit dunkelbraunen Zackenbinden, im Vorderflügel außerdem mit einem sowie im Hinterflügel mit 4 Augenflecken gezeichnet. Das Männchen ist an seinem breiten, schräg über den Vorderflügel laufenden Duftschuppenstreifen zu erkennen. Die Unterseite der Hinterflügel ist grau marmoriert und trägt vor dem Außenrand 7 gelb und schwarz umringte Augenflecke. Die Falter fliegen jährlich in 2–3 Generationen. Sie setzen sich gern mit geschlossenen Flügeln am Erdboden ab und sind dort durch ihre Zeichnung hervorragend getarnt. Die hellgrüne Raupe besitzt einen deutlichen weißen Seitenstreifen.

Vorkommen *An warmen, offenen Stellen, vor allem auf sandigem, steinigem oder felsigem Untergrund, z. B. in Sandgruben, auf Felssteppen und Trockenrasen; nicht häufig.*
Bild oben: Männchen

- **Oberseite orangebraun mit dunklen Binden**
- **Männchen mit breitem Duftschuppenstreifen**
- **Unterseite grau marmoriert**

Weibchen

Männchen

Raupe des Mauerfuchses

Perlgrasfalter

Coenonympha arcania (Edelfalter)

Spw 28–35 mm Mai–August

Paarung

Von diesem Augenfalter sieht man praktisch nur die Flügelunterseite. Über die Hinterflügel verläuft hier eine breite weiße Binde, an deren Hinterrand 4–5 gelb und schwarz umringte Augenflecke liegen; ein weiterer derartiger Fleck liegt vor der Binde. Die Falter setzen sich grundsätzlich mit geschlossenen Flügeln ab und richten zum Sonnenbad ihre Flügelunterseite nach der Sonne aus. Dabei nehmen sie oft eine sehr schräge, fast auf der Seite liegende Körperhaltung ein. Die grüne Raupe besitzt über dem weißen Seitenstreifen noch einen weiteren, aber etwas schmäleren derartigen Streifen sowie 2 kurze, an der Spitze rosa gefärbte Zipfel am Ende des Hinterleibs.

Vorkommen *Vor allem an sonnigen Waldrändern, in lockeren Wäldern und auf etwas verbuschten Trockenrasen; weit verbreitet, aber gebietsweise stark zurückgegangen.*

- **Hinterflügelunterseite mit weißer Binde**
- **daneben mit 5–6 Augenflecken**
- **sitzt stets mit geschlossenen Flügeln**

Beim häufigen Kleinen Wiesenvögelchen (*Coenonympha pamphilus*) fehlen auf der Unterseite der Hinterflügel die großen Augenflecke und die breite weiße Binde.

Raupe des Perlgrasfalters

Schornsteinfeger

Aphantopus hyperantus (Edelfalter)
Spw 35–42 mm   Juni–August

Vorkommen *In halbschattigem bis offenem Gelände, z. B. in lockeren Wäldern, an Waldrändern und auf Trockenwiesen; überall ziemlich häufig.*

- > ***Flügeloberseite mit sehr kleinen Augenflecken***
- > ***Unterseite mit großen Augenflecken***
- > ***öffnet die Flügel nur bei kühlem Wetter***

Raupe des Schornsteinfegers

Dieser auch als Brauner Waldvogel bekannte Augenfalter hat eine dunkelbraune Flügeloberseite, die nur mit winzigen, beim Männchen kaum erkennbaren Augenflecken gezeichnet ist. Auf der Unterseite der Hinterflügel befinden sich dagegen 5 recht große, gelb umringte Augenflecke. Die Falter setzen sich meist mit geschlossenen Flügeln ab, sonnen sich aber bei etwas kühlerer Witterung auch mit flach ausgebreiteten Flügeln. Die bis 25 mm lange Raupe ist graubraun oder hellrötlich braun mit feiner, dunklerer Punktierung und dunkler Rückenlinie, die jeweils an den Segmentgrenzen etwas dunkler und breiter wird.

Flügelunterseite

Großes Ochsenauge

Maniola jurtina (Edelfalter)
Spw 40–48 mm   Juni–September

Vorkommen *Vorwiegend in offenem, trockenem bis mäßig feuchtem Gelände, z. B. an Waldrändern, auf Trockenwiesen und am Rand von Mooren; fast überall ziemlich häufig.*

- > ***Männchen mit schwarzem Duftschuppenfleck***
- > ***Hinterflügelunterseite mit grauer Binde***
- > ***Raupe mit gebogenen Haaren***

Raupe des Großen Ochsenauges

Auf der braunen Oberseite des Vorderflügels befindet sich beim Männchen ein schwarzer Duftschuppenfleck und ein kleiner, hell umrandeter Augenfleck, beim Weibchen ein deutliches, weiß gekerntes Auge in einem orangefarbenen Feld. Die Unterseite des Hinterflügels ist mit einer hellen Querbinde gezeichnet. Die bis 25 mm lange, hellgrüne Raupe trägt eine feine helle Seitenlinie und ziemlich lange weiße, an der Spitze nach hinten gebogene Haare. Sie frisst zunächst tagsüber, geht nach der Überwinterung aber zu einer nachtaktiven Lebensweise über und verpuppt sich schließlich dicht über dem Boden an einem dürren Pflanzenstängel.

Weibchen

Paarung

Rundaugen-Mohrenfalter

Erebia medusa (Edelfalter)

Spw 32–40 mm Mai–Juli

Der Falter trägt auf den dunkelbraunen Vorder- und Hinterflügeln jeweils 3–5 weiß gekernte, orange umrandete Augenflecke. Diese Umrandungen sind meist klar voneinander getrennt. Die Flügelunterseite entspricht in Färbung und Zeichnung weitgehend der Oberseite. Die Flügelzeichnung, insbesondere die Ausdehnung der hellen Zeichnungen und die Zahl der Augenflecke, können stark variieren. Falter höherer Lagen haben meist deutlich schmälere Umrandungen als solche aus den Niederungen. Die bis 20 mm lange, hellbeigebräunliche oder hellgrüne Raupe trägt einen dunklen, hell eingefassten Rückenstreifen.

Vorkommen Besonders an sonnigen Waldrändern und in lichten Wäldern, auch auf Bergwiesen und Streuwiesen im Randbereich von Mooren; im Bergland gebietsweise nicht selten.

- **Flügel mit 3–5 orangebraun umrandeten Augenflecken**
- **Umrandung meist voneinander getrennt**
- **Ober- und Unterseite der Flügel fast gleich**

Beim Weißbindigen Mohrenfalter (*Erebia ligea*) liegen die Augenflecke in einer weitgehend zusammenhängenden, gelbroten Binde und der Flügelrand ist schwarz-weiß gescheckt. Außerdem befindet sich auf der Unterseite der Hinterflügel eine weiße Querbinde.

Raupe des Rundaugen-Mohrenfalters

Blauäugiger Waldportier

Minois dryas (Edelfalter)

Spw 45–60 mm Juli–September

Dieser oberseits dunkelbraune Falter hat auf den Vorderflügeln jeweils 2 blau gekernte Augenflecke, die beim Weibchen deutlich größer sind als beim Männchen. Auf der Unterseite der Hinterflügel befindet sich eine unscharf begrenzte graue Binde. Die Falter sonnen sich, anders als die meisten anderen großen Augenfalter, oft mit flach ausgebreiteten Flügeln. Die bis 30 mm lange, hellgraubraune, fein weiß marmorierte Raupe trägt am Rücken eine dunkle, jeweils an den Segmentgrenzen undeutliche Längsbinde und weitere, etwas deutlichere Binden an den Körperseiten. Sie überwintert im ersten Stadium und gräbt sich zur Verpuppung eine flache Grube.

Vorkommen Vorwiegend an feuchten, seltener auch an trockenen, offenen Stellen, insbesondere auf Streuwiesen am Rand von Mooren; fast überall selten geworden.

- **2 blau gekernte Augenflecke im Vorderflügel**
- **Oberseite sonst einfarbig dunkelbraun**
- **typische Moorwiesenart**

Raupe des Blaukernauges

Ockerbindiger Samtfalter

Hipparchia semele (Edelfalter)

Spw 48–55 mm   Juni–September

Vorkommen *In sandigen und felsigen, offenen Gebieten, z. B. auf sandigen Magerrasen und Felssteppen; fast überall ziemlich selten.*

- ***2 Augenflecke im Vorderflügel***
- ***Oberseite mit gelbbraunen Zeichnungen***
- ***sitzt meist gut getarnt am Erdboden***

auf Heideboden perfekt getarnter Falter

Der Falter setzt sich fast immer mit geschlossenen Flügeln am Erdboden ab. Kurz nach der Landung ist noch die gelbliche Unterseite der Vorderflügel mit ihren 2 Augenflecken zu erkennen; wenig später werden die Vorderflügel aber ganz zwischen die Hinterflügel geschoben, sodass nur noch deren perfekte Tarnfärbung sichtbar bleibt. Falter mit geöffneten Flügeln sind dagegen fast nie zu beobachten. Die bis 30 mm lange, hellgelbbraune Raupe trägt eine in einzelne Flecke aufgelöste dunkle Rückenbinde und jederseits 2 weitere dunkle Längsbinden. Die Jungraupe überwintert. Die Verpuppung erfolgt unterirdisch in einer Erdhöhle.

Blütenbesuch an Heidekraut

2 Augenflecke in heller Flügelfläche

Raupe des Ockerbindigen Samtfalters

Großer Waldportier

Hipparchia fagi (Edelfalter)

Spw 60–70 mm   Juni–September

Vorkommen *An sehr warmen, offenen, aber auch an schattigen Stellen, etwa in lockeren Eichenwäldern; in Mitteleuropa fast ausgestorben, im Mittelmeergebiet noch häufig.*

- ***Oberseite mit breiter weißer Binde***
- ***Unterseite mit weißer, vorn schwarz begrenzter Binde***
- ***ruht gern an Baumstämmen***

Falter mit scharf abgesetzter weißer Binde

Dieser große Augenfalter besitzt oberseits dunkelbraune Flügel mit einer breiten weißen Fleckenbinde, die von vorn nach hinten immer undeutlicher wird. Fast immer sieht man aber nur die tarnfarbige Unterseite seiner Hinterflügel, die vor dem Rand eine weiße, nach vorn mit einem schwarzen Zackenstreifen begrenzte Binde tragen. Man sieht die Falter nur selten beim Blütenbesuch, viel häufiger dagegen an ausfließendem Baumsaft, etwa von Kirschbäumen und Eichen. Die bis 36 mm lange Raupe trägt eine in Flecken aufgelöste Rückenbinde, die nach vorn immer undeutlicher wird. Sie überwintert im dritten Stadium und verpuppt sich in einer tiefen Erdhöhle.

an Eichenstamm ruhender Falter

schwarze gezackte Linie

fast verdeckter Augenfleck

zusätzliche Binde

Der sehr ähnliche Weiße Waldportier *(Brintesia circe)* hat auf der Unterseite des Hinterflügels eine zusätzliche, schmale weiße Binde.

Raupe des Großen Waldportiers

Roseneule

Thyatira batis (Eulenspinner)

Spw 32–38 mm April–September

Die dunkelgraubraunen Vorderflügel dieses unverwechselbaren Falters sind mit jeweils 5 weißen bis rosafarbenen, z. T. in der Mitte braun verdunkelten runden Flecken gezeichnet. Die hellgraubraunen Hinterflügel sind zum Außenrand deutlich verdunkelt. Er fliegt jährlich meist in 2 Generationen, ist ausschließlich nachtaktiv und wird oft von erleuchteten Fenstern angelockt. Seine dunkelrotbraune, mit etwas helleren Dreiecken gezeichnete Raupe trägt mehrere Rückenhöcker und nimmt stets eine deutlich gekrümmte Körperhaltung ein. Sie frisst vorwiegend an Brombeeren und Himbeeren.

Vorkommen *In Laub- und Nadelwäldern mit Brombeer- und Himbeerbeständen, auch an Waldrändern, auf Feuchtwiesen und in Gärten; ziemlich häufig.*

- ***Flügel mit rundlichen rosafarbenen Flecken***
- ***Raupe ruht in gekrümmter Haltung***
- ***frisst an Himbeere und Brombeere***

Raupe der Roseneule

Heller Sichelflügler

Drepana falcataria (Sichelflügler)

Spw 27–35 mm April–August

Die Spitzen der Vorderflügel sind sichelförmig nach hinten gebogen und tragen in der Ausbuchtung vor der Spitze einen violetten Fleck. In der Flügelmitte findet sich außerdem ein dunkler Augenfleck. Die vorwiegend nachtaktiven Falter fliegen jährlich meist in 2 Generationen. Sie ruhen tagsüber mit ausgebreiteten Flügeln, lassen sich aber leicht aufscheuchen. Die hellgrüne, bis 20 mm lange Raupe hat einen breiten braunen Rückstreifen und ein zugespitztes Hinterleibsende. Sie frisst an Erlen und Birken und baut sich ein flaches, tütenartiges Gehäuse, indem sie den Blattrand umknickt und an der Blattfläche festspinnt.

Vorkommen *Vor allem in lockeren, etwas feuchten Laubwäldern, auch in Gärten und Parkanlagen; in den meisten Gegenden nicht selten.*

- ***Vorderflügel sichelförmig***
- ***vor der Ausbuchtung ein violetter Fleck***
- ***Raupe an Birke und Erle***

Raupe des Hellen Sichelflüglers

Stachelbeerspanner

Abraxas grossulariata (Spanner)
Spw 35–40 mm   Juni–August

Vorkommen *In feuchten Wäldern mit Beständen wilder Stachelbeeren, daneben auch in Gärten, hier aber in der letzten Zeit selten geworden oder ganz verschwunden.*

- ***Flügel weiß mit schwarzen Flecken***
- ***Raupe ähnlich wie der Falter gefärbt***
- ***frisst meist an Stachelbeere***

Dieser kaum verwechselbare Spanner trägt auf seinen Flügeln ziemlich regelmäßig verteilte schwarze Punkte und 2 gelbe Binden im Vorderflügel. Der Falter fliegt jährlich in einer Generation und zeigt eine auffallende Übereinstimmung seines Zeichnungsmusters mit dem seiner Raupe: Auch diese besitzt eine weiße Grundfärbung mit schwarzen Punkten und einer gelben Binde. Wie fast alle Spannerraupen besitzt sie außer den Nachschiebern am Hinterleibsende nur ein Paar Hinterleibsbeine. Sie lebt vorwiegend an Stachelbeeren, seltener an anderen Laubhölzern und galt früher als Gartenschädling.

Raupe des Stachelbeerspanners

Der ähnliche Ulmen-Fleckenspanner (*Abraxas sylvata*) besitzt am Hinterwinkel der Vorderflügel einen nach vorn gelblich begrenzten, runden dunklen Fleck.

Nachtschwalbenschwanz

Ourapteryx sambucaria (Spanner)
Spw 40–50 mm   Juni–August

Vorkommen *In lockeren Wäldern und Gebüschen, auch in Gärten weit verbreitet und in vielen Gegenden recht häufig.*

- ***Flügel hellgelb mit 3 Schrägstreifen***
- ***Hinterflügel mit kurzen Zipfeln***
- ***Raupe an verschiedenen Sträuchern***

Dieser auffallend große, hellgelblich gefärbte Spanner besitzt an seinen Hinterflügeln kurze dreieckige Zipfel, die ihm eine gewisse Ähnlichkeit mit dem tagaktiven Schwalbenschwanz verleihen. Außerdem finden sich auf den Flügeln schmale gelbbraune Schrägstreifen. Der nachtaktive Falter fliegt jährlich in einer Generation. Seine ausgesprochen schmale, bis 50 mm lange, olivgrün bis bräunlich gefärbte Raupe frisst an verschiedenen Holzgewächsen, z. B. an Holunder, Flieder und Efeu. Sie ruht in schräg vom Zweig abstehender Haltung und erinnert dann in verblüffender Weise an einen Zweig der Futterpflanze.

Raupe des Nachtschwalbenschwanzes

Das mehr grünlich weiß gefärbte Silberblatt (*Campaea margaritaria*) hat auf dem Vorderflügel 2 schmale weiße, an einer Seite grün gesäumte Binden. Die Hinterflügel laufen in einen kurzen Vorsprung aus, sind aber nicht geschwänzt.

Kleiner Frostspanner

Operophtera brumata (Spanner)

Spw♂ 22–28 mm   L♀ 6–8 mm   Oktober–Dezember

Während das Männchen normal entwickelte, hellbraune Flügel mit undeutlichen Zackenbinden besitzt, sind beim insgesamt deutlich kleineren Weibchen die Flügel zu kurzen Stummeln reduziert. Die nachtaktiven Falter erscheinen meist nach den ersten Frösten. Die Eier überwintern. Die bis 20 mm langen hellgrünen Raupen sind mit schmalen weißlichen Längsbinden gezeichnet. Sie wurden bisher an etwa 50 verschiedenen Laubbäumen und Sträuchern nachgewiesen, darunter Haselnuss, Apfelbaum, Schlehe und Salweide. Die Art neigt in manchen Jahren zur Massenvermehrung und kann dann im Obstbau erhebliche Schäden anrichten.

Paarung (das **Weibchen** oben)

Vorkommen *In Wäldern und offenem Gelände, auch in Gärten überall häufig.*

> ***Männchen mit hellbraunen bis grauen Flügeln***
> ***Weibchen mit kurzen Flügelstummeln***
> ***Raupe frisst gern an Obstbäumen***

Weibchen

Männchen

Raupe des Kleinen Frostspanners

Großer Frostspanner

Erannis defoliaria (Spanner)

Spw♂ 30–40 mm   L♀ 10–13 mm   September–Dezember

Das Männchen besitzt sehr variabel gefärbte und gezeichnete Flügel; am häufigsten sind sie hellbraun oder weißlich mit 2 dunklen Querbinden, oft aber auch einfarbig gelblich oder braun, meist aber mit einem dunklen Punkt auf der Mitte des Vorderflügels. Das hellgraue, mit schwarzen Punkten gezeichnete Weibchen ist völlig flügellos. Die bis 32 mm lange Raupe ist rotbraun oder gelblich gefärbt und oft ziemlich kontrastreich bunt gezeichnet. Sie frisst an vielen verschiedenen Laubbäumen und Sträuchern wie etwa Eichen, Birken, Schlehen und Apfelbäumen, richtet normalerweise aber keine nennenswerten Schäden an.

Vorkommen *In Wäldern und offenem Gelände, auch in Gärten überall häufig.*

> ***Flügel des Männchens mit schwarzem Punkt***
> ***Weibchen ungeflügelt***
> ***Raupe an verschiedenen Laubbäumen***

flügelloses **Weibchen**

zwei Farbvarianten des **Männchens**

Raupe des Großen Frostspanners

Birkenspanner

Biston betularia (Spanner)
Spw 35–60 mm Mai–Juli

Vorkommen *Vor allem in lockeren Wäldern und im Randbereich von Mooren; in den meisten Gebieten nicht selten.*

> ***Flügel lang und schmal***
> ***weiß mit schwarzen Flecken***
> ***Raupe an verschiedenen Laubhölzern***

Raupe des Birkenspanners

Dieser Spanner hat auffallend schmale, weißliche Flügel mit zahlreichen kleinen und einigen größeren, schwarzen Flecken. Das Männchen besitzt fein gekämmte Fühler. Gelegentlich tritt neben normal gefärbten Faltern auch eine völlig schwarze Farbform auf. Während die normal gefärbten Tiere z. B. auf Birkenrinde schwer zu erkennen sind, sind die der schwarzen Form auf dunklen Rinden gut getarnt. Die grüne oder braune, bis 60 mm lange Raupe besitzt oben auf der Kopfkapsel 2 abgerundete Höcker. Sie frisst an vielen verschiedenen Laubbäumen und Sträuchern, etwa an Eichen, Birken, Erlen und Weiden.

feine schwarze Sprenkelung

Der Pappelspanner (*Biston strataria*) hat auf seinen schwarz gesprenkelten, weißen Flügeln auch rotbraune Zeichnungen.

Grünes Blatt

Geometra papilionaria (Spanner)
Spw 40–50 mm Juni–August

Vorkommen *In feuchten Wäldern, in Heidegebieten und auch in Gärten; stellenweise nicht selten, vor allem in Norddeutschland*

> ***Flügel grün mit weißen Stricheln***
> ***Raupe für eine Spannerraupe plump***
> ***frisst meist an Birken***

Raupe des Grünen Blatts

Dieser ziemlich große Spanner besitzt hellbläulich grüne Flügel im Vorderflügel mit 3, im Hinterflügel mit 2 aus weißen Stricheln zusammengesetzten Querbinden. Die bis 30 mm lange, hellgrüne oder bräunliche Raupe ist für eine Spannerraupe ausgesprochen plump und bucklig. Sie trägt am Rücken mehrere z. T. rot gefärbte Höcker und ähnelt einem Birkenfruchtzapfen. Die Jungraupe überwintert frei am Zweig. Sie frisst vorwiegend an Birken, seltener an Rotbuchen oder anderen Laubbäumen. Die Verpuppung erfolgt am Erdboden. Die Falter fliegen jährlich in einer Generation.

Der ebenfalls hellgrün gefärbte Steppenheiden-Grünspanner (*Chlorissa viridata*) hat einen gelben Vorderflügelrand und zwei schmale weiße Streifen im Vorderflügel.

gewellter Rand des Hinterflügels

2 parallele weiße Punktreihen

Fliederspanner

Apeira syringaria (Spanner)
Spw 30–40 mm Mai–September

Dieser Spanner besitzt rötlich grau bis hellbräunlich gefärbte Flügel mit einem gelblichen Rand, außerdem schmale dunkle Binden sowie weißliche und dunkle Zeichnungen. Er nimmt im Sitzen eine sehr merkwürdige Haltung ein, indem etwa die vordere Hälfte des Vorderflügels nach oben und der vordere Teil davon wieder nach vorn geknickt wird. Dies trägt zur Auflösung der Körpergestalt bei, sodass der Falter schwer zu entdecken ist. Auch die in unterschiedlichen Brauntönen gefärbte Raupe ist hervorragend getarnt. Sie trägt am Rücken 2 lange gekrümmte Fortsätze, davor 2 weitere Höckerpaare und nimmt stets eine stark gekrümmte Sitzhatung ein, sodass sie kaum als Raupe zu erkennen ist. Sie frisst u. a. an Heckenkirschen und Flieder.

***Vorkommen** Vorzugsweise an etwas schattigen, oft feuchten Standorten, etwa in Schluchtwäldern und an Waldwegen, aber auch in Gärten und Parkanlagen; nicht häufig.*

- > **Vorderflügel auffällig gefaltet**
- > **Raupe mit langen Rückenfortsätzen**
- > **frisst z. B. an Heckenkirsche und Flieder**

Frontalansicht des Falters

Raupe des Fliederspanners

Eichen-Prozessionsspinner

Thaumetopoea processionea (Prozessionsspinner)
SpW 25–35 mm Juli–September

Auffällig und namengebend sind die geselligen Raupen: In langen Prozessionen ziehen sie morgens und abends im „Gänsemarsch" zur Nahrungssuche und wieder zurück. Sie fressen insbesondere Eichenblätter. Gefürchtet ist das Massenvorkommen der Raupen, und mitunter müssen ganze Waldgebiete gesperrt werden: Die Raupen besitzen mikroskopisch kleine Brennhaare, die leicht abbrechen, in der Luft umherfliegen und schwere allergische Reaktionen (Hautausschläge, Atemnot) bei Menschen verursachen.

***Vorkommen** Besiedelt werden trockene, lichte, eichenreiche Wälder, daneben auch Eichen-Alleen und Parks.*

- > **Haare der Raupen lösen heftige Hautreaktionen und Juckreiz aus**
- > **Raupen können Baum komplett kahl fressen, dieser erholt sich aber davon und schlägt neu aus**
- > **im Mittelmeergebiet häufig an Kiefern ist der Pinien-Prozessionsspinner (*T. pityocampa*)**

Raupe des Eichen-Prozessionsspinners

Großer Gabelschwanz

Cerura vinula (Zahnspinner)
Spw 58–75 mm April–Juli

Vorkommen *Vorwiegend an etwas feuchten Waldrändern und an Gewässerufern; in den meisten Gebieten ziemlich häufig.*

> ***Flügel weißlich mit schwarzen Bogenlinien***
> ***Raupe meist an Zitterpappel***
> ***zeigt ein imposantes Drohverhalten***

Die weißgrauen Vorderflügel dieses ziemlich großen Nachtfalters sind mit mehreren parallel verlaufenden, schmalen schwarzen Bogenlinien gezeichnet. Die bis 80 mm lange, hellgrüne Raupe gehört zu den auffallendsten Gestalten der heimischen Insektenwelt. Sie hat eine schwarzbraune, in der Körpermitte zu jeder Seite dreieckig erweiterte, weiß gesäumte Rückenzeichnung. Bei Bedrohung zieht sie die Kopfkapsel zurück, wodurch ein roter Ringwulst mit 2 augenartigen Flecken erscheint. Gleichzeitig treten aus einer Schwanzgabel 2 zitternd bewegte rote Fäden hervor. Schließlich kann sie noch einen Sekrettropfen bis etwa 50 cm weit hervorspitzen. Sie lebt an Pappeln und Weiden.

Raupe des Großen Gabelschwanzes in Drohhaltung

Der Kleine Gabelschwanz (*Furcula bifida*) trägt in der Vorderflügelmitte eine breite, dunkle Querbinde und entwickelt sich ebenfalls an Pappeln und Weiden.

Zickzackspinner

Notodonta ziczac (Zahnspinner)
Spw 37–48 mm April–September

Vorkommen *An etwas feuchten, halbschattigen, mit Pappel- und Weidengebüschen bewachsenen Stellen, z. B. an Waldwegen oder am Rand von Mooren; ziemlich häufig.*

> ***Vorderflügel zimtbraun mit grauem Fleck***
> ***Raupe mit „Zickzack"-Haltung***
> ***frisst vorzugsweise an Weiden und Pappeln***

Der Falter hat teils hellgrau, teils zimtbraun gefärbte Vorderflügel mit einem rundlichen, vorn durch einen dunklen Bogenstreifen begrenzten Spitzenfleck. Seine bis 40 mm lange, graugrün, rosaviolett oder hellgelbbraun gefärbte Larve trägt auf dem 5. und 6. Segment einen spitzen, schräg nach hinten gerichteten und auf dem 11. Segment einen nach oben gerichteten Höcker. Sie frisst vorzugsweise an Zitterpappeln und Salweiden, seltener an anderen Laubbäumen. In der Sitzhaltung winkelt sie das Hinterende mit den winzigen Nachschiebern gegenüber dem übrigen Körper ab und hebt den Vorderkörper etwas empor, sodass sie kaum noch als Raupe erkennbar ist.

Raupe des Zickzackspinners

Beim Dromedarspinner (*Notodonta dromedarius*) sind die grauen Flügel mit dunklen Zackenbinden sowie mit kleinen gelblichen und roten Flecken gezeichnet.

Buchen-Zahnspinner

Stauropus fagi (Zahnspinner)

Spw 45–64 mm April–August

Dieser Zahnspinner hat graubraune, an der Basis hellere Vorderflügel mit hellen Zackenbinden und schiebt in der Sitzhaltung meist die Hinterflügel etwas darunter hervor. Seine bis 60 mm lange, ebenfalls äußerst bizarre Raupe besitzt spinnenartig lange Brustbeine, insbesondere das zweite und dritte Paar. Die letzten 3 Segmente sind zu einem keulenartigen Anhang umgebildet, der am Ende statt der Nachschieber 2 antennenartige Fortsätze trägt. Sie frisst an vielen verschiedenen Laubbäumen und Sträuchern, etwa an Buchen und Eichen, und nimmt bei Störungen eine sehr imposante Schreckhaltung ein, in der sie kaum noch als Raupe erkennbar ist.

Vorkommen *In Laubwäldern und Mischwäldern, auch in Parkanlagen; fast überall ziemlich häufig.*

- > ***Flügel graubraun mit hellerer Basis***
- > ***schiebt Hinterflügel unter Vorderflügeln hervor***
- > ***bizarre Raupe mit sehr langen Beinen***

Hinterflügel unter Vorderflügel hervorgeschoben

Porträt des **Männchens**

helle Zackenbinde

Raupe des Buchenspinners

Mondvogel

Phalera bucephala (Zahnspinner)

Spw 48–65 mm Mai–August

Die Vorderseite des vorn abgestutzten Brustabschnitts mit dem nach unten versetzten Kopf ist gelb gefärbt, ebenso ein runder Fleck an der Spitze der hellgrauen Vorderflügel. Der nachtaktive Falter imitiert dadurch, wenn er auf einem morschen Zweig sitzt, geradezu meisterhaft Farbe und Struktur seiner unmittelbaren Umgebung. Das Weibchen legt seine halbkugeligen weißen Eier, die am oberen Pol jeweils einen dunklen Punkt tragen, in regelmäßig angeordneten Eispiegeln an die Blattunterseite. Die bis 70 mm langen gelben mit feinen dunklen Längsstreifen gezeichneten Raupen fressen zunächst gemeinsam an verschiedenen Laubhölzern, z. B. Birken, Eichen und Weiden.

Vorkommen *In sonnigen bis halbschattigen Lebensräumen mit Laubbäumen und Gebüschen, etwa in lockeren Wäldern, in Kiesgruben und auch in Gärten; fast überall häufig.*

- > ***Flügel mit rundem gelbem Spitzenfleck***
- > ***erinnert an einen abgebrochenen Zweig***
- > ***Raupe besonders an Birke und Eiche***

gelbe Vorderfläche

gelber Flügelspitzenfleck

Eigelege

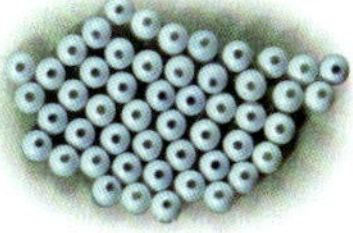

Raupengruppe an Eichenblatt

Pfeileule

Acronicta psi (Eulen)
Spw 30–40 mm   April–September

Vorkommen *An Waldrändern, in Kiesgruben, Gärten und vielen anderen mit Gebüschen bewachsenen Lebensräumen; fast überall häufig.*

- > ***Flügel mit Pfeilflecken***
- > ***Raupe sehr bunt***
- > ***besonders an Weiden***

Die hellgrauen oder bräunlichen Vorderflügel sind mit verzweigten Längsstrichen gezeichnet, die z. T. wie Pfeile aussehen. Die sehr bunte, bis 38 mm lange Raupe trägt auf dem Rücken des 4. Segments einen aufrechten, schwarzen, fingerförmigen Zapfen sowie einen deutlich niedrigeren Höcker auf dem 11. Segment. Ihre Färbung ist schwarz mit gelbem Rückenband und weißer Seitenbinde, dazwischen mit einer Längsreihe aus roten Querstrichen. Sie frisst an vielen verschiedenen Laubbäumen und Sträuchern, etwa an Weiden, Birken und Schlehen. Sie verpuppt sich in morschem Holz oder am Erdboden. Die Puppe überwintert. Im Jahr entstehen meist 2 Generationen.

Raupe der Pfeileule

Die nahe verwandte Ampfereule (*Acronicta rumicis*) hat auf ihren grauen Flügeln eine unregelmäßige, dunklere Zeichnung sowie einen hakenförmigen weißen Fleck.

Großer Eichenkarmin

Catocala sponsa (Eulen)
Spw 60–70 mm   Juli–September

Vorkommen *In warmen Eichenwäldern; in Mitteleuropa ziemlich selten, im Mittelmeergebiet häufig.*

- > ***Vorderflügel rindenartig gezeichnet***
- > ***Hinterflügel grellrot***
- > ***Raupe an Eiche***

Die Vorderflügel dieser recht großen Eulenart sind ausgesprochen rindenartig gezeichnet. Etwa in der Mitte befindet sich eine helle rundliche Zeichnung. Die grellroten Hinterflügel tragen 2 schwarze Binden. Der nachtaktive Falter ist mit geschlossenen Flügeln auf Baumrinde fast nicht zu erkennen. Bei einer Beunruhigung spreizt er aber unvermittelt die Vorderflügel auseinander und präsentiert seine grellrot leuchtenden Hinterflügel. Er nutzt das dadurch erzeugte Überraschungsmoment, um fortzufliegen und sich an einem anderen Stamm wieder abzusetzen. Die etwas abgeflachte Raupe schmiegt sich eng an Eichenzweige, ihre ausschließliche Nahrungsquelle, und ist dort ebenfalls so gut wie unsichtbar.

Raupe an Eichenzweig

Falter in Schreckhaltung

Zackeneule

Scoliopteryx libatrix (Eulen)

Spw 40–45 mm   Juni–Oktober und März–Mai

Die Zackeneule besitzt zimtbraune, an der Spitze gezackte Vorderflügel mit orangefarbenen und weißen Zeichnungen. Sie erscheint meist mit 2 Generationen im Jahr und überwintert als Falter. Hierzu sucht sie gern feuchte Stellen im Eingangsbereich von Höhlen auf. Dort ist sie während der Winterruhe oft über und über mit Kondenswassertropfen bedeckt. Die bis 50 mm lange, auffallend lang gestreckte Raupe ist hellgrün mit einer gelblich weißen Seitenlinie. Sie entwickelt sich an verschiedenen Weiden- und Pappelarten und befrisst die Zweige meist von der Spitze her. Sie verpuppt sich an der Pflanze zwischen zusammengesponnenen Blättern oder am Erdboden.

Vorkommen *U. a. in Laubwäldern, Kiesgruben und an Gewässerufern; fast überall ziemlich häufig.*

> ***Flügel am Außenrand gezackt***
> ***orangefarbene Flügelzeichnung***
> ***Raupe an Weiden und Pappeln***

Zackeneule im Winterquartier

Raupe der Zackeneule

Braune Tageule

Euclidia glyphica (Eulen)

Spw 25–30 mm   April–Juli

Eigelege an Vogelwicke

Dieser tagaktive Eulenfalter hat graubraune Vorderflügel mit 2 dunklen Querbinden, einer dunklen Saumbinde und einem ebenso gefärbten dreieckigen Fleck kurz vor der Flügelspitze. Die dunkelbraunen Hinterflügel sind ausgedehnt gelb gezeichnet. Die gelbbraune, fein gestreifte Raupe besitzt nur 3 Bauchbeinpaare, von denen das erste etwas kleiner ist. Sie entwickelt sich an Schmetterlingsblütlern wie Luzerne, Hornklee oder Wicken- und Platterbsenarten. Sie ruht tagsüber meist an der Futterpflanze und bewegt sich ähnlich wie eine Spannerraupe. Die Überwinterung erfolgt als Puppe am Erdboden. Im Jahr bilden sich meist 2 Generationen.

Vorkommen *In trockenen und feuchten, offenen Lebensräumen, z. B. auf Moorwiesen, blütenreichen Bergwiesen und Trockenrasen; in Mitteleuropa weit verbreitet und fast überall recht häufig.*

> ***Vorderflügel braun, Hinterflügel gelb***
> ***Falter tagaktiv***
> ***Raupe an Schmetterlingsblütlern***

Paarung

Raupe der Braunen Tageule

Gammaeule

Autographa gamma (Eulen)
Spw 35–40 mm   März–November

Gammaeule an Klettenblüten

Vorkommen *Vorwiegend in offenem Gelände, auf Kulturflächen ebenso wie auf unbearbeitetem Gelände aller Art; überall sehr häufig.*

> ***Brustrücken mit Haarschopf***
> ***Flügel mit „Gamma"-Zeichnung***
> ***Raupe oft an Kohl und Kopfsalat***

Die Gammaeule trägt auf ihren Vorderflügeln eine charakteristische weiße Zeichnung in Form eines liegenden „Gamma". Auf dem Rücken des Brustabschnitts befindet sich ein doppelter pinselförmiger Haarschopf. Die Falter sind vorwiegend nachts, teilweise aber auch tagsüber beim Blütenbesuch zu beobachten. Sie fliegen alljährlich als Wanderfalter von Südeuropa über die Alpen hinweg, um in Mitteleuropa weitere Generationen hervorzubringen. Die hellgrünen Raupen besitzen nur 2 Bauchbeinpaare und schmale weiße Längsbinden. Sie fressen an zahlreichen verschiedenen Wild- und Kulturpflanzen, an Kohl und Kopfsalat ebenso wie an Brennnessel und Löwenzahn. Die Überwinterung erfolgt meist als Raupe. Pro Jahr entwickeln sich 2–3 Generationen.

Raupe der Gammaeule

Messingeule

Diacrysia chrysitis (Eulen)
Spw 28–35 mm

Vorkommen *Vorwiegend in offenem bis halbschattigem Gelände, etwa an Waldrändern, auf Brachland und in Gärten; fast überall häufig.*

> ***Flügel mit grüngoldenen Flecken***
> ***Haarschopf am Brustrücken***
> ***Raupe besonders an Brennnessel***

Diese Eule trägt auf ihren rötlich braunen Vorderflügeln jeweils 2 große, grüngolden glänzende Metallflecke, die oft durch eine Brücke miteinander verbunden sind. Auf dem Rücken des Brustabschnitts befindet sich ein etwas abgeflachter, pinselartiger Haarschopf. Die Falter sind vorwiegend dämmerungsaktiv, manchmal aber auch tagsüber unterwegs. Die hellgrüne Raupe ähnelt sehr der der Gammaeule, trägt aber auf dem Rücken helle, nicht immer deutliche Winkelflecke und frisst mit Vorliebe an Brennnesseln, daneben auch an Taubnesseln, Natternkopf und anderen Pflanzen. Im Jahr bilden sich meist 2 Generationen.

Raupe der Messingeule

Porträt der Messingeule

Brauner Mönch

Cucullia verbasci (Eulen)

Spw 45–50 mm   April–Juni

Die Vorderflügel dieses Eulenfalters sind am Vorderrand dunkelbraun gefärbt, dahinter hellbraun und weißlich. Auf dem Rücken des Brustabschnitts befindet sich ein kegelförmiger, schräg nach vorn gerichteter Haarschopf. Die weißliche, bis 50 mm lange Raupe trägt auf jedem Segment 3 gelbe Querflecke, die jeweils von mehreren schwarzen Punkten eingerahmt werden. Sie lebt vorzugsweise an Königskerze, seltener an Braunwurz. Zur Verpuppung gräbt sie sich in den Erdboden ein und stellt dort einen sehr festen Kokon her. Die Überwinterung erfolgt als Puppe.

Vorkommen *An Waldrändern und in offenem, trockenem Gelände fast überall ziemlich häufig.*

> ***Brustrücken mit hohem Haarschopf***
> ***Flügel am Vorderrand dunkel, dahinter hell***
> ***Raupe meist an Königskerze***

Raupe an Königskerze

Sphinxeule

Asteroscopus sphinx (Eulen)

Spw um 45 mm   Oktober–Dezember

Diese auffallend pelzig behaarte Eule hat graubraune Vorderflügel mit dunkelbraunen und schwarzen Längsstrichen. Die nachaktiven Falter fliegen wie die Frostspanner meist erst nach den ersten Nachtfrösten und sind oft noch im Dezember anzutreffen. Die Eier überwintern. Die bis 50 mm lange, gelbgrüne Raupe trägt an der Seite eine schmale, gelbliche Längsbinde und auf dem Rücken des 11. Segments einen stumpfen Höcker. Sie ist tag- und nachtaktiv und ruht zwischendurch meist an der Unterseite von Zweigen mit kreisförmig angehobenem Vorderkörper und abgespreizten Beinen in ihrer charakteristischen „Sphinx"-Haltung. Sie frisst an zahlreichen verschiedenen Laubbäumen und Sträuchern.

Vorkommen *In Wäldern und Gebüschen, auch auf Streuobstwiesen weit verbreitet und im Allgemeinen nicht selten.*

> ***Vorflügel mit dunklen Längsstrichen***
> ***Raupe mit „Sphinx"-Haltung***
> ***an vielen verschiedenen Laubhölzern***

Raupe der Sphinxeule

Achateule

Phlogophora meticulosa (Eulen)

Spw 45–50 mm April–November

Vorkommen *In Wäldern wie in offenem Gelände, auch in Gärten; überall ziemlich häufig.*

- ***Flügel mit gezacktem Außenrand***
- ***mit Dreieckszeichnung***
- ***Flügel im Sitzen etwas gefaltet***

Die Vorderflügel dieser unverwechselbaren Eule tragen hinter der Mitte des Vorderrands eine sehr charakteristische, aus mehreren Dreiecken zusammengesetzte Zeichnung. Im Sitzen werden die Flügel außerdem in Längsrichtung etwas in Falten gelegt, sodass sie besonders schmal erscheinen und an dürres Laub erinnern. Die Falter fliegen jahrweise meist in 2 Generationen, wobei die der zweiten Generation deutlich häufiger sind. Die bis 45 mm lange hellgrüne oder bräunliche Raupe trägt eine dunkle, weißlich punktierte Rückenlinie und dunkle Schrägstreifen. Sie frisst an vielen verschiedenen, überwiegend krautigen Pflanzen, etwa an Brennnessel, Weide, Ampfer und Wurmfarn.

Raupe der Achateule

Hausmutter

Noctua pronuba (Eulen)

Spw 45–55 mm Juni–Oktober

Vorkommen *In Wäldern und offenem Gelände, auch in Gärten überall häufig.*

- ***Vorflügel mit rundem und nierenförmigem Fleck***
- ***Hinterflügel gelb mit schwarzer Binde***
- ***Raupe hinten mit schwarzen Fleckenreihen***

Diese Eule besitzt sehr variabel gefärbte Vorderflügel, die meist einen rundlichen hellen, dunkel eingefassten Fleck tragen. Die meist nicht sichtbaren Hinterflügel sind gelb mit schwarzer Binde kurz vor dem Außenrand. Die vorwiegend nachtaktiven Falter fliegen über einen recht langen Zeitraum, bilden im Jahr aber nur eine Generation. Sie legen im Sommer eine längere Ruhepause ein. Die bis 50 mm lange grüne oder hellbraune Raupe trägt eine schmale helle Rückenlinie und 2 Reihen schwarzer Längsflecke in der hinteren Körperhälfte. Sie frisst an vielen verschiedenen Kräutern und Holzgewächsen, etwa an Salweide, Brennnessel und Löwenzahn.

Die nahe verwandte Gelbe Bandeule (*Noctua fimbriata*) hat kurz vor der Flügelspitze einen dunklen dreieckigen Fleck und zwei schmale, etwa parallel verlaufende helle Binden.

Raupe der Hausmutter

Schwammspinner

Lymantria dispar (Trägspinner)
Spw 32–60 mm Juni–August

lang gekämmter Fühler

Porträt des **Männchens**

Das Männchen besitzt braune, mit dunklen Zackenbinden gezeichnete Vorderflügel und deutlich gekämmte Fühler, das deutlich größere Weibchen weiße Flügel mit meist weniger deutlichen, dunklen Binden und einfache Fühler. Nach der Paarung legt das Weibchen die Eier in einem bis 60 mm langen, ovalen Gelege an Baumrinde ab und bedeckt es mit einer massiven Schicht seiner gelbbraunen Afterwolle. Die bis 70 mm lange, ziemlich variabel gefärbte Raupe ist meist grau gefärbt und mit blauen und roten Rückenwarzen verziert. Der hellgelbbraune Kopf trägt vorn 2 schwarze Streifen. Sie frisst an verschiedenen Laubbäumen und Sträuchern, etwa an Eichen, Weiden und Pappeln, und kann bei Massenvermehrungen ganze Wälder entlauben.

feine dunkle Zeichnungen

Weibchen mit schwammartigem Eigelege

Bei der nahe verwandten Nonne (*Lymantria monacha*) haben beide Geschlechter weiße Flügel, die mit schwarzen Zackenbinden gezeichnet sind. Die Raupen können ebenfalls Kahlfraß anrichten, vor allem an Nadelbäumen.

***Vorkommen** In lockeren Laubwäldern, besonders Eichenwäldern; im südlichen Mitteleuropa jahrweise ziemlich häufig bis massenhaft, im Norden selten. Bild oben: Männchen*

- > **Weibchen mit weißen Flügeln**
- > **Männchen mit braunen Flügeln**
- > **Raupen können Wälder kahl fressen**

Raupe des Schwammspinners

Buchenrotschwanz

Calliteara pudibunda (Trägspinner)
Spw 37–47 mm April–Juli

Der grau gefärbte Falter hat mit 4 dunklen Zackenbinden und oft einem dunklen Mittelfeld gezeichnete Flügel sowie auffallend lange, dicht behaarte Vorderbeine, die im Sitzen meist vorgestreckt werden. Er wird daher auch als Streckfuß bezeichnet. Die recht bunte Raupe trägt auf dem Rücken 4 rasierpinselartige Haarbüschel und einen schmäleren, rot oder schwarz gefärbten Pinsel auf dem 11. Segment. Die übrige Behaarung kann zwischen Gelb, Weiß und Rosa-Bräunlich variieren. Sie frisst an vielen verschiedenen Laubbäumen und Sträuchern, etwa an Weiden, Buchen und Eichen.

***Vorkommen** Vorwiegend in Laubwäldern, daneben auch z. B. an Hecken und Straßenrändern sowie in Parkanlagen und Gärten; in den meisten Gegenden nicht selten.*

- > **Flügel grau mit dunklen Zackenbinden**
- > **Vorderbeine verlängert**
- > **Raupe mit bunten Haarpinseln**

Vorderbeine oft vorgestreckt

2 schmale parallele Zackenbinden

helle Flügelwurzel

Porträt des **Männchens**

Raupe des Buchenrotschwanzes in Schreckhaltung

Schlehenspinner

Orgyia antiqua (Trägspinner)
Spw 25–30 mm Juni–Oktober

Vorkommen *In Wäldern wie in offenem Gelände, regelmäßig auch in Gärten; fast überall häufig.*

- > ***Männchen mit braunen Flügeln***
- > ***Weibchen mit winzigen Flügelstummeln***
- > ***Raupe sehr bunt, mit vielen Haarpinseln***

Raupe des Schlehenspinners

Das Männchen besitzt normal entwickelte, rostbraune Flügel mit einem weißen Fleck am Innenwinkel der Vorderflügel, das plumpe, grau gefärbte Weibchen dagegen nur winzige Flügelstummel. Es bleibt nach dem Schlüpfen auf seinem Puppenkokon sitzen und lockt mit einem Duftstoff das Männchen zur Paarung herbei. Anschließend legt es den gesamten Eivorrat auf dem Kokon ab und stirbt. Die äußerst bunte Raupe ist mit zahlreichen unterschiedlich gefärbten Haarbüscheln geschmückt und gehört damit zu den prächtigsten aller einheimischen Schmetterlingsraupen. Sie frisst sowohl an ganz verschiedenen holzigen wie auch an krautigen Pflanzen, etwa an Schlehe, Weide und Brennnessel.

Eiablage auf dem Kokon des Weibchens

Goldafter

Euproctis chrysorrhoea (Trägspinner)
Spw 28–38 mm Juni–August

Vorkommen *Vorwiegend an Waldrändern, an Alleen und auf Streuobstwiesen; früher allgemein verbreitet, in neuerer Zeit fast überall ziemlich selten geworden.*

- > ***Falter schneeweiß***
- > ***goldbrauner Haarbusch am Hinterende***
- > ***Raupen können Obstbäume kahl fressen***

Raupe des Goldafters

Der schneeweiß gefärbte Falter trägt am Hinterende einen goldbraunen Afterbusch, der beim Weibchen besonders mächtig entwickelt ist. Bei einer Störung stellt er sich oft tot und krümmt seinen Hinterleib zwischen den Flügeln hervor, um so den Haarbusch zu präsentieren. Das Weibchen legt seine Eier in einem länglichen Gelege an Zweige oder Blätter der Futterpflanze und bedeckt sie mit den Haaren des Afterbusches. Die bis 45 mm langen graubraunen Larven tragen paarige weiße Seitenflecke und jeweils eine rote Warze auf den Segmenten 9 und 10. Sie fressen an verschiedenen Laubbäumen, oft z. B. an Apfel- und Birnbäumen, und können bei Massenvermehrung Kahlfraß anrichten.

Falter in Schreckhaltung

Eigelege mit Hinterleibshaaren bedeckt

Weißfleckwidderchen

Amata phegea (Bärenspinner)

Spw 30–45 mm Juni–August

Das Weißfleckwidderchen erinnert mit seinen schmalen Flügeln und deren weißer Fleckung an ein Widderchen, gehört aber verwandtschaftlich zu den Bärenspinnern. Dies wird u. a. durch die dicht schwarzbraun behaarte, bis 30 mm lange, rotköpfige Raupe deutlich. Sie frisst an sehr verschiedenen krautigen Pflanzen, wie etwa an Wegerich, Löwenzahn und Ampfer, und bevorzugt verwelkte Pflanzenteile gegenüber frischen. Im Unterschied zu den echten Widderchen setzen sich die tagaktiven Falter stets mit waagerecht ausgebreiteten Flügeln ab.

***Vorkommen** An warmen Waldrändern, auf Ödland und auf Trockenrasen; in Mitteleuropa nur an wenigen wärmebegünstigten Standorten, in den Südalpen und im Mittelmeergebiet häufig.*

- ***Flügel schwarz mit weißen Flecken***
- ***2 gelbe Körperringe***
- ***Raupe schwarz mit rotem Kopf***

Paarung

Raupe des Weißfleckwidderchens

Wegerichbär

Arctia plantaginis (Bärenspinner)

Spw 32–38 mm Mai–August

Dieser Bärenspinner zeigt eine große Variationsbreite hinsichtlich Flügelzeichnung und Färbung. Die schwarzen Vorderflügel sind mit hellen Streifen gezeichnet, die an der Flügelspitze einem Kreuz oder einer „4" bzw. deren Spiegelbild entspricht. Die Hinterflügel sind beim Männchen weiß oder gelb bis fast ganz schwarz, beim Weibchen oft leuchtend rot gefärbt. Die Raupe ist vorn schwarz und grau, ab dem 3. Segment fuchsrot und im hinteren Körperabschnitt wieder grau behaart. Sie frisst an vielen verschiedenen krautigen Pflanzen wie Habichtskraut und Löwenzahn.

***Vorkommen** U. a. auf Waldlichtungen und Feuchtwiesen, nicht häufig; regelmäßig aber in den Alpen. Bild oben: Wegerichbär mit roten Hinterflügeln*

- ***Vorderflügel mit weißer „4" oder weißem Kreuz***
- ***Hinterflügel weiß, gelb oder rot***
- ***besonders in den Alpen***

Falter mit gelben Hinterflügeln

Raupe des Wegerichbärs

Weiße Tigermotte

Spilosoma lubricipeda (Bärenspinner)

Spw 30–42 mm Mai–September

Vorkommen *In offenen bis halbschattigen Lebensräumen, z. B. in lockeren Wäldern, auf Wiesen, auf landwirtschaftlichen Kulturflächen und in Gärten; überall ziemlich häufig.*

- > ***Flügel weiß mit schwarzen Punkten***
- > ***Raupe mit hellem Rückenstreifen***
- > ***an Brennnesseln und vielen anderen Pflanzen***

Raupe der Weißen Tigermotte

Dieser Bärenspinner hat schneeweiße, seltener blassgelbliche Flügel mit zahlreichen, regelmäßig verteilten schwarzen Punkten. Der nachtaktive Falter fliegt jährlich meist in einer Generation, kann aber in klimatisch begünstigten Gebieten eine unvollständige zweite Generation ausbilden. Die Eier werden in größeren Eispiegeln meist an die Blattunterseite der Futterpflanze geklebt. Die dunkelbraun behaarten Raupen haben einen weißlich oder hellrötlichen Rückenstreifen und können ausgesprochen schnell laufen. Sie fressen z. B. an Brennnessel, Ginster und Löwenzahn.

Beim Gelben Fleckleibbär (*Spilarctia lutea*) sind die Flügel hellgelb und die Punkte vor der Flügelspitze in einer regelmäßigen schrägen Reihe angeordnet.

Brauner Bär

Arctia caja (Bärenspinner)

Spw 45–65 mm Juni–September

Vorkommen *An offenen bis halbschattigen, meist etwas feuchten Stellen, z. B. in Auwäldern und am Rand von Mooren, regelmäßig auch in Gärten; ziemlich häufig.*

- > ***Vorderflügel dunkelbraun mit weißem Netzmuster***
- > ***Hinterflügel rot***
- > ***spreizt bei Störung die Vorderflügel***

Raupe des Braunen Bärs

Die Vorderflügel dieses schönen Bärenspinners sind dunkelbraun mit einem verzweigten, weißen Linienmuster, die Hinterflügel leuchtend hellrot mit rundlichen, blauschwarz glänzenden Flecken. Die ausschließlich nachtaktiven Falter fliegen meist erst nach Mitternacht und werden daher trotz ihrer Häufigkeit ziemlich selten beobachtet. Sie sitzen meist mit geschlossenen Flügeln an Baumstämmen und präsentieren bei Störung ihre bunten Hinterflügel sowie einen rot gefärbten Halsring. Die schwarz und fuchsrot behaarte Raupe frisst an sehr verschiedenen Pflanzen, z. B. an Weiden, Himbeeren und Brennnesseln.

Der Schwarze Bär (*Arctia villica*) hat schwarze, weiß gefleckte Vorder- und gelbe Hinterflügel.

Russischer Bär

Euplagia quadripunctaria (Bärenspinner)

Spw 45–55 mm   Juli–September

Falteransammlung auf Wasserdost

Vorkommen *Z. B. an warmen Waldrändern und auf etwas verbuschten Trockenrasen; nicht häufig, doch in manchen Jahren gebietsweise sehr zahlreich.*

Dieser kaum behaarte, ziemlich schlanke Bärenspinner hat weißlich gestreifte, schwarze Vorderflügel und leuchtend rote Hinterflügel mit 3–4 schwarzen Flecken. Im Gegensatz zu fast allen übrigen Arten seiner Familie ist er tagaktiv und besitzt einen gut entwickelten Saugrüssel. Er ist daher oft beim Blütenbesuch, z. B. am Wasserdost, zu beobachten. Seine bis 50 mm lange schwarzbraune Raupe trägt eine gelbliche Rückenlinie, eine seitliche weiße Fleckenreihe und rotbraune Warzen, die jeweils ein helles Borstenbüschel tragen. Sie frisst an vielen verschiedenen Sträuchern und Kräutern wie Himbeere, Keuzkraut und Natternkopf.

schwarz-weiße Streifung des Brustabschnitts

weiße V-Zeichnung

- > ***Vorderflügel mit weißem „V“***
- > ***Hinterflügel rot mit schwarzen Flecken***
- > ***Falter tagaktiv***

Raupe des Russischen Bärs

Blutbär, Jakobskrautbär

Tyria jacobaeae (Bärenspinner)

Spw 32–42 mm   Mai–August

Vorkommen *An offenen, trockenen bis mäßig feuchten Stellen mit reichem Vorkommender Futterpflanzen, z. B. auf Trockenrasen und Moorwiesen sowie an den Ufern alpiner Flüsse.*

Dieser unverwechselbare Bärenspinner besitzt blauschwarze Vorderflügel mit einem roten Streifen und 2 roten Punkten sowie rote Hinterflügel. Er ist vorwiegend nachtaktiv, oft aber auch tagsüber unterwegs. Seine bis 30 mm lange Raupe ist schwarz mit jeweils einem leuchtend gelben Ring an den Segmentgrenzen. Sie ist, anders als die meisten Bärenraupen, auf wenige Futterpflanzen spezialisiert. Meist frisst sie am Jakobskreuzkraut, in den Alpentälern aber vorzugsweise an Huflattich und Pestwurz. Sie sitzt meist frei sichtbar auf der Futterpflanze und macht mit ihrer auffälligen Färbung offenbar auf mit der Nahrung aufgenommene Giftstoffe aufmerksam.

- > ***Vorderflügel mit rotem Streifen und 2 Punkten***
- > ***Raupe schwarz mit gelben Ringen***
- > ***an Jakobskreuzkraut, Huflattich und Pestwurz***

2 runde rote Flecke

schmaler roter Streifen

3 Raupen an Pestwurzblatt

MACH WAS FÜR — INSEKTEN

Das Insektensterben ist heute allgegenwärtig: Eine immer intensivere Landwirtschaft, hohe Pestizideinsätze und die zunehmende Versiegelung durch Bauprojekte sind die Hauptursachen für den massiven Rückgang an Insekten. Aber wir alle können unsere Insekten unterstützen: Egal, wie klein der Garten oder Balkon auch ist – irgendetwas geht immer zum Wohle der Insekten. Auf den nachfolgenden Seiten finden sich eine Reihe von Ideen, die leicht umzusetzen sind.

Vor der eigenen Haustür

Ein erster Schritt zu mehr Insektenschutz und biologischer Vielfalt beginnt vor der eigenen Haustür. Laut dem NABU gibt es in Deutschland ca. 17 Millionen Gärten. Rund 79 % aller deutschen Haushalte verfügen über einen Garten, eine Terrasse oder einen Balkon. Hinzu kommen noch große Flächen an öffentlichen Parks, Grünanlagen und Friedhöfen. Dabei entspricht die Fläche aller deutschen Gärten zusammen etwa der Fläche aller Naturschutzgebiete im Land. Man stelle sich nur vor, wenn diese riesigen Flächen zu einem größeren Teil naturnah sein dürften – mit blühenden Wiesen, Totholzecken, Steinhaufen, Laubschichten unter den Büschen, auch mal einer Brennnesselecke, Nisthilfen und strukturreichen Unterschlupfmöglichkeiten. Und ganz nebenbei eröffnen sich für uns damit hervorragende Beobachtungsmöglichkeiten, um in die faszinierende Welt der Insekten einzutauchen.

Insekten- und vogelfreundlich: Willkommen in unserem Garten!

Blütenreiche für Insekten

In unserer aufgeräumten Landschaft wird es für blütenbesuchende Insekten immer schwieriger, Pollen und Nektar zu finden. Hier kann man leicht ansetzen und heimische Blumen anbieten – am besten über eine möglichst lange Zeit im Jahr verteilt: von Frühblühern wie Krokussen, Schneeglöckchen, Märzenbecher, Kornelkirsche und Weidensträuchern, über heimische Wildstauden und Sommerblumen bis hin zu Herbstzeitlose, Taubenskabiose und Efeu, die später im Jahr Nahrung anbieten. Dabei sollten wir insbesondere heimische Sträucher, Stauden und Blumen pflanzen, denn an sie haben sich unsere Insekten im Laufe der Evolution am besten angepasst.

Auf gefüllte Blüten verzichten

Viele Gartenpflanzen wurden züchterisch verändert, oftmals hin zu größeren, üppigeren oder farblich auffälligeren Blüten. Von „gefüllten Blüten" spricht man, wenn die Staubblätter zu weiteren Blütenblättern umgezüchtet wurden. Während Wildrosen zahlreiche Staubblätter und entsprechend viel Pollen haben, bieten gefüllte Rosen keine Nahrung mehr für blütenbesuchende Insekten.

In einem insektenfreundlichen Garten blüht es reichlich und vielfältig.

1 Noch im Spätherbst bietet Efeu Nahrung und lockt blütenbesuchenden Insekten wie z. B. den Admiral an.

2 Schwebfliegen mit ihrem kurzen Saugrüssel kommen gut an Nektar und Pollen in der Wegwarte.

3 Schon ab März fliegen die ersten Mauerbienen und brauchen dringend Nahrung von Frühblühern wie Krokussen.

Für jeden was dabei

Unterschiedliche Insekten brauchen auch ein unterschiedliches Nahrungsangebot. Schmetterlinge mit ihren langen Rüsseln kommen gut an Nektar, der tief in der Blüte verborgen liegt, wie das z. B. bei vielen Lippenblütlern wie Taubnesseln oder Thymian der Fall ist. Andere Insekten wie etwa Schwebfliegen haben einen sehr kurzen Rüssel und brauchen daher Blüten, bei denen sie ganz einfach an Pollen und Nektar kommen – sie mögen z. B. Doldenblütler wie die Wilde Möhre oder auch einfach Löwenzahn. Wer einen insektenfreundlichen Garten anlegen möchte, sollte daher bei der Auswahl der Pflanzen auch darauf achten.

Steinläufer erbeuten Insekten und Spinnen.

Ein Komposthaufen schafft wertvollen Boden und ist Lebensraum für Insekten und ihre Larven, für Würmer, Asseln und Tausendfüßer.

Wild und abwechslungsreich

Insekten sind in Sachen Vielfalt die erfolgreichste Tiergruppe der Welt: Sie besiedeln die Luft, das Wasser und die Erde ober- und unterirdisch. Sie leben vegetarisch, räuberisch oder parasitisch. Und viele Arten wechseln Lebensraum und Lebensweise sogar noch innerhalb der eigenen Entwicklung von der Larve zum erwachsenen Insekt. Um möglichst vielen Insekten zu helfen, sollten wir daher auch möglichst viele kleine Nischen schaffen, denn: Je monotoner der Garten oder der Balkon ist, desto weniger Insektenarten können damit leben. Je abwechslungsreicher das Angebot aber ist, umso mehr Arten mit unterschiedlichen Ansprüchen finden Lebensraum.

Zaun aus Reisig

Bei der Gartenarbeit fallen regelmäßig abgeschnittene Äste und Zweige an. Zwischen senkrecht eingeschlagenen Pflöcken gleichmäßig und eng aufeinandergeschichtet, lassen sich daraus nicht nur wertvolle Lebensräume für Insekten oder Vögel schaffen, sondern auch schöne Gartenbegrenzungen.

Strukturen schaffen

Es ist ganz einfach, abwechslungsreiche Strukturen im eigenen Garten zu schaffen. Viele Materialien hat man einfach da: Alte Dachpfannen oder Natursteine kann man in einer Ecke aufhäufen. Schnell finden in den unterschiedlichen Nischen und Höhlen alle möglichen Insekten aber auch andere Tiere einen Unterschlupf. Totes Holz ist ein wichtiger Lebensraum für Insekten und deren Larven. Dabei mögen die einen lieber liegende, langsam vermorschende Stämme, die anderen bevorzugen stehendes, trockenes Totholz.

1 Die hummelgroßen Holzbienen bauen ihre Nester in abgestorbene Stämme.

2 Totholz ist ein wichtiger Lebensraum für viele Insekten und deren Larven.

3 Alte Dachpfannen: Mehr Abwechslung ermöglicht eine größere Artenvielfalt und wertet Gärten für Krabbeltiere auf.

4 Steinhaufen bieten vielen Insekten und anderen Tieren Unterschlupf.

Wasser lockt Insekten

Wer in seinem Garten ein Plätzchen mit Wasser schafft, lockt damit nochmal völlig andere Insekten an, denn Wasser schafft Lebensraum. Ganz von allein finden bald schon schwirrende Libellen das kostbare Nass, denn ihr Nachwuchs trägt Kiemen und kann sich nur unter Wasser entwickeln. An Sommertagen lassen sich Libellen häufig auf trockenen Halmen am Uferrand beobachten, während unter der Wasseroberfläche prächtige Wasserkäfer umherflitzen. Für Bienen und Hornissen sind flache Uferbereiche wichtig, denn hier löschen sie an heißen Tagen ihren Durst. Wer an seinem Gartenteich kescht, wird überrascht sein, wie viele verschiedene Wasserwesen er hierbei zutage befördert.

Wichtig sind unterschiedlich tiefe Wasserzonen, in denen eine üppige Bepflanzung aus Stauden, Sumpf- und Schwimmpflanzen gedeiht.

1 Ein naturnah angelegter Gartenteich lockt Libellen, Wasserkäfer, Frösche, Molche und zahlreiche weitere Tiere an.

2 Auf kreative Weise kann man kleine Sumpfzonen als Mini-Lebensraum schaffen.

Von Mini-Tümpel bis Gartenteich

Keine Sorge, auch wer jetzt nicht gleich einen richtig großen Gartenteich anlegen kann oder will, kann Wasserstellen in seinen Garten oder sogar auf den Balkon holen. Alle möglichen Behältnisse sind dafür geeignet und können mit Wasser gefüllt und bepflanzt werden. Wichtig ist dabei aber immer, dass Tiere jeder Zeit einen Ausstieg finden und nicht ertrinken.

Plattbauch-Libellen besiedeln gerne Gartenteiche.

Projekt Schulteich

Engagierte Lehrer und Eltern vorausgesetzt, kann die Anlage eines Teiches im Schulgarten neuen Lebensraum für Tiere schaffen und den Biologieunterricht deutlich lebendiger machen.

1

2

3

4

1 + 2 Der Schwalbenschwanz: Seine Raupen futtern ausgewählte Wiesenkräuter wie Wilde oder Garten-Möhre, Dill und Fenchel.

3 + 4 Tagpfauenaugen kommen regelmäßig in unsere Gärten. Die Raupen leben anfangs gesellig und ernähren sich von Brennnesseln.

Schmetterlinge brauchen „Kindergärten"

Kaum eine andere Insektengruppe erfreut sich so großer Beliebtheit wie Schmetterlinge und jeder freut sich, sie im Garten oder auf dem Balkon beobachten zu können. Wer Gutes tun möchte für Schmetterlinge, pflanzt viele verschiedene nektarreiche Blumen und Sträucher. In der Tat werden dadurch viele Falter und auch sonstige Insekten angelockt. „Rund" wird die Sache aber erst, wenn man auch an ihre Jugendzeit als Raupen denkt: Die meisten von ihnen fressen nämlich Blätter bestimmter Pflanzen und können sich daher nur dort entwickeln, wo sie ein entsprechendes Angebot finden.

Blüten und Blätter

Tagpfauenaugen gehören zu unseren häufigsten Schmetterlingen und kommen regelmäßig in unsere Gärten. Beliebte Nektarpflanzen für sie sind beispielsweise Wilder Dost, Wasserdost und Disteln. Ihre Raupen – aber auch die vieler anderer Arten wie Kleiner Fuchs, Admiral oder Landkärtchen – sind dagegen zwingend auf Brennnesseln als Nahrungspflanzen angewiesen.

Wer Schmetterlinge im Garten möchte, braucht solche wilden Brennnesselecken als Futter für die Raupen.

Nachtschwärmer

Auch im Dunkeln besuchen Schmetterlinge unsere Gärten auf der Suche nach nektarreichen Blüten – die sogenannten Nachtfalter. Es gibt einige Blumen, die besonders in der Nacht süß und intensiv duften. Beispiele sind Jelängerjelieber, Nachtkerze, Geißblatt, Lichtnelke oder auch Gartenphlox. Mit einer entsprechenden Bepflanzung locken wir Nachtfalter in unsere Gärten und bieten ihnen Nahrung.

Der Mittlere Weinschwärmer ist ein Nachtfalter und besucht Blüten, die nachts stark duften.

Was wilde Bienen wirklich wollen

Wildbienen sind mittlerweile so populär, dass „Insektenhotels" vielerorts nur so aus den Böden sprießen. Allein der Begriff führt in die Irre, denn was Wildbienen wirklich dringend brauchen sind keine one-night-stands in billigen Hotels, sondern vernünftige Kinderstuben. Zum Grauen echter Insektenkenner helfen leider viele Modelle überhaupt nicht: Weder mit Tannenzapfen noch mit Ziegelsteinen können Wildbienen etwas anfangen. Wirklich hilfreich sind dagegen langgestreckte Hohlräume mit verschiedenen Durchmessern und glatten Wänden, damit die Flügel der Elterntiere beim Ein- und Ausschlüpfen nicht von den Holzfasern zerrissen werden.

Nistkammer an Nistkammer

Hat eine Wildbiene einen sicheren Hohlraum gefunden, krabbelt sie tief hinein, legt ein Ei und dazu noch etwas nahrhaftes Bienenbrot ab. Es besteht aus einer Mischung aus Blütenpollen und Nektar. Dann baut sie eine Trennwand aus Erde, Pflanzenharzen und Drüsensekreten. So macht sie immer weiter, bis schließlich die ganze Höhle mit Eiern und Proviant gefüllt ist. Zum Schluss kleistert sie die Höhle vorn zu, damit keiner ihr Nest findet und ausräubert. Erst im nächsten Jahr krabbeln die fertigen Wildbienen nacheinander aus ihrer Höhle.

Auch auf dem kleinsten Balkon kann man Nisthilfen für Wildbienen anbringen.

1 Hohle Stängel bieten Nistplätze für Wildbienen.

2 Löcher immer im rechten Winkel zur Faser bohren.

3 Blick in eine Wildbienen-Kinderstube.

Auch Hummeln gehören zu den Wildbienen.

Einfache Nisthilfen selbstgemacht

Bohrlöcher in Holz Geeignet ist gut abgelagertes, langlebiges Hartholz wie Eiche. Bitte keine Baum- oder Astscheiben verwenden, da diese nachträglich Trockenrisse ausbilden. Wichtig: Mit scharfen Holzbohrern rechtwinklig zu den Holzfasern bohren! Ideal sind Bohrlöcher von 2–9 mm Durchmesser – so lockt man möglichst viele verschiedene Wildbienen-Arten an.

Hohle Stängel Bambus, Schilf, Strohhalme und viele weitere Pflanzen sind innen hohl. An den Enden sauber abgeschnitten und zu mehreren gebündelt lassen sich daraus prima Nisthilfen für Wildbienen basteln.

Lehmangebot Um die Zwischenwände der Nestkammern zu bauen und die Eingänge zu verschließen, nutzen die meisten Wildbienen Lehm. Wir bieten im Garten eine Schale mit feuchtem Lehm an.

Markhaltige Stängel werden von einigen Wildbienen zum Nestbau bevorzugt. Geeignet sind z. B. Himbeere, Brombeere, Holunder und Königskerzen.

Sandarium Viele Wildbienenarten nutzen keine vorhandenen Hohlräume zum Nestbau, sondern graben ihre Nisthöhlen eigenständig in Sandböden. Je nach Platzmöglichkeiten können wir ihnen im Garten ein ausgedehntes Sandarium anbieten oder eine kleinere Balkonvariante in einer Blumenschale.

1 **Hornissen-Nistkasten: Er ersetzt Nistplätze in hohlen Bäumen.**

2 **Hummel-Nistfhilfe: Hier finden Hummeln eine sichere Kinderstube.**

Ein Dach über dem Kopf

Mit ein wenig Geschick lassen sich eine ganze Reihe von kleineren Basteleien verwirklichen, mit denen wir auch spezielleren Insektengruppen Unterschlupf und Nistmöglichkeiten schaffen können. Darüber hinaus bietet auch der Fachhandel hier zunehmend geeignete Nisthilfen an.

Hornissenkasten

Ursprünglich bieten alte, in Teilen ausgehölte Bäume ideale Nistmöglichkeiten für Hornissen. In unseren weitgehend ausgeräumten Wäldern und Landschaften sind solche natürlichen Nisthöhlen leider Mangelware geworden und Hornissen leiden unter Wohnungsnot. Abhilfe können hier spezielle Hornissenkästen schaffen, die im Fachhandel erhältlich sind oder auch selbst gebaut werden können.

Hummelkasten

Hummeln bauen ihre Nester in versteckten ober- und unterirdischen Höhlungen wie verlassenen Mäusenestern, in Stein- oder Holzhaufen, zwischen Dachisolierungen und dergleichen. Wer Hummeln weitere Nistmöglichkeiten anbieten möchte, kann dies mit speziellen Nistkästen tun und damit einen Beitrag zum Hummelschutz leisten. Es gibt eine Reihe von Angeboten an fertigen Kästen. Wer lieber selbst zum Werkzeug greift, findet hier eine sehr gute Bauanleitung: *http://www.wildbienen.de/huschutz.htm*

Florfliegenkasten

Florfliegen überwintern als ausgewachsene Insekten in trockenem Laub, in Baumhöhlen, Mauerritzen und an anderen frostgeschützten Plätzen. Regelmäßig verfliegen sie sich im Herbst auch in unsere Wohnungen. Dort würde es ihnen auf Dauer aber zu warm werden und sie könnten den Winter hier nicht überleben. Mit speziellen Überwinterungskästen im Garten oder auf dem Balkon können wir ihnen helfen, die frostige Zeit schadlos zu überstehen.

Ohrwurmschlafplatz

Ohrwürmer sind hauptsächlich in der Dämmerung und nachts unterwegs, tagsüber verstecken sie sich unter Steinen, Holz, Laub und Rinde. Wir können ihnen helfen und im Garten oder auf Obstwiesen komfortable Schlafplätze anbieten: Dazu befüllen wir einen Ton-Blumentopf mit Holzwolle oder Heu und hängen ihn mit der Öffnung nach unten in einen Baum oder Strauch. Ohrwürmer und andere Krabbeltiere werden diesen Unterschlupf gerne nutzen.

Trinkschale für Insekten

Auch Insekten haben Durst: Bei Trockenheit und an warmen Sommertagen bieten wir ihnen Wasser in einer flachen Schale an. Glasmurmeln oder Moospolster verhindern ein Ertrinken der Krabbeltierchen. Bitte regelmäßig säubern und mit frischem Wasser befüllen.

Ohrwürmer sind an unseren Ohren nicht interessiert.

Florfliegenkasten: In ihm können die erwachsenen Insekten überwintern.

Ohrwurmschlafplatz: Zwei Stöckchen über Kreuz verhindern, dass das Heu herausfällt.

Insekten über den Winter helfen

Die meisten Insekten lieben es warm und sonnig, der Winter ist nicht so ihre Zeit. Aber auch wenn wir daher im Winter kaum Insekten zu Gesicht bekommen, sind sie trotzdem da. Nicht immer als ausgewachsene Tiere, sondern oft als deren Entwicklungsstadien: Viele Insekten überdauern den Winter als Eier, andere als Larven oder Puppen. Einige ganz hart gesottene wie z. B. viele Käfer- und einige Schmetterlingsarten schaffen es sogar vollentwickelt über die kalte Jahreszeit. In jedem Fall benötigen die Krabbeltiere frostsichere, witterungsgeschützte Unterschlupfe – mit geringem Aufwand können wir ihnen über den Winter helfen.

Einfach nicht aufräumen

Viele machen ihren Garten winterfest – und räumen erst mal alles weg, was an Laub und verblühten Pflanzenresten vom Sommer übrig ist. Aber genau das brauchen Insekten zum Überwintern. Also: Einfach erst mal alles stehen und liegen lassen und erst im nächsten Frühjahr, wenn es über 15 Grad warm wird, den Garten „aufräumen". Außerdem hilft es den Tieren, wenn wir Keller, Schuppen und Garagen nicht hermetisch abschließen, sondern ihnen dort die Möglichkeit bieten, ein geschütztes Eckchen zu finden.

Abgestorbene Pflanzenstängel und Blütenstände dienen etlichen Insektenarten als Winterquartier.

Viele Laufkäfer überwintern in der Laubstreu.

Wer seine Regentonne abdeckt, rettet jede Menge Insekten vor dem Ertrinken.

Stundenlang umschwärmen manche Insekten das Licht.

Vorsicht Falle – Gefahren vermeiden

In einem insektenfreundlichen Garten wird giftfrei gegärtnert, der Einsatz von Unkrautvernichtungsmitteln oder gar von Insektiziden verbietet sich. Man stelle sich nur vor, es gelingt mit den auf den vorherigen Seiten beschriebenen Maßnahmen zahlreiche Insekten in unseren Garten oder auf den Balkon zu locken, wo sie dann einer Vergiftung anheimfallen. Aber es lauern noch weitere Gefahren im Garten, die wir entschärfen können.

Todesfalle Regentonne

In Regentonnen und anderen offenen Wasserbehältern ertrinken regelmäßig Unmengen an Insekten und auch andere Tiere. Sie kommen einfach nicht mehr alleine heraus, wenn sie hineingefallen sind. Eine Abdeckung oder entsprechende Ausstiegshilfen schaffen hier Abhilfe.

Todesfalle Licht

Viele auch nachts aktive Insekten wie Hornissen und Nachtfalter werden durch Licht unwiderstehlich angezogen. Wie von einem Magneten fixiert flattern sie hier oftmals stundenlang bis zur totalen Ermattung oder gar zum Tode. Dort, wo auf künstliche Lichtquellen im Garten nicht verzichtet werden kann, sollten die Beleuchtungsdauer durch Zeitschaltuhren begrenzt und möglichst warmweiße LED-Leuchten genutzt werden, die deutlich weniger Anziehungskraft auf Insekten besitzen.

Bildnachweis

Mit 2050 Farbfotos. Alle Fotos im Innenteil von Heiko Bellmann bis auf: Rudolf Bryner: S. 192 oben (Raupe); Frank Hecker: S. 35 unten (Weibchen), S. 194 oben (4 Bilder Buchsbaumzünsler), S. 200 unten (Zusatzmotiv), S. 220 unten (Hauptmotiv und Raupe), S. 224 unten (Raupe), S. 233 unten (5 Bilder Eichen-Prozessinosspinner); Frieder Sauer/Frank Hecker: S. 225 oben (Raupe), S. 228 unten (Raupe), S. 238 unten (Raupe); Eckehard Wachmann: S. 66 unten (Hauptmotiv und Randspalte), S. 67 oben (Zusatzmotiv und Randspalte), S. 116 unten (Hauptmotiv); Wolfgang Wagner: S. 211 unten (Raupe), S. 216 unten (Raupe), S. 226 unten (Raupe), S. 227 oben (Raupe), S. 228 oben (Raupe); Hansruedi Wildermuth: S. 30 unten (Hauptmotiv)

Fotos auf der hinteren Klappe von Ingrid Altmann/Frank Hecker: Klappe 3 Bild 3; Heiko Bellmann/Frank Hecker: Klappe 1 Bild 3; Klappe 2 Bild 2,3,4; Klappe 3 Bild 4; Klappe 5 Bild 1,2,3,4; Klappe 6 Bild 1,3,4; Blickwinkel über Hecker: Klappe 2 Bild 1; Wolfgang Buchhorn/Frank Hecker: Klappe 1 Hauptmotiv und Bild 1; Frank Hecker: Klappe 1 Bild 2; Klappe 2 Hauptmotiv; Klappe 3 Hauptmotiv und Bild 1; Klappe 4 Bild 3,4; Klappe 5 Hauptmotiv; Klappe 6 Hauptmotiv und Bild 2; Arp Kruithof/Frank Hecker: Klappe 3 Bild 2; Frieder Sauer/Frank Hecker: Klappe 1 Bild 4; Klappe 4 Hauptmotiv und Bild 1,2

Alle Bilder ab Seite 246 von Frank Hecker.

Die KOSMOS-Erklärfilme

FOLGEN SIE UNS RAUS in die Natur und lassen Sie sich von Jan Haft die Arbeitsweise mit unserem Naturführer erklären.

IN WEITEREN FILMEN erfahren Sie von ihm Hintergrundinformationen zu den Insekten. Danach ist es für Sie noch einfacher, mit unserem Naturführer die Tiere richtig zu bestimmen.

JAN HAFT,
der Naturfilmer, lebte schon im Alter von sieben Jahren mit zahlreichen Tieren zusammen. Mit 12 Jahren drehte er seinen ersten Tierfilm.

KOSMOS PLUS

MIT DER KOSMOS-PLUS-APP GANZ EINFACH DIE KOSMOS-ERKLÄRFILME ANSCHAUEN.

UND SO GEHT'S:

1. Besuchen Sie im Internet den App Store oder Google Play und laden Sie sich die kostenlose KOSMOS-PLUS-APP auf Ihr Mobilgerät.
2. Öffnen Sie die App, gehen Sie zum Buch „Welches Insekt ist das?“ und schalten Sie mit dem Code **Heuschrecke** die Inhalte frei. Nun können Sie die Erklärfilme laden.
3. Geben Sie die im Buch angegebenen dreistelligen Codes 999 in der App ein – nun können Sie sich die Erklärfilme anschauen.

Weitere Informationen finden Sie unter **plus.kosmos.de**

Der Autor

Heiko Bellmann, Jahrgang 1950, war promovierter Diplombiologe und als Zoologe an der Universität Ulm beschäftigt. Seine Arbeitsgebiete waren Insekten und Spinnentiere. Zu diesem Themenbereich hat er mehrere populärwissenschaftliche Bücher, vorwiegend im Kosmos-Verlag, veröffentlicht. Heiko Bellmann war ein leidenschaftlicher Naturfotograf und verfügte über ein großartiges umfassendes Bildarchiv. Seine Bilder finden sich auch in Naturführern anderer Autoren. Seit seinem Tod 2014 betreut Frank Hecker sein Archiv. Er hat auch diesen Naturführer aktualisiert.

Impressum

Umschlaggestaltung von Claudia Adam Graphik Design, Bad Kreuznach, unter Verwendung eines Fotos von Adobe Stock (grafxart) und einer Zeichnung von Quagga Illustrations, Berlin.

Mit 2050 Farbfotos – Bildnachweis siehe S. 270

Bearbeitung von Frank Hecker

Gedruckt auf chlorfrei gebleichtem Papier

Pfizerstr. 5–7, 70184 Stuttgart
kosmos.de/servicecenter

ISBN 978-3-440-18000-6
Projektleitung: Claudia Salata
Lektorat: Monika Weymann
Produktion: Markus Schärtlein
Grundlayout: eStudio Calamar
Klappengestaltung & Extra-Teil: Claudia Adam Graphik Design, Bad Kreuznach
Druck und Bindung: Longo AG, Bozen
Printed in Europe / Imprimé en Europe